青少年 科普图书馆

CHEMICAL MYSTERY

世界科普巨匠经典译丛·第二辑

化学的秘密

（俄）尼查耶夫　著　　崔莉娟　译

U0395644

上海科学普及出版社

图书在版编目（CIP）数据

化学的秘密 /（俄）尼查耶夫著；崔莉娟译 . —上海：上海科学普及出版社，2013.10（2022.6 重印）

（世界科普巨匠经典译丛·第二辑）

ISBN 978-7-5427-5844-6

Ⅰ.①化… Ⅱ.①尼… ②崔… Ⅲ.①化学元素 – 普及读物 Ⅳ.① O611-49

中国版本图书馆 CIP 数据核字 (2013) 第 176911 号

责任编辑：李　蕾

世界科普巨匠经典译丛·第二辑

化学的秘密

（俄）尼查耶夫　著　崔莉娟　译

上海科学普及出版社出版发行

（上海中山北路 832 号 邮编 200070）

http://www.pspsh.com

各地新华书店经销　三河市金泰源印务有限公司印刷

开本 787×1092 1/12　印张 20　字数 240 000

2013 年 10 月第 1 版　2022 年 6 月第 3 次印刷

ISBN 978-7-5427-5844-6　定价：39.80 元

CONTENTS

目录

CONTENTS

CHEMICAL
MYSTERY
一、化学的圣经

1. 做梦编写的元素周期表

对于元素周期表，大多数人都可以按这样的顺序背诵出来："H, He, Li, Be, B, C, N, O, F, Ne⋯"不管你是喜欢化学还是讨厌化学，每当我们提到它，你总率先想到元素周期表，由此我们可以看出，化学和元素周期表的关系密不可分。

但是，对于化学家在研究元素周期表过程中所付出的巨大努力，人们往往就说不上来了。

"化学元素说"是由法国的化学家拉瓦锡最先提出来的，他也因此被誉为"近代化学之父"。拉瓦锡提出的著名"化学元素说"的中心原理就是："世界上的所有物质都是由元素构成的。"但是，拉瓦锡还没有来得及对自己提出的学说进行证实，就牺牲在法国的政治大革命中，这非常令人惋惜。

虽然这位法国的化学家丧生在大革命中，但是他却把自己的学说刻入了当时对化学有着特别爱好的研究者脑中。从此，这些研究者开始了对化学元素的研究历程。19世纪的"近代原子说"是英国化学家道尔顿提出来的，这一学说的提出，拉开了对元素研究的序幕。原子量被准确测量，同时钾、钠等元素也先后被发现。

化学家解密出的诸多新元素使人们重新认识了微观世界，但同时也带给了化学家自己不小的麻烦。所有被发现的新元素数目截至1830年就已经达到了55种，到现在更是多达103种，其中包括人造的元素，也就是说近二分之一的元素是在

化学
元素说

拉瓦锡
（1743～1794）

元素
周期表

门捷列夫（1834～1907）

新元素的发现，让化学家伤透脑筋

一百多年前被发现的。

对于这些新元素的性质，化学家们根本无法清楚地掌握，更不用说它们和其他元素之间的关系了，所以对于发现的新元素不是十分的确定。

为了对诸多的疑点和难点进行解答，这些新元素被包括俄国化学家门捷列夫在内的各国化学家们较详细地分类，并逐个用各种实验进行研究。

还处在学生阶段的门捷列夫就产生了这样的想法："应当有一种看不见的关系存在于元素和元素之间。"为了找出化学元素间的相互关联，大学毕业后，门捷列夫在彼得堡大学任教期间，一边教学，一边坚持进行化学实验。

结果，门捷列夫因兢兢业业地工作和刻苦地实验而招致了严重的睡眠不足。有一天他居然在书房的沙发上打起了瞌睡，这期间他做了一个特别的梦，实验研究中的一道艰难的门槛居然在梦中得以跨越：一个十分周密的元素表出现在了他的梦里。门捷列夫终于在梦中惊醒并且失声大喊：

"没错！我们可以根据元素原子量的大小进行整理，做一张表格来看！"

在睡梦中从沙发上蹦起来且尚不十分清醒的门捷列夫，居然把之前发现的62种化学元素依据原子量的大小顺序排列在了朋友来信的空白页上。

他对排列后的结果非常吃惊，因为以相邻七个化学元素为一组来看，其两端的元素性质都十分相似。这个梦中的表格就是最原始的"元素周期表"。之前错误的原子量或是原子价，都可以通过这个元素周期表显现的规律来进行纠正。1869年3月1日，门捷列夫做梦时列出的元素周期表，被人们称为元素关系的"本世纪巨大发现"。

门捷列夫非常细心地研究了这个元素周期表，他发现中间有很多不连续的地方。他由此断言，这其中一定还有我们没有发现的化学元素，这些断续的地方就是留给它们的。门捷列夫又在1871年，对未被发现的断续部分的元素性质进行了预测。它们分别处在钙元素的后面和锌元素的后面。

　　这个开始没有被人们重视的预见，最终被证实是具有前瞻性的。化学家们终于在四年后发现了和门捷列夫预测性质非常接近的镓（发现于 1875 年），随后又接连发现了钪（发现于 1879 年）和锗（发现于 1886 年）。从此以后，门捷列夫的元素周期表就被所有人接受了。

　　微观世界的很多谜团和疑难都可以通过元素周期表来获得解答，但是这个表仍然存在缺陷。这是由于有些性质差异很大的元素存在于顺序排列的元素表中。

　　在门捷列夫死后，1913 年，英国的年轻物理学家莫塞莱在试验中将这一缺陷补充完整。莫塞莱发现了一个更具科学道理的分类方法——根据原子序数进行元素性质的分类。元素周期表这种排列方法一直沿用到现在。

　　一个元素中包含的质子数目决定了原子序数的大小及其在元素周期表中的先后位置。比如，包含一个质子的氢（H）原子，它的原子序数就是 1，所以氢原子排列在元素周期表的第一个位置。依据同样的原理，包含 3 个质子的锂（Li）原子，原子序数就是 3，它在元素周期表的位置就是第三个。

　　再到后来，元素又被科研人员们依照它们的化学和物理双重性质划分为碱金属、卤元素、稀有气体元素（俗称惰性气体）等。

　　我们会发现，对元素的命名进行一下研究也是一件非常有意思的事情。以国家名字、地名或者人名对元素命名是近代元素命名的特点。比如，以法国（FRANCE）和欧洲（EUROPE）两个单词的首字母命名的元素钫 Fr 和铕 Eu；还有以爱因斯坦和门捷列夫的名字命名的锿 Es 和钔 Md。

2. 通过图解更好地学懂元素周期表

　　元素周期表在当代被我们誉为化学的圣经，它是经过数代化学家共同的耐心实验研究并不断地合理完善而取得的。对于元素间令人费解的无形规则，我们完全可以通过对这张表格的学习而有一个清楚的了解。

　　我们通过对元素周期表的学习，不仅可以弄清楚元素间的不同性质，还可以对化学有更进一步的认识。可是要完全看懂元素周期表其实并非是一件容易的事情，对于它的作用直到现在恐怕有很多人还没有完全弄清楚。为了能够走进化学研究的殿堂，我们首先要看透元素周期表。

　　进入化学殿堂的首道门槛就是元素周期表。

首先，我们要看清楚我们面前的元素周期表上面都写了些什么，之后细心整理。

元素周期表中的长周期表如何区别于短周期表？

第一族、第二族、第三族，一直到第八族，还有最后面的零族，组成了短周期表的直列九族。横列的区分原则就是原子价的大小不一。可是上面的第一到第八族是属于同一族的元素，根据两族元素不同的化学性质，我们可以把它们分为A族和B族。

再有就是，元素由一到七的周期被横列在周期表中。当中的第一、二、三周期，元素包含的质子数量分别是2、8、8，它会很快地转到下一周期，因此我们称之为短周期元素。其余第四、五、六、七周期，分别是18、18、32、32，它们变换到下一周期会很长，所以我们称其为长周期元素。

另外，在对相同周期内的元素进行比较时，越是向后金属性越弱，越是靠前，非金属性就越弱。所以，由前往后，元素转变成阳离子的性质（就是阳性）会不断地削减，相对的转变为阴离子的性质（也就是阴性）会不断的增强。

换句话说，包含质子数目不等的相同周期的元素，阴阳性质是不断变化的。其中7B的阴性最强，不仅如此，越是往前元素的阳性会不断增强，相对的越是往后阴性就会不断增强。

长周期和短周期的区别就是周期的长短。A和B在长周期表中分列左右两侧，

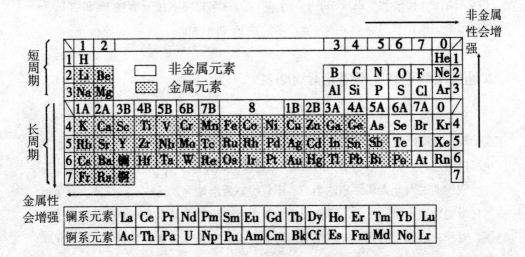

金属元素和非金属元素在长周期表中分得非常清晰

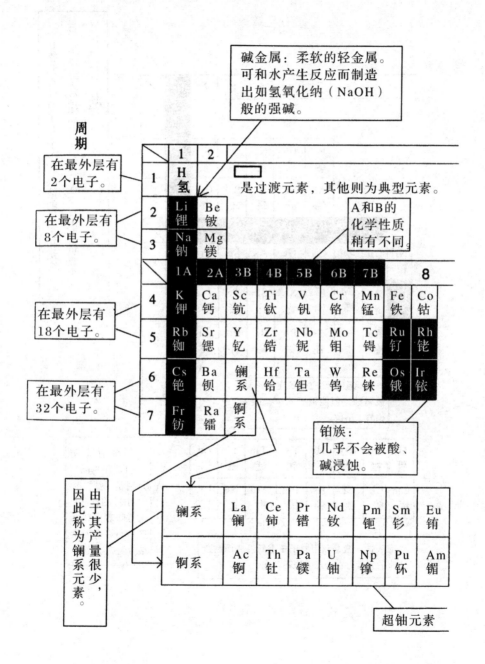

		3	4	5	6	7	0	
							He 氦	1
		B 硼	C 碳	N 氮	O 氧	F 氟	Ne 氖	2
		Al 铝	Si 硅	P 磷	S 硫	Cl 氯	Ar 氩	3
1B	2B	3A	4A	5A	6A	7A		
Ni 镍	Cu 铜	Zn 锌	Ga 镓	Ge 锗	As 砷	Se 硒	Br 溴	Kr 氪	4
Pd 钯	Ag 银	Cd 镉	In 铟	Sn 锡	Sb 锑	Te 碲	I 碘	Xe 氙	5
Pt 铂	Au 金	Hg 汞	Ti 铊	Pb 铅	Bi 铋	Po 钋	At 砹	Rr 氡	6
									7

0族元素的原子几乎不和其他的原子相结合，它们多以游离气体的形式存在，在空气中含量极少，又称："惰性气体"。

黄金的性质很稳定，不易被腐蚀，但能被王水（盐酸＋硝酸）溶解。

Gd 钆	Tb 铽	Dy 镝	Ho 钬	Er 铒	Tm 铥	Yb 镱	Lu 镥
Cm 锔	Bk 锫	Cf 锎	Es 锿	Fm 镄	Md 钔	No 锘	Lr 铹

人造元素是利用原子核重新组成而制造出来的元素，在地球上原不存在。

卤的英文"halo"和"gen"分别是"盐"和"制造"的意思。这意味着卤族元素易与许多元素结合生成盐。

这样有利于观察。比如书中第 6 页的元素图表的突出优点就是我们只需一眼就可以分辨出金属元素和非金属元素。

3. 区别各异的金属元素

对于元素周期表，我们只要细心地研究就会发觉里面有很多的金属元素。不管是人们熟知的金、银、铜、铝，还是人们不多见的铌、钽，所有的金属元素总计数量有 81 种，相比总数 103 种所占的比例非常大。

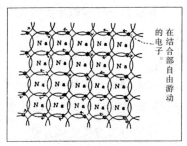

原子的结合方式是所有金属元素相同的地方。在通常的情形下，原子的结合如图，电子会在原子的最外层重合部分自由地活动。金属之所以能够很好地导电或者导热，正是由于有自由电子结合，我们也称之为金属结合造成的。

这就是金属结合的状态。

金属是很难被打碎的，哪怕有人在外面对它施加压力。要使它的形状延展、弯曲或者变薄等，我们可以有很多的方法。比如，百万分之一毫米厚的金箔就可以通过对一块黄金的捶打延展而得来。

金属元素的电子在四周非常有规则的排列是产生这种现象的根本原因。这种排列关系，哪怕是在金属受外力作用下破裂时，也不会发生变化。

假如金属元素按照共性进行分类，那么它们的固有特点就会显现出来。

例如，在元素周期表上同族的碱金属元素——锂（Li）、钠（Na）、钾（K）、铷（Rb）、铯（Cs）、钫（Fr）等。它们的特点就是比重很小，材质很软，而且都有非常低的熔点。产生这些共性的主要原因就是外侧的空间非常大——只有一个电子在它们的原子最外侧自由活动。同时这个单个自由活动的电子，可以毫不费力地失去而使其原子变成一价的阳离子。不仅如此，在水中它们的化合物非常容易被溶解。我们所以把它们称作是碱金属，是因为它们的氢氧化物或者碳酸盐水溶液都呈现为碱性。

在海水中，碱金属大都以离子存在。比如，碱金属元素钠和氯（Cl）相结合，就会产生氯化钠（NaCl）。食盐的主要成分就是氯化钠。正是因为有大量的钠离子存在于海水之中，所以海水是有咸味的。

在 2 族中，铍（Be）和镁（Mg）除外，剩下的钙（Ca）、锶（Sr）、钡（Ba）、镭（Ra）等元素都很容易变成二价的阳离子，它们溶于水后都呈现出较强的碱性，所以它们被称为碱土类金属。

不仅如此，焰色反应是碱土类金属具有的另一个显著特点。在包含此族的金属离子的液体中浸入铂金线，然后加热，铂金线就会呈现出好看的颜色。不同的碱土类金属元素，呈现出的颜色各有区别，例如，在锶（Sr）溶液中呈现出红色，在钡（Ba）溶液中呈现出绿色，在钙（Ca）中呈现出橙色。

其实，不单单碱土类金属具备焰色反应，碱金属和铜（Cu）也会产生同样的反应。对这个反应的重点应用就是焰火。其中钠在焰火中发出的是黄色光亮，钾在焰火中发出的是紫色光芒。

除去碱性金属和碱土类金属，金属元素的种类还有很多，比如过渡类金属元素，元素周期表上的第 1B 族、2B 族、3B 族、4B 族……7B 族以及 8 族都是这类的。

在所有过渡类金属元素中，有许多元素具备重要的功用，比如：战斗机的机身多用钛 Ti 制成；在不同的结合方式下会呈现不同颜色的是铬（Cr）；在海底资源中颇受瞩目的是锰（Mn）；人体血液中血红素的组成成分就有铁（Fe）；适用于配置蓝色染料的是钴 Go；导电和导热性能异常优越的是银 Ag；具有超传导性的是铌 Nb；被人们誉为贵金属之王的是金（Au）和铂（Pt）……

另外金属元素还包括铝 Al——常被用来制造铝罐、窗户框、铝箔等，以及锡 Sn——在合金中有广泛的应用。

金属元素的种类非常多，它们包含各式各样的颜色。它们在元素周期表中排列得越是向左下方，金属性越强；越是向右上方，非金属性越强。

4. 稀有气体和盐

在我们生产生活中，盐有着不可替代的作用，我们无论如何也脱离不开盐，它是由我们的故乡——大海提供给我们的。希腊语中的卤 hslogen 就是制造盐的意思。第七族直列中的氟（F）、氯（Cl）、溴（Br）、碘（I）、以及砹（At）等五种都属于卤类元素。海藻中不仅可以提取出氯，还可以提取出碘。所以卤类元素和大海有着非常密切的关系。

对于元素的命名是各有来历的。我们把具有极高毒性，又非常臭的元素命名为溴。可是溴在很多的方面却可以起到巨大作用。照相用的软片就是被溴和银组成的化合物溴化银的微粒子平铺而成的。我们轻轻按动快门就可以拍出相片，就是分解后的溴化银和其他药剂化学反应的结果。卤化银在普通情境下所具备的感光性，使它在工业生产中有广泛的应用。

碘具有很强的毒性。碘会在核子实验的过程中发生扩散，如果大量碘被人体吸收，它就会严重地破坏人体的甲状腺机能。我们为了避免过量吸入碘，必须利用核子掩盖物来保护自己的身体。

除此之外，具有极高毒性的还有氯和氟，我们应避免和卤族元素的直接接触。

稀有气体又被称为惰性气体，它们位于元素周期表的最右侧。就像它的名字一样，很难和其他的元素发生反应就是它的基本性质。氮在某些时候同样被人们归入惰性气体。但是通常情况下的惰性气体只包括氦（He）、氖（Ne）……氙（Xe）、氡（Rn）。

在宇宙中，氦和氖存在的量是非常大的。因为它们有非常轻的分子，所以在大气中的比重并不高。真空中的氖经过放电，可以有光亮发出来，这是由它所产生的红色光谱造成的。我们利用氖的这一特性制造出了晚上用于闹市区的霓虹灯。

氩在空气中的含量比较丰富，大气中大约有 0.93% 的体积是由氩组成的。先前我们用的灯泡和现在的灯管中都用到了氩。

氪的含义就是"隐蔽的物体"。氪的能力很强，它是一种非常有核心力的元素，其他原子的电子可能会被它的这种能力夺走。

氙不仅在地球上含量非常低，就是在陨石里的含量也并不高。在宇宙空间里，氙的保有量非常小。钡和铀等原子核是由宇宙中的射线粒子相互碰撞产生的，所以它们可以被看成是核子反应的领袖。

镭的衰变就会产生氡，所以氡具有放射性，氡同时又是惰性气体中最重的气体。氡会在地震前地下岩石被破坏的情况下，大量地浸入到地下水中。所以我们可以根据氡的这一性质来预测地震。

5. 宇宙地球的元素的组成

说到元素，我们就会想到：到底是哪些元素构成了宇宙、地球和人类的身体？其中含量最大的是哪一种元素？

宇宙的大小我们至今无法确定，但是对于它的构成我们却可以进行研究和推测，这包括对陨石的化学研究和元素的辉光谱调查。

但是我们通过这些只能了解到和地球相接近的部分。宇宙中绝大多数的氢和氦都存在于地球上，这是我们研究获得的结果。

美国的克拉克是一位很有名的学者，他对地球元素的构成做了深入的调查研究。各种元素在地表 16 公里之下的组成比例被他计算了出来。他将这些数据按照由大到小的顺序排列出来并最终形成了克拉克数。其中氧所占的比例最高，它的克拉克数是 1，第二是硅……当我们看完下面的图表就会得出这样的结论：所有元素总量的 90% 都被克拉克数的前五位元素占有了。

但是，克拉克数只是对部分地球元素含量调查后的结果，如果我们对地球的整体进行调查，就会得出不一致的结果。

不仅如此，元素极少以单体形式存在，它们大多都相互组成化合物。例如氧

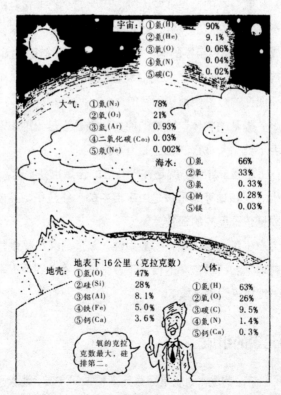

宇宙：		
①氢(H)		90%
②氦(He)		9.1%
③氧(O)		0.06%
④氮(N)		0.04%
⑤碳(C)		0.02%

大气		
①氮(N_2)		78%
②氧(O_2)		21%
③氩(Ar)		0.93%
④二氧化碳(Co_2)		0.03%
⑤氖(Ne)		0.002%

海水：		
①氢		66%
②氧		33%
③氯		0.33%
④钠		0.28%
⑤镁		0.03%

地表下 16 公里（克拉克数） 地壳：		
①氧(O)		47%
②硅(Si)		28%
③铝(Al)		8.1%
④铁(Fe)		5.0%
⑤钙(Ca)		3.6%

人体：		
①氢(H)		63%
②氧(O)		26%
③碳(C)		9.5%
④氮(N)		1.4%
⑤钙(Ca)		0.3%

氧的克拉克数最大，硅排第二。

我们把地下元素平均的组成比例称为克拉克数，也就是地下元素的丰度。

的多数存在形态都是二氧化硅（SiO_2）。

我们把列在一张图表上的地球大气、海水以及人体的构成数据进行一下比较，就会得出这样的结论：海水的构成元素和人体构成的元素非常相近；宇宙大气和地球大气在元素构成上是有区别的。

6. 有机化学的代名词苯环

人们称作"龟甲"的苯环正六边形，其实已经被人们当成了有机化学的代名词。

图中是由碳和氢构成的苯。像苯（C_6H_6）、甲苯（C_7H_8）、二甲苯（C_8H_{10}）和萘（$C_{10}H_8$）等都是非常有代表性的苯环，它们都是由碳和氢构成，并且具有香味，所以人们称其为芳香烃，人们经常用苯环的正六边形来表示它们。近来，人们又用一个正六边形里面套上一个圆圈来代替原来的正六边形。我们把这些有一个和多个苯环结合形成的物质统称做芳香烃化合物。

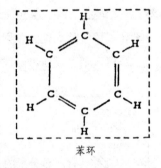

苯环

形色各异的芳香族化合物就是由苯和其他的物质结合而成的，在结合的过程中，苯环外围的氢就会和其他的元素互换位置。比如三硝基甲苯，也就是我们熟知的 TNT 炸药，是由甲苯、浓硝酸和硫酸反应生成的化合物。芳香族的化合物在工业领域的应用非常广泛。

对于苯的分子式 C_6H_6，人们都非常熟悉，但是像图中苯的结构图却很少有人知道。

我们把每种元素独有的结合键（又被称作是原子价）都看作是元素的"手"。很多的元素都是通过结合键相互结合在一起的。结合键的数目相对于每一种元素都是固定不变的，不同的元素就会有不同数目的结合键。就像氢只有一个结合键，碳有四个结合键，

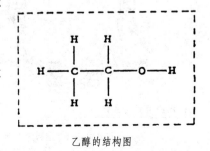

乙醇的结构图

氧有两个结合键……乙醇中各种元素的结合情况如图所示。化学的"头脑体操"表示的就是这种结构图。

许多人都会有这样的疑问：分子式为什么写法各异？乙醇为什么被人们写成是 C_2H_5OH，而非 C_2H_6O，相信当你看完它的结构图后就知道这是为什么了。甲苯的分子式有人用 C_7H_8 来表示，但是更多的人是用 $C_6H_5CH_3$ 来表示，也是出于这样的原因。

苯是由六个碳和六个氢构成的，因此我们要想象出它的构造是很困难的。除了六个碳的 24 只"结合手"，还有另外六个氢的 6 只。所以，我们真的很难想象出碳的 24 只手和氢的 6 只手之间的结合情况。

但是苯的构造最终被 19 世纪德国化学家凯库勒研究发现了。

对于苯的构造图，终日沉浸在思考中的凯库勒开始也理不出头绪来。可是突然在一个晚上，和上面的苯环图很相似，由六只猴子围成的不停转动的立体圆圈图案，闯进了凯库勒的梦里。拥有四肢的猴子和有四只"结合手"的碳非常的相似，所以我们可以通过对猴子的研究来了解苯的构造。像这样重合之后又分割开的地方，碳和碳之间共计有三处。

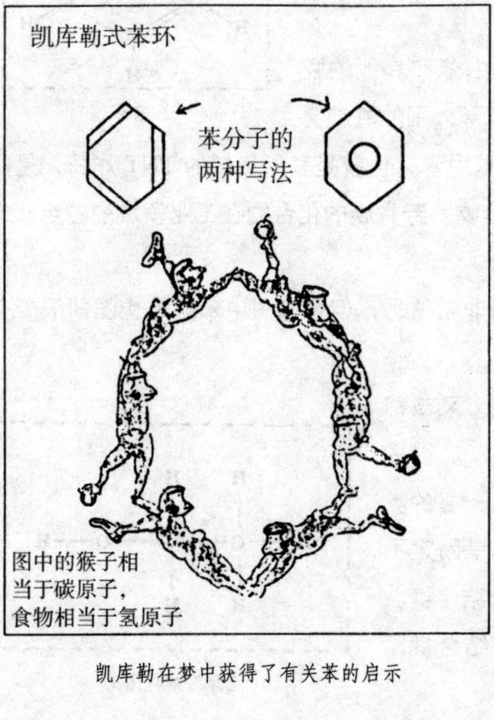

也有人说，闯进凯库勒梦境的是蛇而不是猴子。更有的人说所有这些故事不过是后人编出来的。但凡是重要的发现，期间总会有不少的插曲。凯库勒也不会例外。"真理有时候也会出现在梦中。"这就是凯库勒曾经说过的一句话。

我们也应当想办法提高自己的睡眠质量，新知识没准也会出现在我们的梦里呢？

凯库勒式苯环

苯分子的两种写法

图中的猴子相当于碳原子，食物相当于氢原子

凯库勒在梦中获得了有关苯的启示

7. 无机化学和有机化学的分别

无机化学和有机化学到底有哪些区别呢？假如你给出的答案是："无机化学是关于无机化合物的化学，而有机化学是关于有机化合物的化学"这样的回答只会叫人更加的迷糊。不仅如此，人们会对这种单纯的"无机"和"有机"说法很容易失去兴趣。

无机化合物和有机化合物的比较图表

	无机化合物	有机化合物
化合物的种类	区区几万种	一百多万
组成元素	几乎包括了所有元素	主要的以碳、氢、氧为主
化学键	多为离子键	多为共价键
熔点	高低不等，熔点不同	不是很高
溶解度	在有机溶液中不容易溶解，但是在水中溶解比较容易	在水中不容易溶解，但是比较容易溶解在有机溶液中
燃点	绝大多数不燃烧	大部分都燃烧
反应速度	快	慢
化学稳定性	安全	非常容易分解，不安全

这个问题真的非常简单。在地球诞生的时候，就已经有无机化合物存在于地球上了，但是直到地球上出现生物的时候，才有了有机化合物的存在。

换句话说，在没有出现人造有机物的时候，无机化合物是和生命"没有"关系的，而有机化合物是和生命"有"关系的（生命体内产生的化合物就是有机化合物）。这就是无机化合物和有机化合物的不同之处。无机化合物包括岩石和黏土中富含的硅、氧化镁、食盐、水、水晶、钻石等。有机化合物包括酒精、蛋白质和砂糖、淀粉等碳水化合物。对于这样的解释，你应当不会再感到迷糊不清了吧？

上面的表格主要是对无机化合物和有机化合物进行了一番比较，用心观察，我们就不难发现无机化合物要比有机化合物少得多。

不仅如此，碳元素还总是存在于有机化合物中的。碳就是通过烘烤有机化合物而制成的，碳经过燃烧又会产生二氧化碳。所以，我们又把有机化合物称作是碳化合物。可是像一氧化碳、二氧化碳、碳酸盐、氰酸、氰化钾等碳化合物，它们又都属于无机化合物。

19世纪初期之前，在人们的想象中，有机化合物必须经过一种神奇的力量才可以被创造出来。换句话说，人工技术是创造不出有机化合物的，除非神力才可以创造有机化合物。所以化学家都倾尽全力地对无机化合物进行研究。

直到1828年，弗里德里希·维勒——德国的一名科学家，通过人工技能，利用氰酸铵 NH_4OCN（一种无机化合物）作为原材料制造出了一种尿液中包含的有机化合物——尿素 $CO(NH_2)_2$。

有机化合物被人工技术合成出来，这真的是科学史上的一大壮举。

等到19世纪的末期，我们已经合成出了包括靛蓝在内的很多有机染料。再到20世纪的时候，像药品、合成橡胶、合成纤维，以及塑料等有机物品已经都可以通过人工技术合成了。对有机化学的研究，现在仍旧处在飞速的发展时期。我们把利用元素或者并不复杂的化合物来合成复杂的有机化合物的化学研究统称为有机化学。

如今，无机化学和有机化学的区分已经越来越小了。

原因是，科学家们在25年前，只是利用了元素周期表前三行的元素来制造有机化合物。可是如今，往常被忽视的新元素也开始被科学家们重视起来，无机化学由此而被不断地向前推动着。

比如，我们现在广泛用来替代木材和金属的高分子物质，它们都具有着非常好的可加工性和经济性，其中多数是由尼龙和聚酯等有机系合成的。可是这种合成物的耐热性不是很好，并且在资源和废弃物的利用方面也不是十分优越，所以人们现在更多的是利用无机系高分子也就是无机系聚合物。

当然，有机化学也在不断的向前发展。人们现在已经不单单是对生命和基因两项进行研究了，还开始了对蛋白质、氨基酸、DNA等和生命有关的物质进行研究，我们因此对有机化学有了更进一步的了解。

8. 化学在炼金术中的应用

在过去的1500多年时间里，我们的祖先一直对炼金术倾力研究。一些特殊的物质被添加在石头、铅、铁等混合物中经过高温炼成，人们希望用这样的方法练出真金白银来。这样的情况在今天的人们看来，一定是不可思议的。

炼金术的历史已经非常古老了。炼金术的热潮，在公元前300年的希腊时代晚期的亚历山大港就已经出现了。金银是由石块或者铁等物质被埋在地下经过几千年时间变化而形成的，这是那个时期很多人共有的想法。

所以，人就想象着把一些特殊的助推剂添加进石块或者铁里面，这样金银就可以在短时间里被炼制成功。

金属在古时候被看做是有生命的。所以人们非常注重对炼金术的研究，这是由于炼金术在当时被认为是为金属治疗疾病的方法。

比如，人们把铜看成是没有成熟的金，把锡看成是得了麻风病的银……能对这些疾病起到治疗作用的就是"圣贤石"和"哲人石"，这两种东西也因此而被人们珍视异常。

不仅如此，这种药方还被认为可以很好地应用于人体，它可以使人们获得长生不老的能力。

亚历山大港当时的这种迷信说法，在希腊时代和罗马帝国覆灭以后，又传到了阿拉伯，相比亚历山大时期的说法，它们更具有了系统性。这种说法在欧洲的民间快速传播是在12世纪的中期。

就连神学家阿奎奈和哲学家培根这样知识渊博的人，也非常好奇这一说法，他们甚至亲临现场去观察过这样的实验。

国王对待宝物当然是非常喜爱的，他同样对这种说法非常好奇。好多的炼金师傅被他召集在一起，每天不停地对炼金术加以实验。

拉蒙·鲁路是14世纪初期的西班牙贵族，同时也是圣芳济修会的修道士。他曾经去访问英国国王爱德华三世。鲁路当时就有一块非常贵重的"哲人石"，它的大小犹如豆粒一般。在鲁路自己看来，通过这块"哲人石"

炼金现场的情景

一定可以在水银中提炼出黄金来，而且他坚信自己的名气一定可以因此而提高。

鲁路当时被爱德华三世安排在伦敦塔里实验炼金术。传说曾有 17200 盎司黄金被鲁路利用铁、水银和铅炼制出来。但是鲁路在爱德华三世征战法国的时候逃亡了。相传，有大量的金粉被留在了鲁路炼制黄金的地板上。

这就是炼金术的相关传说。不仅如此，好多化学药品和物质的化学性质，都是在人们炼制黄金的过程中发现的。

酒精是人们在 12 世纪时炼制出来的。而炼制出硫酸和硝酸是在 13 世纪的时候。诸如加热、溶解、过滤和蒸馏等化学技术也被这些发现推动着。

同时，当年炼金术所用的工具，像是烧杯、烧瓶、试管和玻璃棒等依旧是现代化学实验的常用器具。

所以，炼金术虽说炼制不出黄金，却被人们奉为"近代化学的一大闪亮智慧"。

9. 永具价值的钻石

有一种非常贵重的宝石被称作为钻石。虽说红宝石的戒指曾在过去一段时期内非常流行，但是钻石至今仍保持着自己的价值。

既然如此，钻石到底是由那些物质构成的呢？

和铅笔芯一样，钻石是碳原子结晶化的产物，这是最简单的回答。

有 4 个电子存在于碳原子的周围，可以和其他的碳原子拼成电子对的只是这四个电子中最具特别性质的一个。

根据这一性质，每个碳原子的周围都会结合有另外四个碳原子。

这样不断结合在一起的碳原子，会慢慢形成正四面体，并最终形成晶体，也就是我们所说的钻石。

钻石的硬度非常高，这是因为组成钻石的原子与原子之间结合得非常紧密。极高的传热性和不导电性也是钻石的性质。

就好像是有一个弹簧被放在了原子与原子之间，将它们连接在一起。这个存在于原子间的弹簧，会在钻石被加热时，彼此相互传递自己的振动，这就是钻石高导热性存在的根源所在。

CHEMICAL
MYSTERY

二、原子

五支试管里分别装有五种无色的液体。

我们看不出它们之间存在什么差别，或许它们里面的液体都是水。

可是我们绝不可以亲自去品尝它们，液体带有巨毒也是有可能的。

拿一块铜板，然后把第一支试管中的液体撒到上面，再把一根点着的火柴放到铜板的旁边，没有任何的变化产生。

再拿第二支试管里的液体来做同样的实验，我们会发现火柴的火焰会变得比原来要旺很多。

然后第三支，和第二支不同，火柴的火焰熄灭了。

第四支，还没等点火，铜板就变了颜色。

第五支试管中的液体我们还是不要轻易就洒出来，它有非常高的放射性。难道一旁的盖氏计数器不停地响我们没有听见吗？

外表看来非常一致的五种溶液被洒到铜板上，反应为什么会有如此大的差异呢？

古代、中世纪的元素

要回答这个疑问，首先要明白都是些什么样的元素构成了这些液体。其实五种溶液都是有三四种元素构成的非常简单的化合物。

和木头、石头的组成元素比起来，这五种溶液的化学组成算是比较简单的了。人类最早使用的材料就是木头和石头，它们总是被做成一定的形状来为日常的应

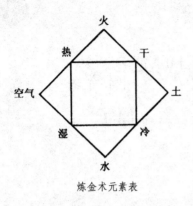

炼金术元素表

用做准备。

伴随着青铜器时期的到来，石器时代走向了末端。人们此时制造的武器和容器开始不再局限于木头和石头，就连安全别针这样的工具都可以被制造出来了。

随后铁器时代又替代了青铜器时代。此时一些铁制的镰刀、枪头、斧头……已经非常盛行，做工也非常精细。这些都是人们学会了在矿石中提炼金属的结果。

根据史料记载，在当时人们虽然不知道什么元素的说法，但是都已经学会了利用金、银、铜、锡、碳、铅、硫磺和水银（也称作汞）等元素。

炼金术在中世纪之后流传非常广泛。过去一些杂乱古老的化学知识被当时的炼金者构架出了一套比较完整的理论体系。

这些炼金者的方法并不复杂，好多其实都是他们的想象，可是我们仍然要把这些优秀的人士，看作是当时的化学家。这些人做了很多次的实验，都是为了把构成物质的基本元素搞明白。

火、土、空气和水是构成物质的四种基本元素，这是当时人们得出的结论。他们还把这四种元素编成了表格。比如燃烧后的木头会变成热和灰。这在他们看来木头就是由火和土灰构成的。

什么是元素周期表

我们都非常清楚，宇宙中的物质都是由元素组成的。元素是什么我们也都明

H																	He
Li	Be											B	C	N	O	F	Ne
Na	Mg											Al	Si	P	S	Cl	Ar
K	Ca	Sc	Ti	V	Cr	Mn	Fe	Co	Ni	Cu	Zn	Ga	Ge	As	Se	Br	Kr
Rb	Sr	Y	Zr	Nb	Mo	Tc	Ru	Rh	Pd	Ag	Cd	In	Sn	Sb	Te	I	Xe
Cs	Ba	LaLu	Hf	Ta	W	Re	Os	Ir	Pt	Au	Hg	Tl	Pb	Bi	Po	At	Rn
Fr	Ra	AcLr	(104)	(105)	(106)	(107)	(108)	(109)	(110)	(111)	(112)	(113)	(114)	(115)	(116)	(117)	(118)

镧系	La	Ce	Pr	Nd	Pm	Sm	Eu	Gd	Tb	Dy	Ho	Er	Tm	Yb	Lu
锕系	Ac	Th	Pa	U	Np	Pu	Am	Cm	Bk	Cf	Es	Fm	Md	No	Lw

白。但是我们现在的元素周期表和古时候炼金者的"四元素表"是有区别的。

元素周期表并非单纯的一张表格，我们对它里面所包含的巨大信息根本无法想象。这些信息是古时候的炼金者穷尽一生也没有研究出来的。我们现在只要弄明白了元素周期表里面的秘密，就可以在实践中好好地加以利用了。

炼金者的表格上面只有四种元素，但是我们现在的元素周期表上面的元素有100多种，它们的排列是十分有规律的，表中元素之间的关系我们只需一眼就可以看出来。

有关火、土、空气和水的本质关系，我们就可以通过元素周期表来加以说明：一些元素和氧气反应就会发出光和热，这就是我们说的火；几十种元素混合在一起才构成了土，土的组成其实并不简单；二氧化碳和其他8种以上的元素共同混合在一起组成的混合物就是空气；由氢和氧两种元素组成的化合物就是我们所说的水。

我们平日里所用的元素周期表排列顺序是根据原子价的大小。各种元素也都有自己的代表符号，这些都是为了帮助我们记忆。

我们以排在最前面的氢（H）、氦（He）、锂（Li）、铍（Be）、硼（B）、碳（C）、氮（N）、氧（O）八种元素举例来说明。它们的代表符号都是以它们英文名字的前一个或者前两个字母表示的。虽然有些元素是很早以前被发现的，但是它们的代表符号仍然是它们名称的前一个或者前两个字母。比如，Hg 是水银的代表符号，出自希腊语 Hydragyrum；Ag 是银的代表符号，出自拉丁语 Argentum。

每一个元素的原子序数都被标注在了元素周期表中元素的左上角。比如，碳元素左上角的6就表示：碳原子的原子序数是6，它的原子核中包含有6个质子，它的原子周围有6个电子围绕着。同时里面暗藏着这样的信息：什么样的元素可以和碳原子相结合，什么样的元素不可以和碳元素相结合，还有以什么样的方式相结合等。

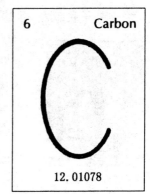

元素符号右下角的数字代表的是原子量（原子的平均质量）。碳的平均重量12是计算所有元素原子量的基本单位。这个基本单位在1960年以前是16——氧原子的平均质量，在之后才转变为碳12。

对原子核的构造我们可以通过原子序数和原子量来进行分析。就拿碳原子来说，原子核中的质子数目和原子序数是一致的，又因为它的质子和中子共重是12，得出碳原子的中子数目也是6。原子核就是由质子和中子共同构成的，而原子的构成就包括原子核再加上外面的电子。

1. 什么是元素

由相同的原子构成的物质就是元素。比如，由铋原子构成金属铋。这个金属铋假如被断成两段，或是被铁锤砸碎，再或者被锉刀锉成粉末状，它依旧是铋。加热这个金属块，它就会变为液体状。假如液体再被加热，它就会开始沸腾蒸发成气体。可是它依旧是铋元素，不会变成别的元素。

多数的原子都会和别的原子结合成分子。同种元素里的原子结合成分子的有氧分子，它是由两个氧原子结合而成的。也有的元素原子和其他的元素一个或者多个原子结合成分子，但是这种结合出来的分子被我们成为化合物，这已经超出元素的范围了。

原本单一元素拥有的性质在它们组成的化合物中已经不存在了，所以我们根本猜不到到底是那种元素构成了现在的化合物，这同时也是化合物的一大特征。比如，水是由氧和易燃的气体氢共同构成的，水的性质和氢简直是没有一点联系。再比如我们通常食用的盐，居然是由有着剧毒的氯和钠两种元素构成的！

糖分子的构造

糖这种化合物和盐一样，我们对它并不陌生。只是糖的分子结构比较容易被破坏。在蒸馏瓶中放入一些糖，然后把它们拿到火上烤，糖分子很快就会分解。我们从瓶子底部黑乎乎的东西可以判断出，一定有碳元素存在于糖的分子中。糖分子中其他的元素会重新结合生成一种气体，这种气体会慢慢凝结在瓶壁上最后流入另一个瓶子里，这就是水的液体状态。然后把这些水放入电分解设备，连接上电能，就会有氧气和氢气被分解出来并四处飞散。

西博格在实验室
里加热糖

我们根据这些推断出：是碳、氧和氢三种元素的原子构成的糖分子，它们的个数分别是碳原子 12 个，氧原子 11 个，氢原子 22 个，所以糖的分子式为 $C_{12}H_{22}O_{11}$。

我们刚刚放到蒸馏瓶里加热的糖分子数目不下几十亿亿。从它们被加热时的变化我们可以想象出来。但是为了便于理解，我们应当首先做个模型。

在模型中，我们分别用黑色的珠子、白色的珠子、灰色的珠子来代表碳原子、氢原子和氧原子。连接在珠子间一个个的小手臂，代表化学键。

糖分子里面各原子的排列形式可以通过模型非常清晰地表现出来，但是分子的真正形状并不是这样的，这并不能代表真正的糖分子。

糖分子被加热就会分解：瓶底黑乎乎的就是每个糖分子中的 12 个碳原子，蒸发的是 11 个水分子。用化学方程式解释这个现象就是：$C_{12}H_{22}O_{11} \rightarrow 12C+11H_2O$。也就是说一个糖分子被分解成了 12 个碳原子和 11 个水分子，11 个水分子又被分解为 22 个氢原子和 11 个氧原子。

因此，单一的糖分子都能够分解出碳原子 12 个，氢分子 11 个，氧分子 5.5 个。我们为了用整数来表示这个化学反应方程式，可以把原来的数值都加倍计算，比如：$22H_2O \rightarrow 22H_2+11O_2$

氧化汞的加热分解

让我们来做下面的实验。我们这次加热的红色粉末物质叫做氧化汞。它是由氧和汞(又称作水银)两种元素共同构成的,这一点通过氧化汞的名字就可以知道。

在蒸馏瓶里放入氧化汞，然后加热，首先发生变化的是颜色，之后瓶中的氧化汞会开始沸腾并且蒸发。

瓶中飞出的蒸气遇冷就会凝结成汞，再次落回到烧杯里。

除了蒸气还有氧气在瓶中飞出来，但是我们不可能看到氧气从里面飞出来，因为氧气是无色无味的。可是对于瓶子里是否有氧气冒出来，我们可以用其他的方法来证明：假如我们把一根燃烧的竹制筷子火焰熄灭后，放到瓶口外，就会发现它会再次地燃烧起来。这就说明有氧气从瓶子里冒出来。

于是，我们明白了，一些发亮的

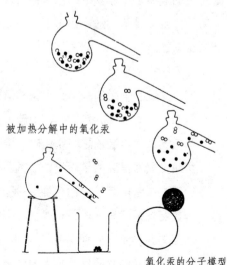

被加热分解中的氧化汞

氧化汞的分子模型

液体金属汞和氧气共同构成了那些红色的粉末。即将熄灭的炭火可以再次燃烧起来，这正是氧气的显著特性。

比起糖分子的组成，由两种原子构成的氧化汞分子要简单得多。由一个汞原子和一个氧原子构成的氧化汞，化学分子式是 HgO。

上页图中画出的就是氧化汞 HgO 的分子加热分解图：其中的氧原子和汞原子分别用白色圆圈和黑色圆圈来代表。氧化汞的加热分解过程也可以用这个图来表示，氧化汞的分子在被加热温度持续升高的过程中会四处地乱飞，在烧瓶中到处乱撞，最后终于被分解成氧原子和汞原子，分解出的氧原子会双双地结合成氧分子飞出烧瓶，而汞蒸气在飞出烧瓶的时候，会遇冷凝结成液体汞再次地落入烧杯。

这一过程用化学方程式表示为：$HgO \rightarrow Hg + O$。

氧原子不会单独地存在，成对结合成氧分子是水到渠成的事情，因此最后得出的也会是 O_2。所以上面的化学式应当改写成 $2HgO = 2Hg + O_2$。换句话说就是，两个氧化汞分子被分解为两个汞原子和一个氧分子（由两个氧原子组成）。

氧化汞和糖都是由不同的元素混在一起构成的物质，我们把这样的物质称作化合物。

化合物和元素

此刻在让我们回过头来，回答究竟是哪些液体装在了那五支试管里，它们都是无色的液体，并非复杂的化合物。只有第五支试管中装的是两种化合物的混合液体，其余都是单一的化合物组成。这五种液体都是由固体和气体（或者液体）结合出来的。

正确的答案是：

第一支试管里装的是水，由氢和氧构成；

第二支试管里装的是丙酮，由碳、氢、氧构成，可以燃烧；

第三支试管里装的是四氯化碳，由碳和氯构成，可以用来熄灭火焰；

第四支试管里装的是硝酸，由氮、氢、氧构成，它可以和铜产生化学反应；

第五支试管里装的是钴 60 的溶液，由水和具有放射性钴的硝酸氯混合而成，盖氏计数器就是因为它才不断地发出声响。

上面的六种元素分别构成了五种不同的液体。现实中的烷烃、石油、塑料等数万种性质各异的物质都是由上面的氢和碳结合构成的。像这种只有氢和碳组成

的化合物，我们统称为碳氢化合物。碳和氢的原子数量以及它们的连接状态决定了碳氢化合物间的不同分子性质。

在它们的化学方程式中，碳和氢的数量区别表现得非常明显，举例说明：

甲烷（俗称沼气）的化学分子式为 CH_4

乙炔的化学分子式为 C_2H_2

乙烯的化学分子式为 C_2H_4

十氢化萘的化学分子式为 $C_{10}H_{18}$

原子的重量

一定要有数千兆的分子集合到一起的化合物，它才可以被我们的肉眼看到或者被称出重量。这是由于碳原子的直径仅有一亿分之几厘米，非常小。里面原子核的直径比原子的万分之一还要小。

假如我们用一个足球场来比喻碳原子的大小，那么观众席里来回飞舞的苍蝇就可以被看作是电子，而放在足球场正中央的足球就可以被比作是原子核。所有苍蝇总重量的数千倍才等于一个原子核的重量。因此所有原子核的总重量占宇宙所有物质总重量的 **99.9%**。其实原子内部的大部分空间是不存在任何东西的。

原子的重量假如用气体举例来进行讨论，可能会显得容易些，这是由于气体的体积相同时它里面的分子数目也是相同的。

把两个容量是 1 升的瓶子分别放在一个天平的两端，天平会实现平衡，这是因为两边瓶子里都装有一升的空气。假如我们把氢气悄悄地灌入一边的瓶子里，让氢气代替了里面的空气。我们会发现天平不再平衡，装有空气的瓶子一端会下坠，装有氢气的一端会上扬。这就告诉我们一升的氢气要比一升的空气轻。

我们需要很长的运算才可以将这个事实用分子式表示出来。到底有多少个分子存在于两边的容器里面呢？这个数目是非常大的，每一升的空气中含有分子 2.687×10^{22} 个。

分子的数目再翻一番，才能达到原子的数目。这

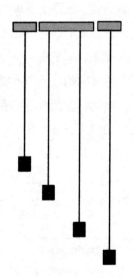

由左至右，同体积的镁、铁、铅、铀，把它们用同样的弹簧吊起

是由于存在于空气中的氮、氢、氧（空气的主要组成元素）的分子都是双原子的构成。

不同金属原子的重量大小，也可以通过对等体积物质进行比较而获得。例如，我们可以通过观察在强度相同的弹簧上，被吊的等体积的镁、铁、铅、铀的位置高低，来判断它们的体重大小，重的位置低，轻的位置高。它们的重量区别就代表了它们原子重量的区别。

上面对原子重量的区分并不是十分明确的，只是大略地比较了一下它们的重量大小。固体原子重量的测量要比气体难很多，这是由于相同体积的固体物质里面包含的原子数目并不一致，这和气体是有区别的。固体体积相同，但是构成固体的原子之间的密度是不一样的，密度越是稀疏，包含的原子数量越少，密度越大，原子的数量越多。所以不同种类的固体，即便是体积相同，它里面包含的原子数量肯定是有区别的。

不同元素的原子量在元素周期表上面也都有表示。我们以碳原子的重量 12 作为基准，由此而取得的其他各元素原子的重量称之为原子量。238 大约就是铀原子的原子量，207 是铅的原子量，56 是铁的，24 是镁的，氢的原子量只有 1。也就是说，氢原子重量的 238 倍才等于铀原子的重量。元素的很多信息都可以通过对元素周期表的细心观察获得，原子量不过是其中的一项罢了。

元素和原子核

原子的构造我们也能通过元素周期表来获得。

就以排在元素周期表第一位的氢元素为例，它的原子核里面只有一个质子存在。组成原子核的基本粒子就是质子。

1	Hydrogen
H	
1.00797	

正是这一百多种元素中的一个或是数个相结合组成了世界上的万物。假如我们把这些物质比作是建筑物，那元素就是构建这座建筑物的砖块。

质子、中子、电子又是元素构成的三种基本粒子。

但是每种元素中包含的质子、中子和电子的数量是不一样的，所以它们的性质也是有区别的。

以氢原子为例，它的原子核里面只有一个质

子存在，每个质子带有一个单位的正电荷，整个氢原子重量的 99.9% 都集中在质子的上面。

由于氢原子的原子核中包含有一个质子，它带有一个单位的正电荷，所以氢的原子序数是 1，在元素周期表上面排列在第一位。我们用一个含有 + 号的圆圈来表示氢原子。

假如再有一个粒子出现在原子核中会发生什么情况呢？我们假设这个粒子的重量和质子相同，可它是没有电荷的。这样原子核的重量就会在原来的基础上增加 1，但是原子所带的电荷并没有没有发生变化，仍旧是 1 个电荷。

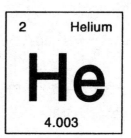

我们把这种重量和质子相等，可又不带电荷的粒子称作是中子。元素周期表中的所有元素（氢原子除外），原子核里面都包含有中子。

假如给氢原子的原子核加上一个质子和两个中子，这就变成了一个复合粒子，它的重量是 4，带有 2 个正电荷，如图。

我们细心地观察元素周期表，不难发现，上面说到的复合粒子就是氦的原子核，氦的原子序数就是 2，质量数是 4，原子核中质子和中子的合计总重量就是原子量，它是元素原子量的整数表示。

假如把一个质子和一个中子添加进氦的原子核，就会变成锂 6 原子核，锂的质量数是 6，带有 3 个正电荷。

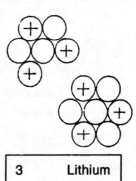

锂这种轻金属是银白色的。它有两种不同的原子核，一种是锂 6，还有一种比锂 6 多一个中子的锂 7。

锂 7 在大自然中所有锂含量中占到了 92%，锂 7 的重量是 7.02，质量数是 7。

锂 6 只占到总数的 8%。所以大自然中锂的平均原子量是 6.941。

这样不断地增加质子和中子，原子核的重量也会不断地增加，很多新的元素也会不断被造出来。

原子的组成不仅包括原子核，原子核的四周还要

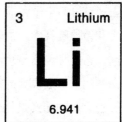

围绕有电子，围绕电子的数量等于质子的数量。

和质子相比较，电子的重量极其微小，它带有的电荷量值和质子数相同，可不是正电荷，是负的。这样原子中所包含的等量质子和电子，它们的正负电荷就会相互中和而达到平衡，最后表现为中性。

如此，由一个质子和一个电子共同组成的氢原子是中性的，在质子的周围旋转着一个自由的电子。

在下面的插图中，我们为了方便，用负号来表示电子，当然这是不太符合要求的。如果图中画的就是真实的质子大小，那么以质子为中心绕圈旋转的电子半径就是一公里。

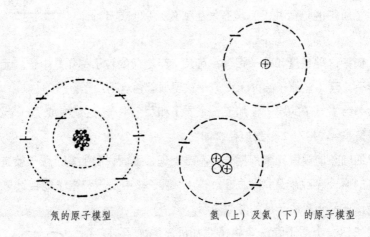

氖的原子模型   氢（上）及氦（下）的原子模型

包含有两个质子的氦原子要达到平衡，核外就需要有两个电子环绕。

每个轨道上(层)环绕的电子数目都是一定的,这是原子一个非常重要的性质。

从原子核开始由里向外，第一层最多可以绕两个电子，再有多余的就要绕进第二层。第二层最多可以环绕电子的数量是八个。

所以锂原子的第一层环绕的电子数目和氦原子是一样的，都是两个，在第二层上，氦没有电子，而锂有一个。

和地球围绕太阳的轨道不同，电子环绕的轨道不是平面的，而是一个三维的空间，它的环绕面是个球面。和图中画出的轨道不同，真正电子的轨道并不是十分清楚的，它是模糊的而且带有一定的幅度的。

锂之后的元素是什么样的，让我们再来看一看。随着第二个层面的电子不断增加，就会达到第十位的氖，它的四周环绕着 10 个电子，原子核中包含有十个质子。

氖原子外面的第一层环绕着两个电子，第二层环绕着 8 个电子。这样氖的轨道上就和氦是一样的被电子占满了位置，它们的轨道上面没有了其他空位，周围也没有富裕的电子。我们把氦和氖这样的原子统称为饱和的原子。

包含 11 个质子和 11 个电子的钠紧跟在氖的后面，它就有一个单独的电子环绕在第三层的轨道上面。

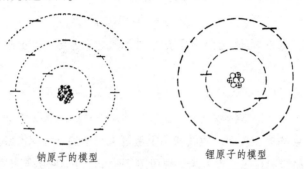

钠原子的模型　　　　　　锂原子的模型

钠和锂在元素周期表中的位置是在同一列里，锂在钠的上方，这是由于它们的最外层轨道上都是单独的一个电子，这是两者的相同之处。

此刻，我们应当都非常清楚当初制作元素周期表的目的了。我们按照原子序数的大小顺序的排列这些元素，就会发现里面存在着一些周期性反复出现的特别属性。我们用周期律来给这种性质下定义。

为了使得我们的原子自身的电荷显现为中性，我们就要清楚地知道原子核中每增加一个质子，外围就要多环绕一个电子，这是很重要的一点。所以原子核外的电子数目是由核内的质子数目决定的。只有原子中的质子和电子数目相等时，它们的电荷才会显现为中性。

元素具有的化学性质和它们的同位素

原子核外围环绕的电子数量和电子的排列方式，这两点共同决定了原子的化学性质。

我们把元素和其他哪些元素能够结合，又不能和哪些元素相结合；和其他元素怎样结合，又为什么不能够和它们结合等这些性质统称为"化学性质"。

说得再具体一些，有哪些其他元素会和这种元素相结合？结合在一起是容易还是困难？被结合在一起的元素是不是很容易又被分开（稳定性）？元素中的质子和中子是和这些性质没有直接关系的，原子周围的电子数目和电子的排列决定着这些性质。

虽然中子的数目不会影响元素的化学性质，可是中子数目的变化会产生出这种元素的同位素。

同位素一词出自希腊语言中的"同"和"场所"。我们之前说过的大自然中的锂6和锂7就是锂的两种同位素。同位素改变的是中子数目，质子和电子数目是不变的，所以它们在元素周期表上应当占据相同的位置。

不过，在原子量（重量）的大小和放射性的差异等方面，同位素之间还是有不同点存在的。

同位素只能通过增加或减少原子中的中子数量来得到，不然的话，原子的电荷就会发生改变，电子的数量就会发生变化，化学性质随之发生改变。中子的变化只会引起原子量的变化。氢、重氢和超重氢是氢元素的三种同位素。氢原子的核内只有一个质子没有中子；重氢原子核里多了一个中子，它的原子量大概是2；超重氢的放射性很强，原子核里有两个中子，原子量是3。

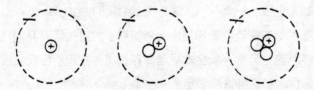

氢、重氢、超重氢三个同位素的原子模型

就拿元素铀来说，多数铀的原子量是238，其中包含质子92个，中子146个。除此之外，我们对铀235也不陌生，巨大的能量可以通过它的原子核分裂产生出来。铀235中也包含有92个质子，但是它有143个中子，和铀238相比较相差3个中子。所以铀238要比铀235重3个单位。

我们之前说过的元素定义是由相同的原子构成的物质，在出现了同位素之后，好像产生了偏差。正确的说法是：元素是由相同原子序数（也就是质子数不变）的原子组成的物质。

其实和纸上画的不同，原子核的构造不是平面的而是立体的三维空间。部分的原子核形状就像是个篮球，可是重一些的原子核形状就会像是个橄榄球，这比普通的篮球形状要长，铀的原子核就是橄榄球形状的。

2. 从原子到分子

我们如何能够证实世界上存在原子呢？

有什么样的方法可以观察原子

原子是可以被看到并且它的形态和构造是可以被详细地解说的，这是我们心里一直都存在的想法。但是我们直到现在还没有任何的方法能够看到原子的真实构造。我们现在的光学显微镜甚至电子显微镜都无法看到原子。但是，我们通过对电子的观察，可以间接地证实它的存在。

在高空中飞行的飞机会产生一条云带，这件事情是我们每个人都非常清楚的。相同的道理，在包含水蒸气的潮湿气体中，假如有氢和氦这样带电粒子的原子核飞过，也会产生像雾一样的条纹。这些就是粒子的飞行轨迹，我们用肉眼就可以看得到的，也可以拍成照片。我们把这种对粒子飞行轨迹进行研究的设备称做"威尔逊雾箱"。

除此之外，我们对电子的观察还能够利用研究分子而实现。原子经过化学的力量而结合在一起就会形成分子。这些结合在一起的原子，我们用光学显微镜还是没有办法看到，但是利用电子显微镜就可给它们拍照了。

现在已知的单个最大的分子就是病毒（Virus）。就像我们常见的波里奥（Polio）病毒——一种脊髓灰白质炎病毒，它的球型分子是由上千个原子构成的。对于它的形状我们可以通过电子显微镜看得非常清楚。

一种电场离子显微镜在1957年，被宾夕法尼亚大学的马勒（Miillur）博士研制成功了。一颗颗清晰的原子照片通过这个显微镜拍摄出来。就连细钨（tungsten）针外表原子构成的结晶格子，我们都可以在照片上面看得很清楚。在照片上，单个的原子用一个个的小点来表示，多个原子结合在一起用亮点表示。这张照片大概是100万的倍率（半径的比率）。

原子在黄铁矿结晶中的位置也被麻省理工学院的博格雷博士用X光一粒粒的拍摄下来。黄铁矿（二硫化铁）的构成是铁和硫。换句话说，是一个铁原子和两个硫原子组成了一个黄铁矿的分子。

原子的体积并不大，就拿铁原子举例来说，它的直径只有一亿分之一厘米左右。

原子的形状并没有被显示在这张照片中，我们只能够看清结晶中各原子的位置。

化合物与混合物

（铁粉和硫磺被磁铁分割开来）

铁和硫的原子是如何结合在一起而组成分子的呢？

用心观察被混合在一起的铁粉和硫磺粉，无论我们如何搅拌，无论多长时间，它们还是不能结合在一起。只要我们找到一块磁铁，就可以轻松地将混合在一起的铁粉和硫磺粉分开。

因此，我们把这种混合在一起并非真正结合为一体的铁粉和硫磺粉，称作是混合物。

我们用一口锅给这种混合物加热，里面的铁原子和硫原子就会发生化学反应并开始结合。

混合在一起的铁原子和硫原子会在被加热的情况下，失去自己原有的性质，重新结合成一种叫做硫化亚铁的化合物。硫化亚铁有着和铁和硫完全不同的性质。

硫化亚铁（FeS）分子式由一个铁原子和一个硫原子组成的。二硫化铁（FeS_2）和硫化亚铁非常相似。镁的化合物的取得要比硫化亚铁容易很多。把镁颗粒直接加热就可以了，比如，在天平的一端放上燃烧的镁，氧原子就会自动从空气中取得，这样一来，氧原子和镁原子结合就会生成氧化镁这种新的化合物。天平会因为燃烧中的镁有氧原子的加入而发生偏向，无法保持平衡。这种镁燃烧后产生的氧化镁化合物和单独的氧和镁的性质也是完全不同的。

对于上面说到的这两种结合方式，我们称之为"化学反应"。

铁和硫反应生成硫化亚铁：$Fe+S \rightarrow FeS$

镁和氧反应生成氧化铁：$2Mg+O_2 \rightarrow 2MgO$

元素周期表中的数列和横列

对于化学家怎样把两种元素结合成化合物的方法，我们已经知道了，但是两种元素是因为什么而产生化学反应的，我们就不十分清楚了。

不同元素的原子结合成化合物的途径是多种多样的。可无论是哪一种方式，在发生化学反应时，在原子外围环绕的电子排列都会发生变化。说明白一些，化学这一学科研究的就是电子排列的改变。

在元素周期表中，第一行只有氢和氦两种元素，外围只有一个电子层是它们共同的性质。

由锂到氖八种元素排列在第二行中。它们的共性是有两个电子层。第一层容纳的电子数目不可高于两个，第二层容纳的电子数目不可高于 8 个。元素外面环绕的电子都要遵循这一排列规则。

锂的第二层上只有一个电子，铍的有两个，这我们前边是讲过的。再往后第二层的电子会逐渐增加，一直到氖的第二层 8 个额满为止。

元素排在相同的竖列中，它们就是同一族，它们的化学性质是非常相近的，它们的最外层包含了同样数目的电子。

元素周期表的其他五排和这里所说的是一样的。下面一排的第一个元素要比上面一排的多一层，都是相同数目的电子环绕在最外层。

假如我们拿元素周期表中最左边的竖列元素来进行比较，我们会发现这些元素最外层也有着相同的电子数目。最外层只有一个电子的像氢、锂、钠、钾、铷、铯、钫等。

He
Ne
Ar
Kr
Xe
Rn

离子组合

最左边的元素，除去氢，都是"碱金属"。碱金属在进行化学反应时，可以提供给对方的只有最外层的一个电子。

钠和氯结合成食盐的化学反应就是上面说到的反应。钠原子用平面图来表示：

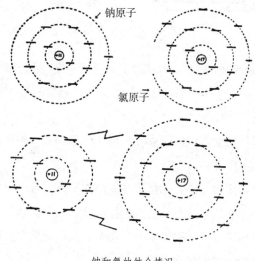

钠和氯的结合情况

原子核内部有 11 个质子，核外有环绕的电子也是 11 个，所以钠原子显现为中性。这 11 个电子排列在三个层面上，其中有两个排列在第一层，8 个排列在第二层，最后一层就剩单独一个。

氯原子的外围环绕着 17 个电子，同样是排列在三个层面，其中有两个在第一层，8 个在第二层，7 个在第三层。我们由此看出，钠原子的第三层正好富裕出一个电子，而氯原子的第三层正好缺少一个电子。因此，两个原子相结合正好互补有无，结成完整的一对。

这其实就是化学反应的真实现象，也就是氯原子的最外层缺少的一个电子被钠原子的最外层富裕的给补充了，从而达到平衡。

这样，失去了一个带有负电荷的电子，钠原子就变成了一个带正电荷的原子，与此相对应的，得到一个带有负电荷的电子后，氯原子就变成了一个带负电荷的原子。于是，带正电荷的钠原子和带负电荷的氯原子就会相互的吸引对方并结合在一起生成新的化合物。

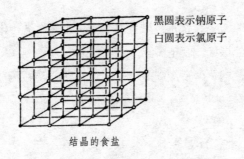

黑圆表示钠原子
白圆表示氯原子

结晶的食盐

比"两个带有相反电荷的原子"的说法更为准确的是"带有相反电荷的离子"。我们把因为失去或得到一个电子后，自己带上正或负电荷的原子称为离子。因此，氯和钠的这种结合我们又称作是"离子结合"。

食盐就是由氯和钠结合而成的晶体，这种晶体呈立方体的形状，假如这一过程能够被我们看到该多好呀！

食盐的晶体不是很牢固，立方体是完整的晶体形状，我们大多看到的都是些破碎的食盐晶体。照片中的食盐是个复杂的结晶体，它里面包含的原子数量是巨大的，其中的钠原子和氯原子分别有 10^{25} 个左右，我们用平常的数字表示：

10 000 000 000 000 000 000 000 000 个。

共价结合

原子结合成分子的途径有很多。食盐的结合方式只是其中的一种，当然还有其他很多重要的方式。

水的结合方式和食盐是有区别的。

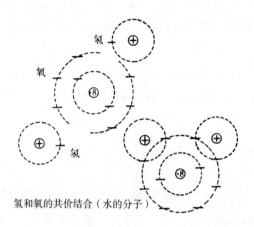

氢和氧的共价结合（水的分子）

让我们首先了解一下一个氧原子和两个氢原子的结合方式。有一个电子环绕在氢原子的周围。核内有 8 个质子的氧原子外侧有 8 个电子，有两个分布在第一层，6 个分布在第二层，也就是说，有两个电子空位存在于氧原子的周围。所以要填补这两个空位，就要有两个氢原子的两个电子才行。可是为氧原子提供电子的氢原子是有条件的。因为氢原子的第一层也缺少一个电子空位，这样，两个氢原子就会分别和氧原子共用一对电子。从氧原子的角度来说，它是在两个氢原子那里共享得到了两个电子，于是它们共同达到了平衡状态。

这种原子结合成分子的方式被称作是"共价结合"或者"电子对结合"以这种结合方式而形成的化合物有很多，糖就是其中的一种。

共价结合而成的分子内部都有非常微小的电流存在，这些电流还不停地变换方向。它们相互结合在一起的原子会相互吸引，这就像我们看到的水、糖等物质。

倘若没有电流存在于这种分子的内部，它们将不可能结合在一起，并且会四散分开。也就是说，这些物质会和空气一样形成气体。

3. 开始的元素

我们是在什么时候什么情况下发现元素的呢?

人类对元素的利用开始在远古的时候。火开始被人类发现并利用后,森林里就四处出现了树木燃烧生成的碳灰。人类正是利用这些燃烧生成的炭创作出了最古老的艺术绘画。

人类利用木头和石头制作枪头、斧头、刀具等工具和利器,开始于石器时代。各式各样的物品被当时的印第安人巧妙地通过自然材料制作出来。他们的各种器具都是用土制成的,这些大多是铝、硅、氧的化合物。

但是对于元素的概念,当时的人们是不知道的,至于都有哪些元素包含在黏土或者石头中就更不清楚了。

时代逐渐发展,人类开始不再单纯地依靠自然环境,他们开始从土石里找需要的材料,利用从里面提炼出的元素,还学会了改变元素的排列。

这种可以提炼出元素的土石被我们称作是矿石。

比较常见的是方铅矿(硫化铅),它里面含有丰富的铅。远古时代的人们从它里面提炼出铅,是出于一次偶然的机会。假如我们把含有木炭的铅矿石放到火上烧,就会分离出里面的纯金属铅,分离出的铅会一滴滴地落到地上。

朱砂是远古人知道的除了方铅矿之外的另一种矿石,我们称作是硫化汞。没有杂物的水银(也称作汞)就是对这种矿石进行加热从而引起化学反应生成的。

金属铜是在人类渐渐增强的好奇心和不断提高的材料处理能力的基础上,才被人们发现。随后人们又寻找到了铜和锡在矿石中提炼的方法。

把铜和锡掺杂在一起而制作成青铜器,这是人类进化历程上的一个里程碑式的发展,所以,我们把这一时期称作"青铜器时代"。

比较高端的青铜武器、容器、还有漂亮的饰品都是出在这个时代,此外,冶金科学的发展也是在这个时代开始的。

人类炼铁方法的发现是在公元前一千年左右,青铜器时代之后的铁器时代。人类对铁的发现和利用似乎在更早的时候就有了。或许,富含铁矿石的赤红石被人们砌成炉灶生火,而炉壁当时分离出的金属就是铁。

炼出的铁被他们打制成铁锤、铁锥、铁梳子等，当然还有战争用的武器。不同种类的文明在这期间诞生，后来的文明很快就可以把前一种文明替代。各国的冶炼技术的发展决定了他们不同的文明发展程度。

古代人利用过的元素

古代人类对矿石进行加热从而提炼不同元素的做法，其实是非常原始和幼稚的。碳有时候也被他们用来在地上生火。我们上面说过的提炼方法，在实验实里很容易地就可以被证实。比如，我们在一块黑铅板上面，给一块富含铅的矿石加热，没有杂质的铅就会自动流出来。

当在矿石中提炼金属的方法被人掌握了之后，才有了单独以元素状态存在的金属呈现在人们面前。不同形状的金属物品很快被人们打制出来，这其中还有非常薄的金属片。

因此说，很多种元素都曾被远古人利用过，只是当时没被认作元素而已。

人们最先获得的是以木炭形式存在的碳。然后又有硫磺，以及元素状态的金、银、铜等金属。并掌握了铜、水银、铅、锡的矿石提取方法。

在矿石中提炼出金属铁应当就是古代人非常重要的成就。在冶金术的发展开始，一个部落只有掌握了熟练的炼铁术，才能够拥有文明的中心地位。

人类在公元前已经知道的元素有九种，并且掌握了冶炼方法。用心研究这些元素在元素周期表上的位置，我们会发现它们都有着非常接近的性质。比如相似的铜、银、金，还有锡和铅的性质也非常相近。

下面是九种元素的化学符号：

碳 -C，硫磺 -S，铁 -Fe，铜 -Cu，银 -Ag，锡 -Sn，金 -Au，水银 -Hg，铅 -Pb

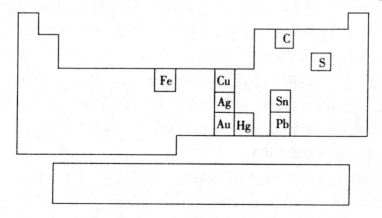

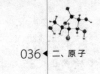

4. 由炼金术发展出的化学

人类在元素提炼方面的成果一直都停滞不前，直到中世纪炼金术的出现。

炼金者从事的工作

蒸馏器、乳钵等这些简单的工具都是炼金者在炼金时使用的，它们也是我们今天化学仪器的起源。

像一些炼制长生不老丹，以及其他各种稀奇古怪的实验，都是炼金者们之前做过的，正是这些奠定了现代化学实验的基础。"哲人石"是他们共同寻找的东西，他们每一个人都坚信这种物质可以把平常的金属炼成金子。这个如梦如幻的物质，我们到现在也不知道是个什么东西。或许这是多种物质的集合体，反正不会是石头，历史学家曾经猜测这是硫化汞，但是，对于这个猜测没有人能够给出合理的实证。

其实炼金者所做的实验并非都是些盲目的想象，很多重要的化学实验都是他们流传下来的。当然，他们开始的目的并不是这个，但是终归有各种金属被提炼出来还是要归功于他们，其中最重要的就是很多种酸类被他们制造出来。现代工业化学的基础就是被这些酸类奠定的。

为硫化亚铁等物质加热就是炼金者的实验内容之一，然后收集从中挥发出来的"矾类之油"的液体，这其实就是我们今天所说的硫酸。

炼金者不仅可以制造硫酸，还可以制造氯酸和硝酸。碳酸钾和碳酸钠是现代非常重要的工业原料。

虽然炼金者的目的和实验方式总是千奇百怪，但是他们对理论和实践的强烈兴趣，还是值得我们给予赞许的。实践中被证实的理论知识被他们收集了起来，但这些并没能够像上图一样被系统化。火、土、水、空气被他们看作是关系密切的四种元素，大自然的所有物质都是由这四种元素构成的，人们还想利用这四种元素来建立符合逻辑的实验理论。炼金者的这一想法虽说没有什么事实基础，但是从个别角度看来，这些可以被看成是现代元素周期表的雏形。

在中世纪炼金者发现的元素

有很多的东西都是被炼金术士们发现的，特别有三种元素是在 12 世纪至 14

世纪被发现的，我们对他们做出的业绩应该给予肯定。

这三种元素是隶属同一族的砷（As）、锑（Sb）、铋（Bi），在元素周期表上，它们排在同一竖列中。

有三种性质相近的元素被炼金者发现，这说明他们相继传承的实验是以某些特定的反应形式为中心的。所以，他们发现的三种化学元素性质是非常相近的。

在三种元素被发现之后的五六个世纪，就再没有其他元素被发现了，但是铂金是个特例。铂金是 16 世纪的上半叶在墨西哥被提炼出来的。在西班牙语中，铂金（Platinum）的意思是"小块金"。

但是，铂金在当时并没有被使用。对铂金应用的唯一可查记录出现在 18 世纪，当时的人们铸造金币，为了增加重量所以加入了铂金。俄国在 19 世纪开始铸造纯铂金币。

到了 17 世纪，已经有 13 种元素被人们发现了。但是对于发现的具体年代和被谁发现的这些并没有明确的记载。其中就包括有锌元素。锌元素大概是在 1600 年左右被人们发现的。

具有现代气息的科学研究到此时才算开始。人们对自然、化学、以及元素的研究，开始有了记录，每当有新的发现，都会向社会公开发表。

为了对世界加深了解，其实古希腊人对知识也曾有过疯狂的追求。他们当时想到的原子理论甚至和现在的原子理论还有着一定的相似性。但是古希腊人并没有把这些理论付诸于实践，只是停留在了理论阶段，所以被保存下来的也只有课本上的理论知识。

磷、钴和镍

第一个记录了发现者名字的元素就是磷。Phosphorum 是磷的英文名称，"带有光亮的东西"是它的希腊语意思。

布兰特（Brand），一个德国的商人，1669 年在实验室里偶然发现了磷——一种可以在黑暗中发出光亮的东西。他也是一个疯狂的寻找哲人石的炼金者，他做过很多的实验。他在一次蒸干尿液时得到了磷。但是他并不知道这是一种元素。磷在当时只是被他当成了吓唬朋友的玩具，在当时或许也为他挣到许多钱。到后来磷才被确认是一种元素。但是，对于磷的制取方法，布兰特并没有给予公开。

人们发现钴是在1737年。镍在14年后的1751年被发现了。含有钴和镍的矿石，在以前一直被人们错误地认作是铜矿石，但是铜始终没有办法被从中提炼出来。人们总以为这些矿石上面附有魔鬼，因此用 Cobalf（恶鬼）和 Coontel Nichel（恶魔之铜）来称呼它们。今天人们依然沿用这些名字。

研究气体

氢气是随后被发现的。

氢的获得其实并不是很难。只要在酸溶液（特别是氯酸溶液）中加入金属，就会有氢飘出溶液外。在酸中放入金属就会有气体产生，这是人们很早就知道的事情，但是这些气体和其他气体是不一样的，这一点没有人发现。

第一个研究氢气的人是卡文迪许（Cavendish）。有关氢气的性质，他在1766年正确无误地写了出来。卡文迪许之后又发现氢气在燃烧后后产生水，因此，"水的制造者"一词成为了氢气的名称——Hydrogenium（氢）。

很多的人在1770年之后都开始对空气进行研究，他们都想弄清楚是哪些元素共同构成了空气。一定量的空气会被东西燃烧或者生物的呼吸消耗掉，这一点是丹尼尔·卢瑟福（Daniel Ruther Ford）发现的。比如，把一根燃烧着的蜡烛放入装有水的盘中，然后用玻璃罩盖上，我们会发现蜡烛不会燃烧得太久。这是由于一定量的空气被蜡烛燃烧消耗掉了，盘中的水面会由于空气的减少而提高。假如这个实验我们不用蜡烛，而改用老鼠，那么在消耗掉一部分空气后老鼠就会死去。

还有一点，卢瑟福同时发现：玻璃罩中的空气在蜡烛熄灭或者老鼠死后，和原来的不一样了，再没有东西可以在它里面燃烧，也没有生物可以在里面生存了。所以它和外面的空气产生了区别。

所以，氮被认为是卢瑟福发现的。

当时，还有很多的人，像卡文迪许，普里斯特利，舍利等都在对这类事情进行研究。但是，正确记录氮的只有卢瑟福。

对氧进行研究的人，当时也有很多，氧也是空气的重要成分，这和氮是一样的。氧化汞的红色粉末被普里斯特利放到玻璃瓶中，然后用放大镜集中太阳光来照射它。普里斯特利发现瓶中得到的气体，可以使东西很容易地就燃烧起来。所

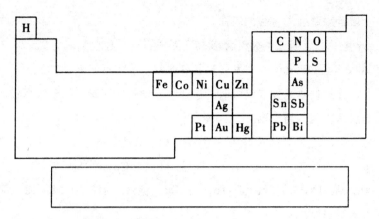

以，氧被认为是普里斯特利发现的。

比普里斯特利更早做出这个实验的还有舍利，他是瑞典的化学家，他没有能够在普里斯特利之前发表实验结果。

当时对于空气的研究做出过重要贡献的还有拉瓦锡（Lavoeseor），一位法国的化学家。燃烧到底是一种什么样的现象，这是他当时的研究课题。镁在空气中燃烧后重量会增加这一现象就是被他发现的。这是由于燃烧中的镁会和氧发生反应，增加的正是结合的氧的重量。

于是，到 1770 年，人们已经发现了 20 种元素了。

5. 元素周期表

又有 11 种元素在 1770 年之后的 25 年中先后被人们发现，它们分别是氯 -Cl，铀 -U，锰 -Mn，钛 -Ti，钼 -Mo，钇 -Y，碲 -Te，铬 -Cr，钨 -W，铍 -Be，锆 -Zr。

意大利的物理学家伏特在这期间发明了电池。

在 19 世纪初期，一种非常大的电池被英国的化学家戴维（Davy）利用来对我们今天称作苛性钾的化合物进行研究。苛性钾是当时每个人都了解的化合物，但是对于它的组成元素一直没有人知道是什么。苛性钾被戴维（Davy）拿来加热，随后融化，在电池通电后，之后一种新的金属元素被发现了。

现在，假如我们拿一些苛性钾放入金属壶中，之后使金属壶接触电池的正极上，这样里面的苛性钾就会被融化，把一根带有负电极的铂金线放入溶液里，就

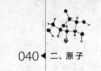

会有微量的金属钾附着在铂金线的表面。

戴维(Davy)在发现了钾元素数天后,又做了同样的苛性钾实验,随之又发现了钠。

化学在 1800 年至 1869 年期间发展的速度非常快。发现元素的种类大约增加了一倍。整个世界的科学家们在这段时间都在为发现新的元素而不断努力着。

下面是先后被发现的新元素。

钒 -V, 铌 -Nb, 钽 -Ta, 铈 -Ce, 钯 -Pd, 铑 -Rh, 铱 -Ir, 锇 -Os, 钾 -K, 钠 -Na, 硼 -B, 镁 -Mg, 钙 -Ca, 锶 -Sr, 钡 Ba, 碘 -I, 锂 -Li, 镉 -Cd, 硒 -Se, 硅 -Si, 溴 -Br, 铝 -Al, 钍 -Th, 镧 -La, 铒 -Er, 铽 -Tb, 钌 -Ru, 铯 -Cs, 铊 -Tl, 铷 -Rb, 还有在太阳中发现的氦 -He。

元素周期表在那个时候还没有被创立,不然,我们就可以按下图的顺序排列

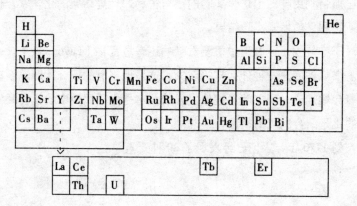

这些元素了。

开始元素分类的尝试

到 1817 年的时候,已经有 50 多种元素先后被人们发现了。可是,对如此多的元素进行分类和按照一定的顺序进行排列的工作还是没有人做。人们对元素和化合物两者开始区分也是在那个时候开始的。

人们慢慢发现对这样多的元素进行分类是十分必要的事情。原子量被科学家们认为是元素间起关联作用的主要因素,他们于是依据这一想法开始整理发现的所有元素。

首先发现不同元素间有联系的化学家就是德国的提培莱那(pobereiuer,J·W, 1780 ~ 7869)。三组元素的说法就是提培莱那在 1829 年提出来的,它的大概意思是:如果性质相近的元素被竖直排列成一列,那相隔两个元素的原子量的平均

值刚好等于中间元素的原子量。以锂、钠、钾三种元素为例，把它们竖直排成一列，那么锂和钾元素的原子量的平均值就是钠元素的原子量。除此之外，就化学性质方面来说，处在中间位置的元素也在上下两元素之间。另外的两组还有钙、锶、钡和氯、溴、碘。

在三组元素的说法被提培莱那提出后的 25 年中，又有四五组这样的关联元素被其他的化学家发现。他们的发现为之后的元素体系说奠定了重要的基础。

尚古多（Chancourtois,A·E·B，1820 ~ 1886）是一位法国的化学家，他在 1862 年把元素按照原子量的大小顺序排列成了螺旋状。在他的这种排列方式下，直列中的就是性质相似的元素，原子量相差 16 的两个元素相邻。在尚古多看来，这种元素间的关系类似于整数间的关系。

在尚古多提出这一说法两年后，英国的纽兰兹（NewlandsJ·A·R，1837 ~ 1898）在 1864 年又提出了把元素分成 7 组的排列方法，我们称之为"倍音定律"。氢、锂、铍、硼、碳、氮、氧等前面的七种元素被纽兰兹像音阶中的音符那样排列了

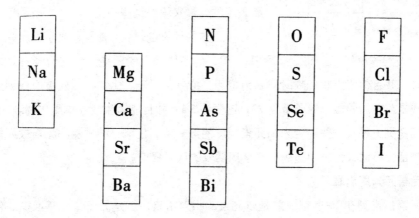

尚古多的元素排列方式

出来。之后其他的元素被他按照原子量的大小排列在了这七种元素的下面。最后，元素中性质相似的被集中到了一起，每一列的最上端就是那七种元素之一。

发现元素周期表

元素周期表的理论基础，也就是元素的周期性质，在 1869 年被德国的化学家迈耶（Meyer）和俄国的著名化学家门捷列夫（MendeleevJ·A·R，1834 ~ 1907）作出了说明。从此以后，终于解决了上面一直困扰人们的难题。

B	C
Al	Si
液化硼	Ti
液化铝	液化硅
Y	Zr

被门捷列夫预测的元素

最初，他们把所有的元素按照原子量来进行排列。氢被放在了一边，因为它和其他的元素没法搭配，这样锂和铍被放到第一位。如此一直向下排。最后，他们发现在同一列上的都是性质相似的元素。他们继续按照这一方法拓展这张表格，结果又有几种元素被单独放了出来。氢和这些单独放出的元素被加入到元素周期表是后来的事情了。

门捷列夫同时发现，要使同一列中都是性质相似的元素，就必须要空出几个位置。我们今天的元素周期表和当时已经发生了很多改变。

当时的元素周期表被留出空位可以说是门捷列夫最大的贡献了，他还说将来一定还会有新发现的元素来填补这些空位。

对于这些元素的形状、重量和化学性质等，门捷列夫勇敢地作 出了预测。和硼、铝、硅性质接近的三种元素被他预言将会被发现，并且他还为它们临时取名为拟硼、拟铝、拟硅。比如，拟硅被门捷列夫预测成是灰色的固体，原子量是 72，密度是 5.5，并且能够生成液体氯化物。

门捷列夫是对一些特定未知元素预测的第一人。任何一种预测的元素被人们发现，都会推动人们对门捷列夫元素周期表的认可程度。

完善元素周期表

元素的排列在 19 世纪以前是以元素的相对重量也就是原子量为基准的。化学家在后来发现了更准确的排列方式，那就是以原子序数来排列。元素核内的质子数目就是元素的原子序数。元素的原子量和核内的质子数是成正比的关系。比如，在周期表上排在前面的元素，它的核内包含的质子数一定比较少。但是钴和镍的情况就比较例外。

英国的卢瑟福在 1911 年的时候发现，原子核集中了原子的全部正电荷，它位于原子的中心位置，体积小但是却有着非常大的密度。之后的两年里，原子核的构造图和核外电子的环绕轨道被丹麦的物理学家玻尔（NielsHearit David Bohi，

1885 ～ 1962）画了出来。

利用原子核的正电荷数目来定义原子序数的概念是在 1913 年到 1914 年，英国的莫塞莱（Henry Gwyn Jeffreys Moseley 1887 ～ 1915）提出来的。元素周期表好多的难点终于在这一理论下得到了解答。

还有其他的方面，像对人们发现新元素有推动意义的光谱仪，在门捷列夫研究元素周期表的时候，它就被发明了。

6. 利用光谱仪对元素加以区分

在实验科学里，光谱仪是一种非常重要的仪器。分解光是光谱仪的主要作用。特定光源里的光都可以用光谱仪来进行分散，就好比阳光被雨滴分散后出现的彩虹，但是在光谱仪中起作用的不是雨滴，而是棱镜（Prism）或者光栅。光经过光谱仪的分解会变为几种颜色的光谱，对于各种光的独特颜色和波长，我们也可以通过光谱仪来观察。

光谱仪的出现使得我们对物质的研究更进一步，科学家们对物质的区分还可以通过物质发出的光来判断，原子的分类就可以重新利用光的"指纹"再作定论。

光谱仪的原理

元素的种类可以根据元素发出光的光谱颜色来进行区分定论。

在火焰中，可以发出明亮的绿色光的就是铜元素的化合物。发深红色光的则是锶的化合物。每种元素都有自己的特定光芒，所以元素的分类完全可以依据光的颜色来判定。

我们通过棱镜和光栅可以更好地研究元素发出的光。把棱镜按照一定的间隔排列出来就是光栅，不过我们要看清这些棱镜就必须借助于显微镜的帮助。

通过棱镜和光栅后的光会发生折射，也就是改变方向。但是不同的光有着不

光谱仪把白色光分解为由红到紫等连续的光谱

同的折射角度。好多种颜色的光混合在一起形成了白色的太阳光。假如我们用棱镜来分散太阳光，会发现折射率最小的是红色光。

光的折射率由小到大的排列顺序是红橙黄绿青蓝紫。也就说，红色光的折射率没有橙色光的大，橙色的又没有黄色的大。折射率逐渐增大，后面是绿和青，直到紫色是折射率最大的。如此一来，原本白色的太阳光就可以分解成七色的彩虹光芒了。

由红到紫的七种颜色共同组成了碳的光谱，所以光源如果是碳的弧光灯，那么白色的光就会被折射出来。

两根略微间隔的直径 1 厘米的相对着的碳条是碳弧光灯的主要组成部分。照片中的两根碳条，一根横插在左边，一根在下方向上倾斜。在金属盖子里面，两根碳条的前端间隔距离非常小，但是并没有连接在一起。照片上面显示出，有一个黑洞存在于金属盖的中央位置，它就像个窗口一样，一块深红色的玻璃被装在了上面。两根碳条的前端就可以通过这个窗口观察到。弧光发出的方向是向右的。

依照顺序，弧光灯发出的光要首先通过一个透镜、垂直的细长裂口，之后还是一个透镜，最后到达方形的光栅。光栅会把分散后的光谱投射在右边的银幕上面。

假如把强大的电流通过弧光灯的两根碳条，那就会有非常明亮的光在碳条的中间部分发出来，我们把这明亮的光称之为弧光。这主要是由于，碳原子会被通电碳条发出的热量和电流刺激，其电子会被激发，发出的光是碳所独有的。

假如碳条被通电前在顶端被涂上某种元素的溶液，那么在碳发出特定光芒的时候，这种元素也会发出自己的特定光芒。例如，把钠溶液涂抹在碳条的一端，这样碳的一端就附上了钠原子，碳和钠的重合光谱就会同时被弧光灯发出去。各种颜色在碳的光谱中是相对均匀的，可是在钠的光谱中，黄色要比其他的颜色强烈，它显得十分明显。光谱在这张照片里表现得不是十分清晰，可这还是足以说明以上问题的。就像是太阳的白色光，碳的光谱特别均匀。但是把钠溶

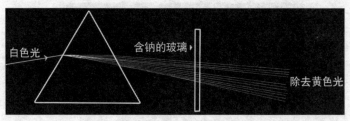

白色光
含钠的玻璃 ▶
除去黄色光

白色光中的黄色被包含钠的玻璃除去

液涂抹到碳条上之后，我们会发现在银幕上投影出的光栅分散光谱中，黄色部分非常地明显。

像高速公路上路灯中的黄灯就是使用的钠黄色灯，它就是我们对这一现象的具体应用。被白色或者黄色物质反射后的钠光，黄色会被加强。可是假如我们用红色的灯罩来制作钠灯，那就会有深茶色的灯光被照射出来。钠的光中没有红色系统的光，而黄色的钠光透过红色就会变成深茶色，这是形成这一现象的根本原因。

假如把钙原子涂抹在碳条的前端，那么钙原子独有的光芒同样会被投影在银幕上。假如通过棱镜或者光栅的只有钠的一种光，那投影出的光谱就只有非常细的黄色线条，其他颜色是没有的。

吸收光谱

我们上面说到的都是元素的"发光光谱"，也就是光谱是由元素发出来的。但是，吸收光也是元素的一个性质，和元素发出的光性质相同的光会被元素吸收掉。

例如，钠不但可以发出黄色的光，但是和这波长相等的黄色光也会被钠吸收。在弧光灯的前面立一块包含钠的玻璃板，与钠元素光谱同波长的黄色光就会被这块玻璃板吸收。所以当弧光通过玻璃后，再经过棱镜或者光栅，我们就在也看不到黄色光了。光谱经过了钠玻璃的过滤，原本是黄线的位置，就会变为暗线。

也就是说，假如我们把一个钠玻璃杯放到弧光灯和光栅之间，碳光谱中的钠光部分就会被吸收。我们把这种缺少钠光谱的碳的分散光谱称作是钠的"吸收光谱"或者"暗线光谱"。

所以，我们使用光谱仪来判别元素的种类，就会出现两种办法。一个是利用受到刺激后的原子会发出独特颜色和波长的光。另一个就是利用元素对相同性质的光谱吸收作用。

这样一来，不仅分辨已知的元素，就是发现未知的元素，我们也可以应用光谱

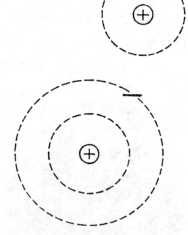

氢原子吸收光后，它的电子会移到外侧的轨道（上图），当它回到原来的轨道时会放出光

分析仪进行测量。

第一点，敏锐性，哪怕是保有量非常微小的元素也逃脱不了光谱仪的检测。就拿钠元素来说，我们使用光谱仪可以检测出保有量是十亿分之一克的钠元素。第二点，无论距离远近，哪怕是来自太阳或者星星的光我们都可以利用光谱仪来进行检测。

对于原子吸收和发光的现象，我们应当怎样来解释呢？和这一现象相关的是原子核外围的电子排列。

情况最简单的就是氢，它的质子和电子都是一个。吸光后的原子，它的电子会从原来的轨道跳到外面的轨道上。发光后的原子，电子会从外面的轨道回到原来的轨道。和氢原子情况相近的还有锂原子和钠原子。原子发出独特光芒的时候，就是外面轨道的电子跳回原来轨道的时候。

门捷列夫预测元素的出现

回过头来我们接着说门捷列夫对新元素的预测。门捷列夫预测将会有三种元素来填补元素周期表的空位，所以肯定会有三种新的元素被发现。

到了 1875 年，在门捷列夫发出预测后的五六年，一种新元素镓被法国的化学家布瓦博得朗发现了。对于门捷列夫的预测学说，这位法国化学家是听说过的，他非常清楚学说的内容。这种新元素是他在研究锌矿石时用光谱分析仪发现的，他认定这就是被门捷列夫预测到的拟铝。这种新元素的名字 Gallium，镓是他用自己祖国古罗马的名字"高卢"Gallia 命名的。

镓在元素周期表上的位置是锌的右侧。它的性质和锌非常相近，它被掺杂在锌的矿石里面。这也说明了一点，那就是在元素周期表中，不仅是同一直列中的元素性质相近，也有些横列相邻位置的元素性质也非常相近，比如锌和镓。

镓的存在形态是固体的，有非常低的熔点，只高出室温一点点。因此我们只需用手紧握盛有镓的容器，就可以把它融化掉。

拟硼元素是在 1879 年被瑞典人尼尔

门捷列夫

森（Nilsson）发现的。他用一个代表北欧的名字 Scandinavia 命名这个元素为 Scandium，钪。

性质	拟硅	锗
原子量	72	72.6
密度	5.5	5.47
原子容 *	13	13.2
色	暗灰色	灰白色
氯化物的性质	液体，在 100℃以下就会沸腾	液体，86.5℃就会沸腾

* 原子容：21 克原子所占的体积，就是用密度除原子量的数字。

拟硅被发现于 1886 年，发现他的是德国的化学家文克勒（Winkler），他以德国的名字 Germane 将其命名为 Germanium, 锗。

假如我们拿新发现的锗和门捷列夫预测的拟硅来进行比较，我们会吃惊的发现，两者真的非常相似。另外两种新元素的性质也和门捷列夫的预测非常接近。

这些新元素的发现都充分地证实了门捷列夫的无比才能和元素周期表的功能。门捷列夫预测的三种元素都在他的有生之年被发现了，他真是幸运之极。

在他死后的半个多世纪，加州大学放射线研究所发现了第 101 号元素，他们为了纪念门捷列夫，将其命名为 Merdelevium，钔。

发现氦

氦是人们通过光谱仪的帮助发现的，这是门捷列夫没有预测到的，但是它的发现要早于镓、钪、锗。法国的天文学家詹桑，在 1868 年日食的时候首次利用光谱仪分析了彩层发出的光，我们把太阳发光的大气层称作是彩层。有三条黄色的线出现在光谱上，他们很快认出属于钠特有的光线的只有两条。但是没有人见过另外一条，但是它一定是被某种元素发出来的，这是不容怀疑的。

这种元素是人们所不知道的，它来自于太阳，大家很快统一了意见，用太阳的希腊名 Helios 将其命名为 Helium，氦。当人们知道地球上也存在氦元素，它并非是太阳所独有的，这已经是 27 年后的事情了。

探索稀有气体元素

在 19 世纪的 70 ～ 80 年代，新发现的氦元素根本就没有办法放进门捷列夫的元素周期表，表中根本没有它的位置。

在发现氦元素后，化学家们修改了元素周期表，可这并非是因为在太阳光中发现氦，这是根本没有联系的两回事。在 19 世纪的 80 年代，英国剑桥大学的物理学教授瑞利（L·J·W·S，Rayleigh 1862 ~ 1919）。他对氮非常的感兴趣，他对气体密度的研究开始于很久以前。他发现，由空气中得到的氮要比通过氨造出来的氮，其密度大 0.5%。

这是什么原因呢？

其实很多人都没有把这样小的差别当回事。可是化学家拉姆塞（Rarmsay）没有放弃对这个差别的研究。部分空气中的氧和氮被拉姆塞除去之后，还会剩下一些气体，这是因为空气并不是由单纯的氧和氮组成的。剩下的气体被他装入玻

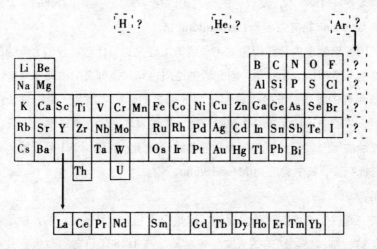

璃管中，然后被通电刺激。然后对这些气体发出的光谱利用光谱仪进行研究，拉姆塞发现居然没有任何已知的元素会发出这种光谱。但是当时的元素周期表上面根本没有了容纳这种元素的空位，真是件奇怪的事情。

元素周期表或许是少了一列，这样的想法在 1894 年忽然跳进了拉姆塞的脑海中。这一列中的元素在门捷列夫的时代一直没有被发现，因此他的元素周期表少了一列，这是这位大化学家无论如何也想象不到的。

这个新元素或许就是那一列的第一个，拉姆塞这样想着。当时人们发现的元素在现在元素周期表中的位置排列，如上图。

拉姆塞用希腊语中"懒惰者"的意思将这个元素命名为 argonium，氩。这是由于氩无色、无味、无臭、也不和其他的元素产生化学反应，好像没有什么化学

性质似的。

又过了一年，一种名叫克列布的稀有矿石在被拉姆塞加热时，放出了一种气体。拉姆塞对这种气体的光谱进行了分析，发现他和太阳中的氦居然没有区别。于是，拉姆塞和特拉巴史（拉姆塞的年轻助手）不间断地对空气进行研究，没多长时间氩就被他们从空气中分离出来了。在拉姆塞和他的助手看来，一定还会有和氩、氦相似的气体没有被发现，他们依旧没有间断研究，最终取得了显著的成果。

我们可以通过分馏的方法来分离空气中的各种元素，因为液态空气中各种元素的沸点是有区别的。像液态空气中的氮沸腾蒸发要比氧早。分馏还是我们将汽油和灯油从原油中分离出来使用的基本方法。

Ramsay 和他的助手分离液态空气里的各种元素成分，也是用的这种方法。分离出的气体成分再被他们放入放电管中进行电流刺激，元素特有的光谱就会分散出来。他们再利用光谱仪分析这些光，看是不是有新的元素被分离出来。他们很快又发现了三种元素，它们分别是：氖（新东西）-Neon、氪（隐蔽的东西）-Krypfon 和氙（没看到的东西）-Xenon。

和氦以及氩相同，这三种气体也是和其他任何的元素完全不发生反应。这类气体被我们统称为"稀有气体"或者"惰性气体"。

最后一种惰性气体是在 1900 年，被特伦发现的。铀在放射时会产生一种气体，这是我们都知道的。它被特伦认为是最后一种惰性气体，由于它具有放射性，它还是惰性气体中最重的一种。这种气体被特伦命名为氡 -Radon。

对惰性气体的利用

惰性气体有着非常广阔的用途，人们多数情况下都是对它不和其他元素起反应的特性进行利用。英国人对一开始应用在军事上的氦非常吃惊。在空袭英国的时候，德国的齐柏林（Zeppelin）飞船遭到了英国火弹的射击却没有发生爆炸。这是由于他们用不燃烧的氦代替了容易燃烧的氢放到了飞船里。

氦的重量比氢稍大，是仅次于氢的最轻元素。但是氦有着和氢截然不同的性质。我们已经把为潜水员提供氧气的混合气体中的氮换成了氦。这样做是为了避免潜水病的发生，氮气会溶于人的血液中，在深水处的潜水员快速上升到水面的过程中，受到的压力快速下降，这样在血液中溶进的氮就会变为气泡蒸发，致使

He
Ne
Ar
Kr
Xe
Rn

潜水员的微血管堵塞。氦却不会引发潜水病，因为它不会溶于血液。

一种元素是可以被另一种元素转变而成的。这一点被拉姆塞的实验证实过。最开始证实这个观点的实验，就是在 1903 年他发现氦在镭衰变的时候被放射出来。当今原子核的破坏装置，冲击原子核的子弹就是氦原子制成的。两个质子和两个中子共同构成的氦原子核，也就是不包含电子的氦原子，被我们称作是"α粒子"，在放射能中它是一种常见的产物。

金属连接时一般会用到氩。它不和其他元素反应的特性可以防止被连接的金属发生氧化，也就是燃烧或者生锈。此外盖氏计数器和节能灯中也常用到氩。

制作霓虹灯的基本原材料就是氩、氖和其他的部分稀有气体。霓虹灯在被制作时，首先要把荧光物质涂抹在玻璃管的内壁，这样需要的颜色才可以被照射出来。之后还要把适量的稀有气体混合物放入其中，最后连接电源使其放电，我们熟悉的霓虹灯就制作成功了。

惰性气体为什么不和其他的元素反应

惰性气体的根本性质就是非常轻，并且没有化学活性。它们多数的情况下不会和其他的元素产生反应或化合。但是也有个别的情况，那就是氙和氟的化合物在 1962 年被合成，之后氪和氡的细微反应也被发现了。

惰性气体不具备化学活性的本质是由它的原子外围的电子结构决定的。

有三层电子环绕在钠原子的外围，其中有两个电子在第一层，8 个电子在第二层，最后剩一个电子在第三层。钠元素非常的危险，因为它有非常活泼的化学性质，我们要小心对待。和钠一样，只有一个电子环绕在最外层的元素，都具有非常活泼的化学性质。

氖在元素周期表上的位置在钠的前面，和钠不一样的是，它没有单独的电子存在于最外层。下图中画的是氖原子的电子结构。它有 2 个电子在第一层，8 个电子在第二层，没有电子空位存在于两个轨道之上。所以其他元素的电子进来后没有地方可以放，同时它也没有多余的电子给其他元素。因此它的化学活性几乎为 0。

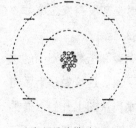
氖原子的模型

氟的电子比氖少一个，所以它有 7 个电子环绕在第二层，于是，它就有一个可以容纳其他元素电子的空位。这样氟寻找多余电子来填补自己空位的愿望非常的迫切，所以氟有非常活泼的化学性质。氟和钠都是特别容易起反应的元素。

稀有气体（又称作是惰性气体）名称的由来，正是因为它们在地球上非常少见，以至于到了最后才被发现。它们刚好占满了元素周期表的一个竖列，以至于门捷列夫没有预测到这些尚未被发现的元素。

完整的元素周期表

在新元素不断被发现的时期里，人们陆续发现了被门捷列夫预测到的镓 -Ca，钪 -Sc，锗 -Ge，以及 1878 年发现的钇 -Y，1979 年发现的钐 -Sm，钬 -Ho，铥 -Tm，

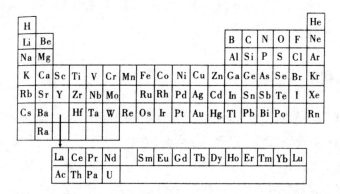

1885 年发现的镨 -Pr，钕 -Nd,1886 年发现的钆 -Gd, 镝 -Dy 等八种稀土类元素。

1898 年又发现了钋 -Po 和镭 -Ra。1899 年发现了锕 -Ac，铕 -Eu 是在 1901 年被发现的，镥 -Lu 是在 1907 年被发现的。镤 -Pa 是在 1917 年被发现的。

至此我们把新发现的 14 种稀土类元素和镧统称为镧系元素，它们在元素周期表上的位置在钡和铪的中间。它们被我们单列在了元素周期表的下方，这主要是为了方便。之所以称它们是稀土类元素，是因为它们和石灰（以前被叫做"土"）或者氧化镁非常相似。

镧系元素的下面是锕以及锕系元素，包括钍，铀等。锕系中的每一种元素都和锕的性质相似，并且每种锕系的元素的性质也都接近于对应自己上方的镧系元素。

1923 年和 1925 年又分别发现了铪 -Hf 和铼 -Re。此时，由氢到铀的元素周期表基本完成，只空有 4 个位置。

元素周期表排列元素的顺序是按照原子序数的大小。原子核中的正电荷数，或是核外电子的负电荷数，以及原子序数三者是相等的。

我们说的周期就是元素周期表的横列。其中氢和氦两个元素是第一周期。分

别有 8 种元素排列在第二和第三周期。又分别有 18 种元素排列在第四和第五周期。

包括 14 种镧系元素在内共计有 32 种元素排列在第六周期。作为对 1925 年元素周期表的完善，依据理论，我们把 14 种锕系元素和另外的 18 种元素将作为第七周期。

元素周期表中处在同一竖列的元素化学性质是相似的。例如，氢、锂、钠等碱金属元素处在左首第一列。钪、钇和所有镧系元素以及所有锕系元素共同处在第三列。

周期表的最右边一族是惰性气体。卤族元素处在右数第二列。卤族元素的最外层轨道上都有一个电子空位。

7. 元素的利用

我们在 1925 年以前发现的 88 种元素都是存在于空气和水、土之中的天然元素。在没有经过提炼之前，它们不过是些平常的沙石和泥土。这些元素被人们从沙石中提炼出来，被人们用来做建筑材料，造船，做收录机，还有地球卫星……

产业问题就是要解决：寻找有用的材料，并对其深加工使其为我们所用等这些事情。早在古代其实就已经有这些事情了，但是我们现在仍需花费力气去解决。该怎样去做呢？自然界中的所有元素被我们粗略地分为四类：单独存在的是一类；需要在矿石中提取的是另外一类；以化合物形式存在的是第三类。不必经过处理，我们能够直接加以利用的是最后一类。

单独存在的元素

有些元素不会和其他的元素相互结合，而是单独存在于自然界中。像碳、硫、氧、氮、还有氦、氖、氩、氪、氙、氡这些惰性气体等都是这样的元素。这是在元素周期表上处在同一列的稀有气体元素化学性质非常的相近。所以能够单独存在于自然界中是它们共同的本领。

再比如铜、金、银它们的性质也非常相近，而且处在同一列中。它们有些时候也可以单独存在于自然界里。

可是混合存在的元素还是占到了绝大多数，但要使它们分离并不困难。之前提到过，要使硫磺和铁分开只需一块磁铁就可以了。

黄金热时代是美国历史上颇具活力的一段时期。人们要将砂粒中的金粒分离出来只需利用锅等特别简单的工具就可以了。砂粒要比金轻很多，在锅里装上金砂混合物，然后放入水中摇动，最后沉淀在锅底的就是金粒。

在所有单独存在的元素混合物中，和我们关系最密切的就是空气。氮的含量约占空气的 4/5，氧占 1/5，惰性气体只占一小部分。我们可以根据它们不同的沸点，利用分馏液态空气的方法将各元素分离出来。

抽取矿石中的元素

以矿石这种化合物的形态存在于地下的元素占很大的比例。氧（像铁矿石、铁铝氧石）和硫（像辰砂、辉银矿、方铅矿）是自然界的矿石中基本都含有的元素。一个水银原子和一个硫磺原子共同构成了辰砂分子 -HgS。两个银原子和一个硫磺原子又共同构成了辉银矿 -Ag_2S。而一个铅原子和一个硫磺原子合并构成了方铅矿，我们又称之为硫化铅 -PbS。

我们要将氧化汞 -HgO 中的金属提炼出来的方法其实并不复杂。之前提过的，分离出水银只需将氧化汞放入蒸馏器加热就可以了。汞原子和氧原子会在氧化汞被加热的过程中从分子中分开。分开后的氧原子会自动结合成氧分子飞往空气中，而汞原子则集中在一起形成水银。

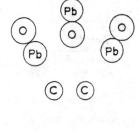

从氧化铅中分离出铅不是很容易。氧原子和铅原子的结合稳定性要比和水银结合稳定性强很多倍。把铅在氧化铅中分离出来我们一般都要凭借黑铅（纯碳的一种形态）的帮助。和铅相比较，碳和氧更容易结合在一起，利用碳分离铅就是对这一点的充分利用。

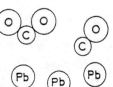

氧化铅在碳的帮助下分离出铅

利用上面的特征，我们在一块黑铅板上为氧化铅加热，这样参加反应的就会有碳原子。一氧化碳和二氧化碳是碳与氧结合的两种形态。它们都是以气体的形式存在，所以最后只剩下了液态的纯铅。

钢铁

最廉价而又含量最多的重金属就是铁，可是提炼铁还真不是件容易的事。铁对于我们来说地位非常重要。它可以在快速冷却下增加硬度，也可以在缓慢冷却下增加弹性。甚至再度加热硬化铁还可以缓慢地令其冷却而复原。

极易氧化的铁很难被单独分离出来。铁制的物品氧化生锈的速度也很快。赤铁矿 -Fe_2O_3 和磁铁矿 -Fe_3O_4 是铁矿石的重要组成部分，其中由两个铁原子和三个氧原子构成分子的是赤铁矿，由三个铁原子和四个氧原子组成的是磁铁矿。它们的氧化性极高甚至都可以通过它们的分子构成来加以说明。

铁原子的高度氧化性，决定了它的提炼要比铅困难很多。

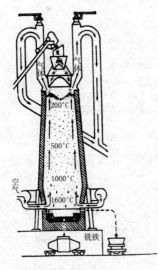

铁熔炉的剖面图

我们要对铁进行精炼大都使用熔矿炉，俗称高炉，这是由于包含铁化合物的铁矿石中含有很多的杂质。炼铁效率最高的方法就是这种原始的熔矿炉炼铁。

熔矿炉一般在 20 米左右的高度，它的体型上粗下细，就像是一座巨大的烟筒。满满的铁矿石、焦炭（一种特殊形态的碳）、石灰石被装在熔矿炉里。为了使焦炭燃烧，下面一直都有热风吹进去。上面氧化铁中的氧会和一氧化碳结合，然后被带走，最后留下纯铁。矿石中的杂质会和由石灰石产出的生石灰以及焦炭燃烧后的灰结合在一起成为矿渣。炉的下方有专门排矿渣的地方。

集中在矿渣上面的铁存在形态是液体状的，大约有 4% 的碳混合在里面。我们通常说的铸铁或者铣铁就是指用这种方法炼出的铁。熔炉里发生的反应和氧化铅与碳的反应非常像。氧化铁中的氧原子被一氧化碳抢走，变为二氧化碳飞出了高炉，剩下了纯铁。

要提高纯度，我们还要对高炉中炼出来的铣铁进行深加工。比如，想要把 4% 的碳含量变成 0.5% 就要经过平炉的加工：在一个非常浅的大容器里将铁融化后，用火焰烧就可以降低碳含量。我们把这样经过加工的铁称作是平炉钢或者钢铁。容量为 275 吨的平炉加工出来的钢铁（如上图所示）。钢铁的性质会在碳含量发生改变时而产生不同。比如打造形态各异的物品的软铁，它有非常低的碳含量。而含碳量高的铣铁在被捶打的过程中会被打碎。

我们为了改良钢铁的性质，可以把一些元素加入钢铁中，炼成合金。像不锈钢就是被添加了镍和铬的钢铁；钢的硬度、强度和磁性在被加入少量的钼、钒、钨、钴、钛或者其他的元素后都会发生改变。

电解铝

从化合物氧化铝 $-Al_2O_3$ 矿石中提炼铝的过程要比从铁矿中提炼铁困难许多倍。我们上面说的加热方法已经不能够使用了，必须变换方法，也就是电解。

把电流连接到熔化后的矿石里，我们还可以通过添加其他物质的方法来方便电解。电解铝时氧化铝中流动的电流是由阳极碳和阴极铁提供的。阳极的碳会吸收氧化铝中的氧，阴极的铁会吸收金属铝。

我们可以直接使用这些被分离出的铝，也可以往里面加入镁、铜、锰等炼成合金使用。

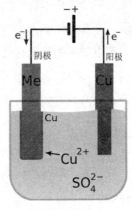

硫酸铜电解实验图

电解氧化铝的过程非常的复杂。需要电解分离的不只是铝还有铜，可是，铜的电解要容易得多，电解的原理用铜来举例说明可能会相对简单些。

我们把小片铜的阳极或者是镀铜的其他金属的电源阳极，放入硫化铜溶液里。阴极是白金小片，阳极的铜会在通电后溶解到溶液里，然后慢慢移动到白金小片端。于是阴极就会汇集很多的铜元素。相同的原理，铁的阴极汇集铝元素也是如此。

电镀也是运用这种方法。一种金属在电镀时会变成很薄的一层包裹在另一种金属上。

工业中的元素

在地球上就没有平均分布的元素。矿石中密集着元素，而某些地方又集中着矿石。世界工业中心的分布就是由此决定的，人类历史的发展也受此影响。

对铝这样的矿石进行深加工，就要很好地选择地点，矿石资源和电力资源都比较充足的地方是最佳选择。以前人们精炼铁都是把高炉建造在矿山上，然后木炭是采集附近森林的木材来造。

现在一般都是把矿石运送到精炼地，这是因为在钢铁冶炼中需要的焦炭数量越来越大。例如，南方的石炭地区成了精炼地区，这就需要把北美密歇根的铁矿石运输过来。在圣劳伦斯河的逆流中我们同样看到很多的船只正运送着拉布拉多半岛的矿石到冶炼地，其实对于新路线的开拓，人们一直都没有放弃过。

匹兹堡正是由于自己丰富的石炭矿脉，才能够和艾森或者纽卡斯尔一样成为大工业中心。所以说我们当今的历史发展居然受到几百万甚至是几亿年前元素在地球上分布的影响。

可以利用的元素化合物

第三类是以化合物形态存在的元素。我们对这样的元素加以利用不需要加工分离，只需对它的结合状态作一下调整就可以了。

研究对这些元素进行利用的学科就是有机化学，也就是碳化合物的化学。在石油中抽取各种元素并且进行使用就是一个非常典型的例子。

我们要了解石油化学，就要听一听 Calvin 的讲解。世界上有好多的著名化学家，Calvin 就是其中的一个，Calvin 曾经在 1961 年荣获诺贝尔化学奖，他是柏克莱加州大学的教授，同时又是劳伦斯射线研究所有机化学部的部长。他的主要贡献是在光合成化学方面。

8. 有机化合物

怎样直接利用自然界中以化合物形态存在的元素是我讲解的课题。碳是我们研究的主要对象。石油和煤炭是自然界中碳的主要存在形态。其实碳本身就是煤炭。

石油的主要混合成分是碳氢化合物。石油，也就是我们说的原油，是一种混合物，它刚被从地下取出来时是黑色的，并带有一定的臭味。我们能够直接利用原油而无需加工，像迪赛的引擎就是直接利用原油，但是为了方便使用我们一般都做一些深加工。

我们只有先了解原油的分子组成，才能了解加工的过程。

碳原子的组成和性质

我们先要对碳原子的模型作一番了解，因为原油的组成元素就是碳和氢。有6 个单位的正电荷存在于碳原子的原子核里，6 个负电荷电子环绕在核外，其中有 2 个在第一层，4 个在第二层。

8 个电子才可以填满第二层轨道，氖就是很好的例子，但是碳的二层只有4 个，也就是说，最多可以有四原子和

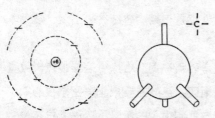

碳原子的简单模型，左图是二维的，右图是三维的

碳结合。

利用一个球伸出 4 支线，就是有机化学中使用的碳模型。与其他原子结合的四个电子就是球外的四支线。碳原子和其他原子的结合被我们称作是共价结合或是电子对结合，因为碳和与其结合的原子都要共同提供出一个电子组成电子对，之后双方公用这个电子对。有时候碳用 C 表示，碳的结构用 C 加上四条线表示。

从化学反应的角度来研究碳元素，它的最外层多余出 4 个电子，这类似于金属元素。但是我们也可以说，它存在 4 个空位在最外层的轨道上，这又类似于卤族元素。而在元素周期表中，金属锂和卤族氟之间就是碳的真实位置。

碳氢化合物的种类

由于碳元素的这种性质，它和其他元素结合在一起是非常容易的。我们现在已经发现的碳化合物有 50 万种，它们全部是生命物质的重要成分。

和动物以及植物生活密切相关的碳氢化合物有几千种，它们的构成成分只有碳和氢。因此，我们把对它们进行的研究划分到有机化学的范围。原油中含有的碳氢化合物的量非常大，因为它们都是由古代的动植物转化而来的。把四个氢原子分别加在碳原子的四条线上，就构成了甲烷（俗称沼气）分子 -CH_4. 天然瓦斯的主要成分就是甲烷。

如果只有三个氢被加过来，另外一条线上连接的是一个碳原子，如此这个碳原子又会继续连

双键结合的乙烯分子　　三键结合的乙炔分子

接着三个氢和一个碳，这样构成的就是和甲烷同系的乙烷分子 -C_2H_6。再往下就是丙烷 -C_3H_8。不间断地继续这个操作，特别长的碳原子链就会被拼出来。

以乙烯 -C_2H_4 为开始的是另外的一种碳氢化合物。两个碳原子之间是双键结合是这个系列的特点。两个原子分别拿出两个电子，然后共用这四个电子的化学反应被称作是双键结合。和单键结合相比较，双键结合会更稳定一些。

还有三键结合在一起的乙炔碳氢化合物 -C_2H_2。

提炼和裂解原油

我们上面说过，无数的分子共同构成了原油的成分，一般有 6 到数百个碳原子包含在分子中。我们为了很好地利用它，一般用蒸馏的方法使其中的不同分子分开。

蒸馏器的形状类似于宝塔，蒸馏器的底部是放原油和加热的地方，经过加热的原油挥发上升到宝塔的上面。这样，像汽油是最轻的，它会在最上面凝结并最先离开塔顶；其次是灯油；最后是润滑油，润滑油的分子最重，凝结在最下层。这里各种分子被分离是因为它们各自分子的挥发程度不同。

像汽油和灯油等这些轻的成分能直接被用作燃料。重的只能被用作润滑油或者脂膏，再没有其他用途了。只有改变了这些重油的分子排列，它们才可被用作其他方面。

改变重分子的排列可以使用裂解法：在锅炉中给这些重分子加热加压，迫使它们裂解成小分子。要得到比较纯的成分，对这些小分子再次蒸馏就可以了。

我们最常见的异丁烷和异丁烯，它们都是由四个碳原子构成的，它们就是通过裂解得到的。异丁烯有一个双键结合（有两条线连接在一起的两个碳原子）是两者的主要区别。

这些分子很不稳定，这主要是由于不自然并且紧张的双键结合。双键结合形式在条件具备时就会被打开，含有 8 个碳原子的辛烷分子就是由异丁烯和异丁烷组合而成。

我们说的高辛烷值的汽油，它的主要成分就是辛烷。

聚合及应用

裂解获得的小分子还可以通过其他的方法再重新结合成新物质。双键结合的不稳定性——结合键很容易被打开，然后再与其他原子结合的性质，是以上结合方法的基础所在。在条件适当时，双键被打开的分子会和双键结合的分子相互结合。同样还会有第三个这样的分子过来结合，第四个，第五个……无限变大的分子形成的物质就是"聚合物"，也就是由一个变键结合的单元体"聚合"形成的物质。

把两个或是以上的同类分子结合，继而形成分子物理性质不同的化合物就是聚合。在我们的身旁，聚合的东西有很多。比如由两个碳原子和一个双键结合聚合成的聚乙烯，还有聚苯乙烯，它和乙烯相似，但是比乙烯多一个包含 6 个碳原子的苯环。很多种燃料及构造材料，还有像磺胺剂类的药品等都可以由煤油或是原油造出来。

这样一来，像把化合物在地下取出来，对石油的分子分馏、裂解、聚合，制造多种物质……好多这样的技能已经被人们掌握了。

CHEMICAL
MYSTERY

三、原子核

　　像加热分解糖分子，把元素从矿石中提炼出来，对原油的分子进行裂解等，我们之前说的都是些化学反应。伴随有能量交换或者能量变化的原子排列变化就是化学反应，火焰也是一种化学反应。

　　和化学反应不同，原子核反应是一种全新的现象。

　　原子核中的粒子伴随有能量变化的排列变化，就是原子核反应。质子和中子是构成原子核的重要粒子。这些基本粒子的数目假如发生变化，那就会有一种新的元素生成，也可能是同位素。

　　原子 99.9% 的重量都集中在这个小小的原子核上，它的密度特别大，是个特别重的质点。假如用和原子核密度相同的原子做成高尔夫球，那这个球重大概可以达到几十亿吨。我们不难推想，原子核的密度很可能集中在质子和中子身上。这需要多么大的力量才能够把如此重的粒子集中在极其小的核中呀！

　　我们把这种力量称作核力，它是怎样产生的我们不知道，但是对于它的能量我们大概知道。比如，原子弹爆炸或者原子能发电都只需一小部分的铀或者钚释放少量的能量就可以了。

　　把带电的粒子射进结合紧密的原子核中需要的能量也非常大。

　　让带电粒子拥有巨大的能量是科学家们首要解决的难题，给予彻底解决的是回旋加速器和巨大粒子加速装置的出现。

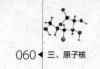

劳伦斯射线研究所

在能够俯瞰到旧金山湾的柏克莱山丘上，矗立着一座非常有名的建筑，它就是加州大学劳伦斯射线研究所。现代炼金术的装置被安装在了这个研究所中。科学家将一种元素变为另一种元素就是通过这个装置实现的，古代炼金者的梦想在这里变成了现实。

这个装置的出现使我们在古代炼金者的基础上前进了很多步，一种元素变成另一种元素成为现实，不仅如此，地球上不存在的元素也被造了出来，由此出现了原来不存在的物质。

在对产生大自然和人类新型关系的原动力进行研究的诸多研究所中，劳伦斯研究所可谓功高至伟，大多数合成元素制作和确认的工作都是由这个研究所完成的。美国原子能委员会（AEC）的基础研究重任就是由这个研究所担负的，这里装备有像质子加速器（Bevatron）以及 184 英寸回旋加速器（Cyclotron）等各种粒子加速装置。

回旋加速器和合成元素的诞生两者有着不可分割的关系，回旋加速器是一种破坏原子的装置。它的诞生过程我们要邀请退休的劳伦斯博士来为我们讲解。柏克莱加州大学射线研究所就是由劳伦斯创办的，他在那里担任了 22 年所长。回旋加速器就是由他发明的，他也因此而获得了 1939 年的诺贝尔物理学奖。

1. 怎样制作回旋加速器

镭释放出的 α 射线冲击氮，就可以将氮变为氧，这一现象是 1919 年被卢瑟福发现的。上面说的 α 射线就是速度极高的氦原子核。科学家们由此开始了对原子核高速运动的研究，为了使和原子核相似的粒子产生高速的运动，他们想了各种各样的办法。

第一座粒子加速装置建成于 1920 年，它的主要构成就是真空放电管，结构不是很复杂，它只是可以提高电压以及提高真空度。有两个分别带有正电位和负电位的电极被安装在这个真空管上。大概有 100 万伏特的电压存在于两个电极间。

带正电荷的 α 粒子被正电极这一端制造出来，然后它们会受到负电极的吸引，由此产生运动，犹如下坡一般，α 粒子的运动能量不断地增加，最终撞向负电极的原子，发生原子核反应，负电极会释放出撞击产生的射线。

人们随后就发现，粒子在这种装置里只能被加速到 100 万 ~ 200 万电子伏特。要想得到加速到几.千万或是几亿电子伏特的粒子能量，他们还要继续想办法。

回旋加速器工作图解

回旋加速器原理

一鼓作气或是逐渐加力慢慢升高，两种方法都可以把秋千荡高，这是每个孩子都知道的事情。一鼓作气就好像上面的粒子加速装置。

回旋加速器就是根据第二种方法运作的，它是在 1929 年被发明设计的：在一个圆圈里使粒子飞快地运动，粒子每转一圈都会被再次加力，这样它的速度会渐渐增加。一个回旋加速器的模型被伦敦科学博物馆的瓦德博士制作了出来，它能够巧妙地对加速器原理进行说明。

有两个被称之为"D"的半圆形电极存在于回旋加速器的真空管中。正负电位会不停地在两个电极之间切换。也就说电位会时高时低。电位的高低在模型中通过两个半圆板的上下移动来表示，粒子用一个铁球来代替，铁球的加速是利用重力来实现。粒子在回旋加速器中受到强烈磁场的作用，在和内壁有间隔的情况下飞驶在螺旋管内，就像是铁球在模型中由重力加速行驶在螺旋槽内。

粒子是由加速器的中心制造出来，之后它从一个"D"飞向另一个"D"，这样就开始做加速运动。铁球沿着螺旋沟在一个半圆板滚到另一个半圆板。两个半圆板不断地调整上下关系，使铁球始终都处在下坡的状态，这样它的速度就会不断增加。

粒子的运动能量在经过两个 D 交界的时候都会有所增加，如此逐渐地飞向外侧，最终命中最外侧的靶心。产生原子核反应的地方就是靶心，这是我们研究的重点。高周波电压是存在于两个 D 之间的电位差，在振动的电场中它会不断地改变自己的方向以配合粒子的加速运动。粒子要穿越两个"D"数百次，在最后能量达到最大加速电压的数百倍时，才冲向靶心。

1930 年的人类第一台回旋加速器

回旋加速器的发展

左图是 1930 年的第一个回旋加速器，它是试制的第一个。这个被我们留作纪念品的回旋加速器，里面并没有安装磁铁，性能欠佳，也就刚好能够操作。两个电极是用蜡粘在了一起，然后被放在一个磁铁的中间，就构成了这

质子加速器

个加速器的主要组成部分。第二个模型性能很好，被使用了很长时间，它的磁铁直径是 8 英寸，和第一个差不多。

电压能够达到 100 万伏特的是第三个，它的直径是 11 英寸。它被我们用来做过实际原子核实验。其实，科研人员对原子核衰变的首次试验就是通过这个 11 英寸的回旋加速器做的。

之后 27 英寸和 37 英寸的回旋加速器相继问世。27 英寸的电压可以达到 400 万 ~ 500 万伏特。很多新的放射性同位素就是通过它的帮助合成的。

接着制造的是我们今天仍在使用的，可以造出 5000 万电子伏特 α 粒子，直径是 60 英寸的回旋加速器。

后来制造的是 184 英寸的同步回旋加速器。经过 1957 年的改装后，7.2 亿电子伏特的粒子现在已经能够被造出来了。现在很多的研究都是由这个 4000 吨重的机器来做的，之后还会不间断地继续下去。

和回旋加速器有着很多共同特征的质子加速器，它的体积更大，也为射线研究所拥有的。麦克米伦发明的质子加速器。10 亿电子伏特，英文（billion electron volt）的第一个字母 bev 被用在了它的名字里 "Eevatron"。粒子的能量通过这个装置能够到达 62 亿电子伏特。

质子加速器被建造在一个巨大的圆形建筑物里。粒子回旋的磁铁直径达 30 米，和 25 年前的 8 英寸比起来，这真是一个令人不敢相信的进步！

之后还会有怎样的进步我们是不知道的。更大的加速装置现在正在美国的布鲁克赫文、长岛、瑞士的日内瓦建造着。将来肯定能建造出 1000 亿电子伏特的加速器来，这一点我们不必怀疑。

合成元素

从此我们制造合成元素以及发现新元素的基本工具就换成了回旋加速器。科研人员人工制造元素真正开始于 1925 年，是在发现了 88 种天然元素之后。

原子序数为 92 的铀是天然元素中重量最大的。元素周期表到 1925 时，还留有 4 个空位，说明还有 4 种元素等待人们去发现。它们分别是原子序数为 43 的锝 -Tc，序数为 61 的钷 -Pm，序数为 85 的砹 -At，序数为 87 的钫 -Fr。人们误传

1937 年之前其中就有几种被发现了，但是不久就订正了这种说法。

在 50 亿年前地球诞生的时候，这四种元素就已经存在了。可是现在它们又在地球上消失了，它们已经变成比较轻、比较稳定的其他元素了。这主要是由于它们极不稳定的原子核，在漫长岁月中不断地放出射线衰变造成的。但是这些元素在现在能够被我们人工制造出来。当今，我们必须对原子核的构造进行深入的研究，只有这样才能够对元素的不稳定性、放射性以及元素的变换等问题进行有效的解释。

通常情况下我们把质子用圆圈包围着加号⊕来表示，里面的＋就表示 1 个单位的正电荷。一般的氢原子只包含一个质子，我们之前提过的。氢的同位素重氢，就是把一个不带电荷的中子添加进去。加一个质子和一个中子到重氢里面，就会变成氦原子核。而再加一个质子和中子到氦原子核里，就会变成锂原子核。如此随着质子和中子的不断增加，生成的新元素原子核不断加重。

比如银元素的一种同位素，是由 47 个质子和 60 个中子组成的原子核，所以它的原子量（重量）也就是质子和中子的和 107，把它的质子数，即原子序数 47 写在其化学符号的左下方，把原子量 107 写道右上方，这就组成了银原子的完整记号 $_{47}Ag^{107}$。

把一个中子添加到银原子核中去，它的原子量就会增加 1，从而变成银的同位素 $_{47}Ag^{108}$。

这种同位素具有放射性，重量比银多一个单位。因此添加进去的中子会变成带正电荷的质子，并随之放出一个带负电荷的电子。

质子数由 47 变为 48，元素就变成了镉 -Cd。中子我们用 "Neutron" 的第一个字母表示，电子我们用 "Electron" 的第一个字母表示，上面的变化过程就可被写成：

$$_{47}Ag^{107} + n \rightarrow {}_{47}Ag^{108} \overset{e}{\rightarrow} {}_{48}Cd^{108}$$

做这个实验其实很容易。把一枚银币放入一个装有镭和铍的微型原子破坏装置中，它就会受到中子的冲击。正如上面说到的，当中子进入银原子内部就会使它变为镉原子，在这一过程中，还可以产生一种能够使盖氏计数器发声的放射能。当有某种粒子撞击原子核时都会发生这样的情形，不过产生质变的原子只是少部分而已。

周期表空位中的四元素

我们已经知道 1925 年周期表中的四空位元素分别是锝 -Tc、钷 -Pm、砹 -At 和钫 -Fr。和把银变为镉的方法相同，锝、钷、砹是被我们人工合成的元素。我们在观测锕本身放射 α 射线而衰变时发现了钫，这种现象是不多见的。

元素放出 α 射线而变成其他元素，这是一种放射能的形态，我们称之为"α衰变"。元素在这一过程中会失去一个 α 粒子。有两个质子和两个中子构成的氦原子核就是 α 粒子。

放射性元素中有一种质量227，原子序数89的元素，那就是锕。在一次巧合中，锕放射出 α 射线而衰变成其他元素，这种不常有的现象被巴黎居里研究所的培莉小姐发现了。锕在这个过程里放出了一个 α 粒子，两个质子丢失，它于是变成了原子序数为 87 的元素。钫是培莉小姐用自己国家的名字 France 为其命名的，即 Franciam, 简写为 Fr。这个反应过程可以写成：

$$_{89}Ac^{227} \rightarrow {}_{87}Fr^{223} + {}_2He^4 \text{ 或者写作是 } _{89}Ac^{227} \xrightarrow{He^{++}} {}_{87}Fr^{223}$$

锕放射 α 粒子的情景由后面的式子表示会更加形象。

这一过程用语言可以描述为：原子量为 227，原子序数为 89 的元素锕，失去了 4 个单位的质量，其中包含两个质子从而变成了原子量是 223，质子数是 87 的元素钫。钫只有放射性元素衰变的时候才会在自然界里存在一会儿，它的寿命会非常短暂，钫的同位素中寿命最久的半衰期也不过是 21 分钟，所以钫的数目非常的少。放射性同位素的一半原子完成放射衰变耗费的时间，被我们称作是半衰期。

我们在回旋加速器中或者原子炉中用合成变换的方式就可以人工取得另外的锝、钷、砹三种元素。

认识合成元素

元素的制造很容易，但是对其是否属于新元素的确认工作就不是件简单的事情了。我们都是经过在极其微量的标本中分离和压缩，最后才确认出 43、61、85、87 四种原子序数的新元素的。

例如镭，如果它只有极其微小的含量，看不到又称不出，那就唯有依靠测出其放射性，或者利用周期表上紧挨着镭的钡、铱、锶等近亲元素，把镭从它们的溶液中提取出来，只此两种办法才能够对镭的存在进行确认。我们的科研人员就是利用了第二种方法对锝、钷、砹、钫四种元素进行了确认。

第一个被合成并且确认的元素就是锝，它是被塞格雷（E·G·Segre）（加州大学物理学教授，并荣获了 1959 年诺贝尔物理学奖）和他的伙伴培里伊发现的。

下面就有请西格雷来说一下自己的发现。

2. "人造"——锝的含义

在罗马，我和费米在很久以前就开始研究放射能。直到 1936 年我离开罗马搬至巴勒莫，我们在一起共事了有五六年的时间。和配备齐全的柏克莱研究室比起来，那里的实验室真是太简陋了，我们试图在这样简陋的条件下做些能够研究的课题。我曾经在 1936 年去柏克莱参观了当时重点对重质子加速的 37 英寸回旋加速器。我们现在应经不再使用这个加速器了。我当时回巴勒莫的时候，自己随身带了一片被重质子照射过的体积不大的钼。

钼原子被质子撞击会变成质子数为 43 的新元素——锝 -Tc，这是我们的推算。原本有 42 个质子存在于钼的原子核中。由一个质子和一个中子构成了重氢的原子核。用这个原子核高速撞击钼，使其质子数增加 1，变为原子序数为 43 的锝元素。

重质子冲击钼原子核，使其增加一个质子变成锝只是我们的假设，我们要证明这个假设必须要做实验。被重质子照射的钼被融化后，在里面添加各种元素作为追踪物质，这就是我们采用的追踪技术。然后把接近于铼或者锰的物质在溶液中提取出来。这是由于在元素周期表上，铼、锰、锝是在同一列排列的。一种新物质终于在 1937 年经过我们的诸多复杂实验后，被发现并证明这是从来没有被发现过的新元素。它的性质非常接近铼，但是最后还是被我们分离了出来。

它被我们称作锝，含义是 Technetium（人造的），它是最早的人造元素。物理学家培里伊在这个研究中给了我们很大的帮助。就工作强度来说，这个研究完全可以等同在矿山中挖掘出矿石来，但是这在物理学家看来是再平常不过的了。

1938 年，一种半衰期为 20 万年的锝的同位素被我和柏克莱的斯巴格博士共同发现了。此外，这种物质也被我和吴健雄女士在铀的核分裂生成物中发现了。

其实锝化合物的标本量很小，包含的锝更是少极了，但是世界上的大部分锝其实都在这里了。它是被橡树岭国立研究所利用核分裂连锁反应制造出来的。如此数量巨大的锝利用我们 1938 年的方式是

锝化合物标本

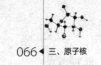

不可能制造出来的。

发现砹

砹是第二个被发现的。砹按说是不可能被 1936 年的小型回旋加速器造出来的。只有更大的回旋加速器，才可以造出有足够的能量撞击进铋原子核的 α 粒子。

α 粒子包含两个质子和两个中子。假如把两个质子射进有 83 个质子的铋原子核中，就能够获得质子数为 85 的砹。其实只要将氦原子的电子赶跑，α 粒子就被我们得到了。之后这个 α 粒子在通过回旋加速器的加速，最后撞向铋原子核。假如铋原子核被 α 粒子撞击进入，它也会弹出两个中子，这样砹的原子就被合成了。我们还要对这个新元素进行化学验证。

砹的发现要比锝简单很多。和碘一样，砹具有升华性。被 α 粒子照射过的铋经过加热，就可以分离出升华的砹，这就是对升华特性的利用。但是在当时，也就是 1940 年，我们寻找砹的研究其实是很复杂的。

假如容器里的碘被加热，碘蒸气就会升华出来，然后在铂金板上开始集中。收集砹也可以用这样的方法。我们把 α 粒子照射过的小片铋放进容器进行加热，它里面包含的极少量砹就会升华出来。和碘不同的是，我们看不到砹，砹的存在只能是根据它的放射性利用盖氏计数器测量到。

卤族元素都是依据它们自己的性质命名的：就像氯 -chlorine 的性质是"绿色"，溴 -bromine 的性质是有"臭味"，碘 -iodine 的性质是"紫色"。但是，没有气味和形态，无论什么方法都不能让我们看到的砹 -Astatine 它是不安定的意思。我们想要证明它的存在就要想办法检测到它的放射性。

我们之前把砹称作拟碘是非常正确的，因为砹的化学性质非常接近于卤族元素，尤其是碘。就是在生理学上两者也非常相似，在人体或者动物的甲状腺上集中是它们共有的性质。

发现钷

原子序数为 61 的钷是元素周期表上空着的第四种元素。人们用一位希腊神话中提旦族英雄普罗米修斯（Prometheus）的名字来命名钷 -Promethium，从神的手中盗取火种之后送至人间的就是 Prometheus。

人们发现钷根本没有利用回旋加速器，它被发现在原子炉中。在化学上对钷进行确认的工作，是国立研究所的格伦丹宁（L.E.Glendenin）、马林斯基

（J.A.Marinskg）和科星尔（C.E.Corgell）三位科研人员，在 1947 年完成的。

钜的化学性质和镧系元素很相似，属于稀土类。粉末状的硝酸钜，几乎什么特性也没有。

上面说的四种元素是非常不稳定的放射性物质，在自然界中是不容易存在的。它们几乎没有什么利用价值，但它们对于研究原子和原子核的构造却特别重要。

3. 超铀元素

这四种元素的发现，代表着元素周期表铀之前的部分全部完成。但这只是我们在研究新物质的征途上走出的第一步。在面对大自然的斗争中真正值得赞扬和影响整个世界的是完成元素周期表之后，再往后的工作。

原子序数大于 92 的元素在元素周期表上都排在铀的后面，放射性是它们共有的性质。在地球上存在的只有一两种，而且含量甚微，剩下的全都要利用人工的方法进行合成，地球上根本没有。

其实，元素只要比铋以及铅重，就会具备放射性，衰变是它们无法摆脱的状态。所以我们不必有所怀疑，像这些钋、氡、镭、锕、钍、镁、铀等具有放射性的元素在经历很长的一段时期后都会消失不见，到时候地球上最重的元素就是铋和铅。地球的年龄我们可以通过这些放射性元素的存在情况推断出来，大约是 50 亿岁。

铀后面的元素稳定性逐渐减弱。比如，钚 239,（94 号钚的同位素）半衰期是 24000 年，可原子序数是 101 的钔半衰期仅有 30 分钟。

H																	He
Li	Be											B	C	N	O	F	Ne
Na	Mg											Al	Si	P	S	Cl	Ar
K	Ca	Sc	Ti	V	Cr	Mn	Fe	Co	Ni	Cu	Zn	Ga	Ge	As	Se	Br	Kr
Rb	Sr	Y	Zr	Nb	Mo	Tc	Ru	Rh	Pd	Ag	Cd	In	Sn	Sb	Te	I	Xe
Cs	Ba		Hf	Ta	W	Re	Os	Ir	Pt	Au	Hg	Tl	Pb	Bi	Po	At	Rn
Fr	Ra	Ac	Th	Pa	U	93	94	95	96	97	98	99	100				

La	Ce	Pr	Nd	Pm	Sm	Eu	Gd	Tb	Dy	Ho	Er	Tm	Yb	Lu

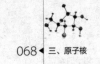

探索超铀元素

二战前，在对比铀重的元素进行研究的科研工作者们列出了上图这个元素周期表。在这之后，科学家们才发现了锝、钷、砹、钫四种元素，但是为了便于研究，它们也被排列在了表格中。

排列在钡和铪之间的是镧系元素和稀土类元素，这和现在是没有区别的。锕之后是已知的三种最重的元素钍、镤、铀，它们被认为分别与铪、钽、钨有着非常大的关联。所以我们猜测，一定是和铼化学性质相似的 93 号元素排在了铀的后面。94 号至 100 号的元素在周期表中的排列也因为同样的原因而得到了人们的认可。

费米、塞格雷和他们的合作伙伴在 1934 年开始对比铀重的元素进行研究。很多的放射性物质被他们在意大利用中子撞击铀的实验中发现，他们对这些物质的化学性质进行了推测，认为它们和元素周期表上的 94 号和 96 号元素非常接近。可是之后的研究，特别是奥多·哈恩（Otto Hakn）和莉泽·西特纳（Lise Meitner）等在 1938 年对原子核分裂的研究，证实了费米和赛格雷的解释是不正确的，他们发现的其实是碘、锡等轻元素的放射性同位素。

在尝试发现比铀的原子序数大的元素试验中，首次取得实验成功是在 1940 年，这个实验是由当时的劳伦斯研究所所长麦克米伦和爱伯森共同进行的。他们利用中子照射铀，这样 93 号元素在生成物中被发现，并最终得到了证实。

这个元素的发现过程，我们请麦克米伦博士为我们讲解。由于这次成功的尝试和其他类似的发现。麦克米伦博士和西博格博士在 1951 年荣获了诺贝尔化学奖。

4. 镎

首个有关超铀的故事开始于美国有关原子核分裂的重大发现。

人们对这个消息非常的振奋。所有科研人员都开始在一些不是很复杂的试验里发现新东西的尝试。

在核分裂生成物中测定发现

这个形成于我脑海中的实验，那就是对铀原子分裂产生的碎片在物质中能够飞行的距离进行测量，这是个可以一试的实验。

我先把氧化铀薄薄地涂抹在纸上面，之后从这张纸的下面放上一个用香烟纸折成的小本。这样一来，香烟纸就会把铀分裂产生的碎片接住。之后将它们一并

放进回旋加速器，再用中子撞击它们。受到撞击的铀原子就会产生核分裂反应。反应产生的碎片就会跳进香烟纸里，这些碎片在用香烟纸折成的小本里会飞入不同的深度。

发现镎

把折叠的纸张打开，对每张纸的放射性用盖氏计数器进行测量，这就是接下来的工作。任何人都可以想到这个实验，但是只有我得到了想要的结果，并且还得到了一个超越实验本身结果的副产品。

这种超越就是：最上面的纸张和下面的纸张所接到的生成物是有区别的，它们的半衰期和性质是不一样的，上面的带有放射性。

这有怎样特殊的意义呢？除了飞掉的核分裂生成物，这里还存有特殊的放射能量。

一定还有其他的情况发生在这个试验里。如果有个铀原子得到一个中子后没有发生分裂。这种情况之前也发生过，类似的放射性我们在纸上也发现过。可是这个假设在一种未知的放射能存在的情况下显得很苍白无力。这是一种新元素，一种放射性铀衰变的产物。

根据这一推论，我们继续研究，想知道到底是什么样的物质产生了这种未知的放射能。正在柏克莱度假的卡内基研究所的爱伯森，他是我的老朋友又是同事，他被我请来帮忙，他的休假于是被变成了辛苦的劳作。

我们合力对最上层纸上具有新放射能的物质进行研究，最终证明它和当时任何已知的元素化学性质都不相同。它就是镎，第 93 号元素。镎是第二个以行星命名的元素，它的名字取自海王星。第一个是 1789 年以天王星（被发现于八年前）命名的铀。

由于镎的性质和之前预测的有些差别，所以元素周期表的修改由此被提上了日程。比铀多一个质子的元素在镎被发现之前化学家们已经作出了推测。这个新元素依据元素周期表的规则应当和铼接近。所以，93 号元素在周期表上被排列在铼的正下方，性质被认为和铼相似，它们属同一族，所以与铼在同一列。

可是，经我和爱伯森博士研究发现，镎的性质和铼并不相近，而是更接近于镭。重元素在元素周期表中的排列由此要被作出重大的修改。

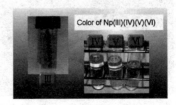

93 号元素镎的瓶装标本

指向 94 号元素

爱伯森博士在完成这项工作后就退出了我的研究。我在他离开后又把我的研究指向 94 号元素。

一定还有其他元素存在于发现镎的纸上，这是什么原因呢？答案其实并不复杂：衰变的镎原子会放出一个电子，然后原子核中就会有一个中子变为质子，正电荷就会比原来多出一个，把一个质子添加到 93 号元素里，就会得到 94 号元素。所以我们断定一定存在 94 号元素。我们应当使用什么样的方法去发现它，这是问题的关键。

不会有电子被 94 号元素放出来，但是释放 α 粒子而衰变是 94 号元素难以逃脱的命运，这是我和我的伙伴们一致的观点。但是对于它的放射能进行检测，用我们的当时的方法很难。所以针对这个问题的研究我们开始从化学方面入手，最后 α 粒子被我们发现了。但是赶上美国当时参加二战，我当时又参加了雷达的开发工作，导致完成这项研究的重任落到了西博格博士的身上。

发现钚

继续对 94 号元素进行研究的有西博格、瓦尔、肯尼迪和赛格雷。一种新物质被他们利用柏克莱的 60 英寸的回旋加速器合成出来，但是他们用来撞击铀的不是一般的中子，而是重质子，重质子是由一个质子和一个中子组成的重氢原子核。这种新物质就是 94 号元素的同位素，并且被确认了。这个元素被命名为钚 -Plutonium，用海王星后面的冥王星 Pluto 为其命名，它被排在镎的后面。第一次造出的钚的标本，有针尖大小的体积，用肉眼刚好能看到。它现在被固定在塑料圆筒里做纪念。

我们用黑棋子和白棋子分别代表铀原子中的质子和中子，再来解释这个原子反应就非常简单了。

铀的原子核被麦克米伦和爱伯森增加了一个中子，就成了极不稳定的状态。衰变中的原子核里会有一个中子放出电子，从而把自己变为质子，这样重铀就变成了 93 号元素镎。随后还会有第二个中子放出

放射性元素—钚

电子变为质子，这样就会得到 94 号元素钚。

这一连续的原子核反应用原子记号表示为：

$$_{92}U^{238} + {_0}N^1 \rightarrow {_{92}}U^{239} \underset{e}{\rightarrow} {_{93}}Np^{239} \underset{e}{\rightarrow} {_{94}}Pu^{239}$$

上面的原子反应用语言来描述就是：把一个中子撞击进铀 238 内部，使其变成铀 239（重铀同位素），不稳定的铀 239 原子核放出一个电子后会变成镎 239，镎 239 在放出一个电子就会变成钚。

$_0n^1$ 表示质量为 1 不带电荷的中子。原子核放出的电子用右上方带负号的 e^- 来表示。

第一次用重质子照射制造钚的反应可以写成：

$$_{92}U^{238} + {_1}H^2 \rightarrow {_{93}}Np^{239} + {_0}n^1$$

$$_{93}Np^{239} \underset{e}{\rightarrow} {_{94}}Pu^{239}$$

上式中的 $_1H^2$ 表示重氢。氢的化学符号 H，质量数用右上角的 2 表示，电荷数用左下角的 1 表示。

钚的原子核分裂

钚元素中最重要的同位素就是钚 239，这是由于钚 239 的原子核会在慢速中子的撞击下分裂，它可以被用作原子能发电或者原子弹。

钚的原子核在慢速中子的撞击下会产生分裂，对于这一点，科研工作者们早在 1941 年就利用柏克莱的回旋加速器实验证明了。用镭和铍替代回旋加速器，会有同样的效果，只是规模小了很多。我们用和盖氏计数器类似的示波仪（Oscilloscope）来对放射性进行检测，它是和电离箱相互连接的。气体原子会受到飞入电离子箱内核电粒子的撞击，从而被夺去一个电子变为离子（带正电荷的原子就是离子）。这些离子又会受到电极的吸引从而在箱内产生电流。荧光屏上会因为示波仪里导入电流的增强，而有两条线出现。

可以产生核分裂的钚 239 被放入电离子箱中，由钚产生的 α 粒子就会引起微小的瞬间波动，这样示波仪上就会有所显示。再把一个中子源放到电离子箱的下面，就会有大且亮的瞬间波动显示在示波仪上。这是由于慢速中子冲击钚 239 使其产生了核分裂从而产生了巨大的能量。

在我们证实了钚的性质之后，怎样大量生产钚就成了非常棘手的问题。为了对这个问题进行研究，在芝加哥大学著名的战时"冶金研究所"里聚集了很多化学家、物理学家还有生物学家。在那里由费米指导物理学家们利用天然铀和黑铅所产生的原子核连锁反应而实现了对钚的大量生产。

且怎样在连锁反应的高放射能核分裂生成物或者铀原料中分离钚的方法也被化学家们研究成功了。

超微量化学装置

一个非常有意思的情况出现在这个化学问题中：这个试验中用到的钚只有一百万分之一克，它的量极其微小，用我们的肉眼几乎都看不到。钚在试验中要被制成大约一滴水大小的溶液。所以对这些微量原材料进行试验，就要使用一些极其微小的实验装置。像试管、蒸馏瓶、天平、离心机等好多类似玩具的微型设备被科研人员制造了出来。尤其是用石英纤维制成的天平横梁，以及头发丝般吊秤盘用的绳子。科研人员由此取乐说，自己是在用无形的天平来称量无形的东西。

钚的化学性质被卡宁海姆和沃纳利用这些精细的化学装置研究了出来，他们还称出了这些钚的重量是一百万分之一克左右。他们还利用这些微型仪器做了一个实验验证了华盛顿州哈特波德在核分裂连锁反应生成物中分离出的钚的化学方程式。多数的微型装置都是由汤姆逊制造的，磷酸铋在这个试验中是个单体物质。

三种核燃料

核燃料是由容易产生核分裂的物质组成，包括钚 239、天然的铀 235、再有经合成的铀同位素——铀 233。把铀 238 放入原子炉中，然后被中子照射就可以获得钚。用同样的方法照射 90 号元素钍就能够获得铀 233。

在天然铀中约含有 1/140 的天然铀 235。它可以用二战时田纳西州橡树岭实验室的试验方法分离出来。

从 1944 年之后开始的对新元素探索工作，我们后面接着谈。还有一些理论难题有待我们去解决，我们的研究工作需要这些理论。

5. 难关的突破

西博格、詹姆斯、莫格根等科研人员，从 1944 年开始在芝加哥大学的冶金研究所，继续对原子序数是 95 和 96 的元素进行研究。其实和制造新元素相比较，证实工作更加艰难。

西博格和他的伙伴们做了很多实验，目的就是要制造出 95 号和 96 号元素。

为了对那些只能在显微镜下才可以看到的微量物质进行分离，数不尽的化学处理工作都被他们一一做到了，但是他们好多次分离出的并不是新元素。

我们一定要有依据才能够对可能存在的东西进行寻找，也就是要知道在哪些地方，用那些方法寻找。这也就是我们以后实验的方向。

修订元素周期表——锕系列

我们寻找新元素的方法可以在正确的元素周期表中得到启示。铀、镎、钚之间的关系在 1944 年的元素周期表看来是表兄弟的关系，可我们还不了解它们之间真正的血缘关系。科研人员由此推断，95 号和 96 号元素应当和它们相似，它们合并构成铀系元素。

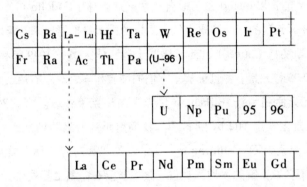

可是这个推断再后来被证实是不正确的。这是因为沿着这个推断寻找 95 号和 96 号元素的实验从来没有成功过。

于是，西博格想到：元素周期表上比锕重的元素排列可能出现了问题。被麦克米伦发现的镎和钚的性质差异就很大。也就是说我们利用 95 号和 96 号在元素周期表上的错误位置，致使自己的寻找方向产生了错误，因此导致它们两个现在还没有被发现。

和稀土类的镧系元素相同，比锕重的元素或许是独成一系，这样的想法被西博格提了出来。在元素周期表的下面自成一行排列的镧系元素化学性质都非常相似。

所以，元素周期表上在钡和铪之间全都是镧系元素，同理，比锕重的元素也都全部排列在铀的后面。至此，被修改后的元素周期表出现了第二个稀土类元素群，它们是最重的元素，被集中排列在镧系元素的下方，单独成为一行，被我们统称为锕系元素。

在化学性质上，锕系元素的头几位和镧系元素中上下对应的几位性质特别接

La	Ce	Pr	Nd	Pm	Sm	Eu	Gd	Tb	Dy	Ho	Er	Tm	Yb	Lu
Ac	Th	Pa	U	Np	Pu	95	96	97	98	99	100	101	102	103

近。和镧系元素相比较，锕系元素在化学反应的过程中更容易放出电子，容易氧化。所以在性质上，95 号和 96 号元素应当和稀土类的铕和钆等镧系元素接近。

发现 95 号 ~ 98 号元素

95 号和 96 号元素在新思路下的试验中不久就被发现了，并很快得到了证实。

为了表达敬意，参考利用欧洲 Europe 命名的稀土类铕 Europium，我们将 95 号元素命名为镅 -Americium。96 号元素命名为锔 -Curium 是为了纪念居里夫人。稀土类和锔对应的钆 -Finland 命名取自化学家加德林（Gadolin）。

97 号和 98 号元素的化学性质也依据同样的概念被推导出来。汤姆逊、吉奥索（Ghiorso）、斯切特（Street）、西博格博士等科研人员在 1949 年和 1950 年陆续发现了 97 号和 98 号元素。并且证实了它们的性质和与之对应的稀土类元素接近。

将 97 号元素命名为锫 -Birkelium 是为了向柏克莱致敬。和它对应的稀土类元素铽取自瑞典化学家 Ytterby 的名字。我们用研究所坐落地加州和加州大学的名字命名 98 号元素为锎 -Californium。锎的性质仍和对应的稀土类元素相似，但是命名上并没有关联。锎的发现人员说，假如非要在命名上把两个元素扯上关系，只能说，希腊语镝 -dysprosium 是"不可达到"的意思，而到达加州对于当时发现镝的科研人员来说就是不可达到的。

西博格的推断被上面的发现证实是没有错误的。我们把包括钍、镤、铀在内的所有超铀元素统称做锕系元素。元素周期表上锕和拟铪之间的位置就属于它们。我们把尚未发现的和铪性质相似的 104 号元素成为拟铪。

锕系元素的原子构造

外围的电子数决定了元素的化学性质。既然锕系元素的化学性质和镧系元素接近，那么两者最外层的电子数就应当相同。

当然元素的总的电子数是不可能相同的，但是最外层轨道上的数目是可以相同的。把电子增加一个的锕系元素，就会增加元素的重量，最外层轨道上的电子不会因此发生变化，发生变化的只是里面 5f 轨道上的电子数目。

一共有 89 个电子整齐地排列在锕元素的外围电子轨道上。又有 14 个元素排列在锕的后面，它们的电子数目都是依次相差一个。这些逐渐增加的电子都是排列在 5f 轨道上。以 96 号锔为例，它是锔后的第七个，它的 5f 轨道上比锔多 7 个电子。再有 103 号铹，它是锔后的第十四个元素，它的 5f 上达到了满员 14 个电子，所以锔系元素到此为止。

锔的化合物瓶装标本

在玻璃瓶里不过是铜币大小的化合物，可这已经非常了不得了。这是由于处在钚后面的元素稳定性逐渐减弱，制作方法逐渐加难，能够制造出的量也逐渐地减少。少量的锔溶液被装在试管里。有极强放射性的锔，只需凭借自身的亮度就可以拍照了。

玻璃瓶里是镅的化合物。元素越重，能够制作出来的量就越少，它的存在只有通过盖氏计数器对涂在白金版上的物质放射性进行测量才可以被确定。其实，比锔重的元素被我们制作出来的量根本用肉眼就看不到，直到写这本书时都是这样的。锔在第一次被柏克莱单独分离出来的量只有大约一亿分之一克，那是 1958 年 7 月的时候。

应用色层分析法

对锔系元素的确认工作是根据它和稀土类元素性质相似的特性。对锔系元素的分离可以用分离稀土类元素的方法，比如锔或铹。我们称之为离子交换吸收分离法，普遍叫法是色层分析法 -Chromatograph。

我们很难理解这个名字，可是一定很好理解这个简单的方法。首先以钴和铬举例说明：我们先做一个圆筒，一定要用那种类似树脂的有机物作为材料，把两种元素的混合物放在圆筒的顶端。把一些可以使混合物溶解的溶液倒入圆筒里，溶化后的混合物会和溶液一起沿圆筒壁流下来。

重量不同的两种元素，向下流的速度也是有区别的。流速慢的是比较轻的铬，流速快的是比较重的钴。所以，把它们分离就可以通过分别收集圆筒下面的液体来完成。停留在圆筒 $\frac{1}{3}$ 处的是比较轻的铬，在圆筒中滴出来的是比较重的钴。

对锔系元素进行分离也可以用这样的方法。区别只是我们用肉眼根本看不到它们，并且它们都具有放射性。

举例说明：我们要在锔和铬的混合物中把锔分离出来，实验就应当这样设计：把一个玻璃套套在圆筒的外面。为了缩短实验时间，在玻璃套内输入蒸汽为圆筒加温。我们想要的元素就会在圆筒里一点一点地流出来。在圆筒外接溶液的物体要用铂金板。

第一种溶液是先前的几滴，之后就是第二种溶液。如果还有其他元素存在于圆筒里面，它们也会分别流出来。我们要的各种元素就在这不同的溶液里面。比镉重的元素的确认工作都是以用这种方法实现的。

到底第几滴溶液开始是另外一种元素，这我们可以参照镧系元素的分离试验过程。这是由于离子交换圆筒中的镧系元素和锕系元素产生的化学性质非常接近。

我们用镧系中由铈到镥最重的 9 种元素的混合物和锕系中镅之前的元素混合物同时来做这个实验。用两个圆筒分别装两种混合物，对它们分离的时间分别作一番记录。

下面的图表就是记录结果。我们可以看出镧系流出圆筒的前后顺序是由重到轻。所以镥会最先流出来，铕是最后一种。

溶液滴数号码的记录是第二幅图。假如 102 号和 103 号元素也混合在其中的话，最先流出圆筒的一定是它们。它们可能存在的位置我们用破折线表示。可是 102 和 103 号元素在做这个实验的时候，还没有被发现。因此锘是第一个流出来的元素。接着是镄、锿等，顺序也是由重到轻。

镧系和锕系中对应的元素无论在任何条件下，都会以相同的时间通过圆筒。比如，铽和钆流出的时间间隔和与之对应的锫和锔流出的时间间隔是一样的。

原子核反应的化学式

我们用化学式来表示镅、锔、锫、锎的生成反应，来结束对它们的讲解。

钚吸收中子生成镅。

$$_{94}PU^{239} + _{0}n^{1} \rightarrow {_{94}PU^{240}} + _{0}n^{1} \rightarrow {_{94}PU^{241}} \xrightarrow{e} {_{95}Am^{241}}$$

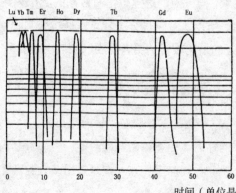

时间（单位是小时）

各元素的出现量

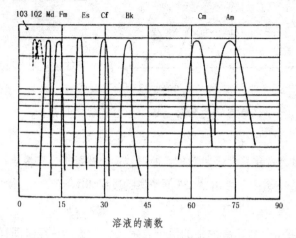

溶液的滴数

这个过程用语言描述为：一个中子撞击进钚原子使其加重，再有一个撞进会进一步加重，之后有一个电子被释放出来，与此同时，有一个中子变成质子，新元素镅生成。

假如把撞击的中子换成是氦原子核，就会生成其他三种元素，这样就有两个质子和两个中子进入到原子核中。所以就会有两个单位的正电荷增加到原有的原子核中去，与此同时也会有一个或者两个中子被释放出来。

钚被氦原子撞击生成锔：

$$_{94}Pu^{239}+_2He^4 \rightarrow _{96}Cm^{242}+_0n^1$$

镅被氦原子撞击生成锫：

$$_{95}Am^{241}+_2He^4=_{97}Bk^{243}+2_0n^1$$

同样的方法使锔变成锎：

$$_{96}Cm^{242}+_2He^4=_{98}Cf^{245}+_0n^1$$

核分裂连锁反应

近来，化学和物理学的发展都被原子核分裂的发现推动前进了。

我们对原子能量的获得就是通过对钚239以及铀的几种同位素如铀235和铀233等的连锁反应加以控制得到的。发电和生产等都可以用到这些能量。

我们利用原子炉也称作是原子反应堆来制造原子能。用铀制造的核燃料组件是构成某些原子炉的中心部件。可以分裂的铀235和不可以分裂的铀238是铀的两种天然形态。

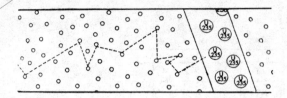

被中子撞击的铀235原子核会分裂为两片。这些碎片是些更轻的元素原子核，它们带有放射能，被称作是核分裂生成物。两个或者三个中子会被分裂的铀235原子核释放出来，这些中子又会去撞击附近的铀235原子核使其产生分裂，这样引起连锁的反应。

可是铀235原子核很不容易吸收到这些分裂时产生的中子，因为它们的速度太快了，而铀238倒是更容易吸收它们。所以我们一般都把一些像黑铅之类的减速剂装进反应装置。一个中子撞击铀235原子核的过程如图所示，这个中子通过不断地撞击碳原子来减慢自己的速度。

铀235被撞击分裂，释放出的两个或者三个中子，在经过同样的减速撞击其他铀235的原子核在分裂，再放出更多的中子来……

利用原子能发电

在燃料池里铀235产生的碎片飞行速度极高。它的飞行速度伴随着摩擦逐渐地减慢，这样动能就转化为了热能，这和汽车的刹车片摩擦生热是同一道理。原子炉获取热量的原理就是如此。

华盛顿附近的原子能发电厂如图所示。怎样利用铀235的连锁反应来制造动力，我们就通过它来说明。起重机在上面，原子炉在下面。核燃料棒就是通过起重机垂直放入原子炉中的。

这个发电厂的原子反应减速剂用的是水。水会被铀235的核分裂产生的热能烧开。沸水产生的蒸汽被输送至普通的蒸汽涡轮，涡轮就会带动发电机发电。和一般发电厂的区别就在于，原子能发电厂的能源是通过原子炉获得的，其他方面都一样。

有种非常重要的副产品可以由某种特殊的原子炉产生，这种重要性体现在被它制造出的燃料比使用的燃料还要多。

我们对连锁反应加以控制，用不会分裂的铀238吸收掉一部分中子。这样铀238就会变

华盛顿原子能发电厂模型图

成同位素铀239。而铀239又会因为释放电子而衰变为钚239。

钚239可以通过化学方法分离出来，然后在被送入另外的原子炉当作燃料使用。铀233也可以用相同的方法制造出来：一般钍232吸收一个中子就会变成钍233。铀233可以通过钍233释放电子衰变获得。

6. 原子云中的发现

99号和100号元素被发现于1952年11月南太平洋上的一次大爆炸中。那是一次利用核分裂连锁反应使热核融合的氢弹试验。一个直径一英里的大坑和直径100英里，高10英里的具有强大放射能的云块伴随着爆炸产生。

被电波操纵的无人飞机，在爆炸后被派遣飞到云块中去采集试验标本，并对生成物进行分析，以对爆炸发生的过程进行分析研究。结果，一种不同寻常的生成物被实验室发现了。一部分吸收了17个中子的铀原子被科研人员发现了！正常重量的铀是238，但是氢弹爆炸产生的铀重255，成了超重的铀原子。

超重的铀原子不断地释放电子变成各种超铀同位素，而99和100号元素就在其中。我们忽略这中间的部分，用化学式表示这些连续的反应为：

$$_{92}U^{238} + _0n^1 \rightarrow\ _{92}U^{239} + _0n^1 \rightarrow\ _{92}U^{240} + _0n^1 \cdots$$

$$_{92}U^{255} \xrightarrow{e}\ _{93}Np^{255} \xrightarrow{e}\ _{94}Pu^{255} \xrightarrow{e}\ _{95}Am^{255}$$

$$\xrightarrow{e} \cdots\ _{99}Es^{255} \xrightarrow{e}\ _{100}Fm^{255}。$$

我们在氢弹爆炸的巨大尘埃中发现并分离出了99号和100号元素。科研人员把99号命名为锿-Einsteinium，把100号命名为镄-Fermium，这是为了向爱因斯坦和费米致敬。

为了收集更多的新元素，科研人员在无人机上安装了对物质有吸附作用的滤纸。除了滤纸上吸附的物质外，科研人员还要对现场的好几吨珊瑚进行收集。

这个过程与发现99号和100号元素一样，都是大家协同合作的结果，其实20世纪50年代的好多实验研究都是这样进行的。

铀元素可以通过原子炉来生产

锿和镄的同位素还可以通过氢弹实验以外的方法来制造。利用原子炉造出供照射使用的强中子流就是一种方法。把需要照射的标本放入爱达华州的"材料试

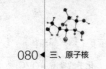

验炉"的原子炉中。

我们的标本是用被铅套牢的钚金属和其他金属的合金，为了方便吸收原子核分裂产生的热能，我们把标本制成圆筒的形状。

原子炉中的部分钚吸收中子而衰变成元素镅。再通过中子撞击元素镅，使其衰变变为元素锔。如此这样，经过多次的中子撞击、衰变，从而成为更重的元素。这连续的反应用化学方程式表示为：

$$_{94}Pu^{239} + _0n^1 \rightarrow \ _{94}PU^{240} + _0n^1 \rightarrow \ _{94}Pu^{241} + _0n^1 \rightarrow$$

$$_{94}Pu^{242} + _0n^1 \rightarrow$$

$$_{94}Pu^{243} \underset{e}{\searrow} \ _{95}Am^{243} + _0n^1 \rightarrow \ _{95}Am^{244} \underset{e}{\searrow}$$

$$_{96}Cm^{244} + _0n^1 \rightarrow \ _{96}Cm^{245} + _0n^1 \rightarrow \cdots$$

上面制造重元素的两种方法根本区别就在于发生化学反应的时间不同。热核融合铀的反应时间只要一百万分之一秒。而在钚的小圆筒里，由钚生成各种同位素需要的时间大概是两年，还可能更长。

在用钚做成的小圆筒里不仅仅是超铀元素，还有许多钚的核分裂生成物也在这个实验中生成。这些碎片是比铀轻的元素的同位素，它们都具有放射性。所以在做这个实验时，我们要非常小心地应对它们放射能的危害。

全自动的洞穴实验室

由此，具有特殊性能的实验室必须被建造起来，就好比劳伦斯射线研究所的"洞穴实验室"。

在那个洞穴实验室里面，好多的实验操作都是科研人员站在厚厚的预防射线辐射的物体后面，用多对自动机械手的操作进行的。有三个独立的金属箱子被放在这个实验室里，危险的化学实验的操作，都是被放在这些箱子里通过机械手完成的。这些箱子都被9英寸厚的铅包裹着和外界隔离，以确保安全。此外，研究人员要看到里面的操作也要通过9英寸厚的高密度铅玻璃窗才可看。

箱子本身可以对气压和温度进行调节，它是气密的。它的内部被设定的气压偏低，如果有泄漏发生，外面的空气就会涌进箱子，不会有物质从里面流出来。

机械手在熟练的科研人员看来和自己的手臂没有什么区别，像一些挪动试管去别处、把木塞盖到瓶子上、倾倒溶液、对电灯和夹子进行操作等，就连用抹布对箱子底部的溶液进行擦拭都可以通过操作机械臂完成，非常简便。

这些装置的设计制作是为了对镉、锫、镱这些罕见和微量的元素进行分离。这些微量的物质和具有强大辐射性的核分裂生成物混合在一起，存在于被中子照射过的钚圆筒里。

批量生产超铀元素

化学家们对合成元素开始批量生产是在 1956 年 10 月。有关此项工作的所有化学操作他们事先都作了详细的研究。同时他们还对机械手如何操作小圆筒做了几个月的模拟练习。

10 个小圆筒被放进原子炉中，被中子不间断地照射两年。之后，用一个铅制的容器盛放这这些小圆筒空运到柏克莱的洞穴实验室，然后谨慎地将它们放到我们前面提到的金属箱子下面。把实验室的门关好后，遥控操作开始：把金属箱的底部打开，在铅容器里把比相同重量的金还要贵几千倍的小圆筒吊起放入金属箱。由此完成了第一步操作。

利用机械手把一个小圆筒放入碱溶液中。小圆筒的一部分就会被溶液融化。这些融化后的深灰色液体被倒入聚乙烯的蒸馏器内放到一边，这样的操作同样被用在另外 9 个小圆筒上。之后，用一个圆锥形的容器集中起十个小圆筒的深灰色溶液并放入离心机内。离心机旋转的速度是 1500 转／分。身为水氧化物的重金属会在离心机的作用下聚集到容器的底部。

包含着地球上半数左右元素的各种同位素的生成物都会伴随着小圆筒中的铝和钚的核分裂产生，所以我们还要在这些物质中分离出超铀元素。

圆锥容器里比较轻的液体会在离心机的作用下漂浮到顶端，待被除去，利用这样的方法再将剩余液体中的较轻液体除去。如此经过数次，重元素的比例就会提高，由核分裂产生的放射能也会被削弱很多。

到最后重元素的液体被挪动到下一个金属箱内，它们会在这里被色层分析法分离。由空气闸门连接的金属箱之间是可以互通的。我们前边已经讲解过色层分析法了。把这些溶液装进有机物的圆筒，各种不同元素的溶液就会分别流出来，以达到分离目的。

最后用白金制成的计数板来接收这些重元素，处理掉水分，再用鼓动分析器对其进行检测。鼓动分析器辨别放射性元素的原理就是对放射性能量进行区分。

这可以对重元素中的成分进行确认。为了对各种元素的原子核衰变进行记录，我们把鼓动分析器和大嵌板上的计量表或者别的计量装置连接起来使用。

1956 年 10 月批量制造 99 号元素锿时就是利用这种小圆筒。但是对锿的少量制作在前一年就用过了这种方法。在 60 英寸的回旋加速器中用氢离子撞击锿就可以生成 101 号元素钔。

科研人员为了发现钔不得不加速试验，做研究时几乎都要跑步进行了，因为钔的半衰期只有 30 分钟。于是有人逗乐说道：科研人员都要先练轻功，然后研究钔。钔是 1955 年被吉奥索、哈梅、汤姆孙、西博格等科研人员在伯克利发现并确认的。

有关钔发现的经过和制作新元素的巧妙方法我们请 Ghiorso、Harvey、Thomson 等几位为我们详谈。

对 17 个原子的追逐

99 号元素锿被氦原子撞击生成新元素钔，核反应其实并不复杂，化学式如下：

$$_{99}Es^{235} + _2He^4 \rightarrow _{101}Md^{238} + _0n^1$$

这个实验是我们借助了加州大学柏克利的 60 英寸回旋加速器的帮助，利用氦原子的照射完成的。我们用里面电镀了极薄（厚度约有数亿个原子）锿的圆形金箔制成靶心。并把其放进回旋加速器，然后被加速的氦原子撞击。

氦原子的撞击不仅使锿变为钔，还会把其撞出金箔外，所以我们要用另一个金箔在第一个靶心的后面接住钔原子。

镀了锿的金箔靶心

用同一个支架固定好两个靶心，在回旋加速器里的位置必须是氦原子容易到的地方。

在磁铁的作用下，氦原子绕着螺旋轨道加速运动。螺丝起子在超强磁性的磁铁中间稳稳地直立着，较重的铁片漂浮在半空中。

加速到一定程度的氦原子核会飞离回旋加速器，并以带有浅蓝色光线的氦原子流形式撞向靶心。靶心上受到撞击的锿原子吸收 2 个质子后生成 101 号元素钔。

这个实验我们后来又重新做了一次，这是为了录像需要。在靶心被氦原子流撞击的时候，要紧闭

回旋加速器室的大门——能够被推动的，带轮子的大水槽。在门外，哈维和吉奥索一直等待着。

我们真的是像是在等待前无古今的障碍赛号令一般。我们推断大概有一个或者两个101号元素的原子被这次实验制造出来。更准确的说，要找到这一两个101号的元素原子，只有半小时的时间，寻找对象却是几十亿个镄原子。

门外的哈维（B.G.Harvey）和吉奥索接到信号就把大水槽门推开，跑进了回旋加速器容器室。拿到支架的哈维马上传给吉奥索，吉奥索又马上取下支架上的第二个靶心并用试管装好，然后穿过走廊和楼梯冲进临时实验室把试管传递给肖邦（G.R.Chopin）。肖邦于是赶紧拿来溶液并把金箔融化在里面。我们想要的钔元素和其他几种元素还有各种合金等混合物都包含在了溶液了。一英里外的射线研究所是下面实验步骤的进行地，外面的车子早早地就被哈维发动了引擎。

101号钔已经在实验中生成了，而我们要做的就是在其衰变之前把它分离出来。钔的存在时间非常有限，只有30分钟，之后就会衰变成镄。并且在极短的时间内镄也会发生核分裂导致衰变。

重金属的溶液被哈维开车快速送往研究所。在那里汤姆孙已经准备好了分离钔所需的全部装置。

溶液被倒入色层分析装置

金会在第一个色层装置里被分离出来。其他的溶液被弄干又再次被融化，然后倒进第二个色层分析筒。在这个筒里滴出来的溶液被我们用不同的铂金版接住。它们被弄干后分别放入不同的计数管内。只要有钔原子包含其中，在其衰变之前就一定会被检验出来。假如钔原子衰变成了镄，那么我们可以观察到记录笔笔尖由于震动而画出的异样的衰变条纹，这是由于镄的核分裂产生高能量的碎片，这些又引发电离导致出现电流的结果。

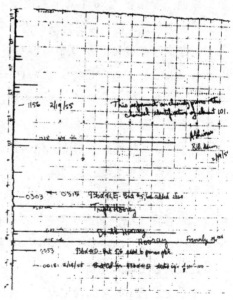

首次对钔原子衰变记录的纸张

我们要发现镄的存在证据只有在它产生衰变的瞬间，对于镄这一有悖于常理的特征我们始终想不明白。这就好比，平时我们并不知道自己有多少钱，到知道的时候钱已经被用光了。

记录笔在中间跳动了一下并画出一条线，这是我们通过近一个多小时的实验时间，首次获得了钔原子衰变的证据。

在射线研究所里，这可是一件非同一般的事情，大厅的火灾警报器被我们连接在了计数管上，这样只要有衰变的钔出现，警报器就会发出巨大的声响，原子核里的巨变就会被大家知晓。但是消防队马上找上门来抗议，于是一个小一些的信号装置被我们换了上去。

我们得到的钔原子数量在开始的时候一般是每次一个，之后逐渐增加。这样的实验我们做了 12 次，共计有 17 个钔原子被我制造出来。

102 号和 103 号元素的发现

102 号元素是在 1951 年被斯德哥尔摩的诺贝尔物理学研究所发现的，它被命名为锘 -Nobelium。可是他们做的几次试验都没有成功地证实这一点。这个证实工作是在 1958 年 4 月被柏克利的劳伦斯射线研究所做出的，他们用包含 6 个质子的碳离子撞击包含 96 个质子的锔原子得出了 102 号元素锘。质量数是 254 的锘的同位素也是通过这样的方法制造出来的，它的半衰期仅有 3 秒钟。

为碳离子加速的是柏克莱新型加速器 Hilac。重离子线性加速器 -Heavy ion linear accelerator 的首字母缩写就是 Hilac。这种新型加速器不同于回旋加速器或者质子加速器。使粒子旋转加速是回旋加速器和质子加速器的特征，但是线性加速器是把粒子在直线上加速。

有关对 103 号元素的制造，化学家们当然不会放弃。这种元素被发现后，它的化学性质和镥相近就会被证实。

吉奥索等科研人员在劳伦斯射线研究所于 1961 年制造出了 103 号元素，他们是借助重离子线性加速器用包含 5 个质子的硼离子撞击包含 98 个质子的锎获得成功的。他取欧内斯特·劳伦斯的名字将 103 号元素命名为铹 -Lawrcium。

还没有被发现的元素

锕系元素在 103 号元素被发现后宣告完整。

排在锕系元素之后的就应当是 104 号元素，它们应当和铪、锆、钛属同一族，并处于同一直列。同理，还有和钽、铌、钒等元素性质相近的 105 号元素。在 105 号元素的后面直到 118 号元素它们会逐渐加重，根据这一性质可能位于同一横行。

由于越是重的元素越是不稳定，所以它们被制造出来的几率不是很大。

但是，我们还是有希望制造出 104 号和 105 号元素的。对它们在半衰期内存在进行确认的时间，我想化学家还是行的。再比 104 号和 105 号重的元素，我们就要想更加复杂的方法来进行制造了。

制造那些重元素可以用怎样的方法呢？

方法还是以合成 102 号和 103 号元素所用的，利用重离子撞击的办法，不过是用重离子比如氮原子核，来代替包含 2 个质子的氦原子。用包含 7 个质子的氮原子撞击包含 96 个质子的锔，就可能产生包含 103 个质子的 103 号元素。或者用包含 10 个质子的氖原子撞击包含 94 个质子的钚得到 104 号元素。我们之前就是用的包含 6 个质子的碳撞击包含 96 个质子的锔合成了 102 号元素。

H																	He
Li	Be											B	C	N	O	F	Ne
Na	Mg											Al	Si	P	S	Cl	Ar
K	Ca	Sc	Ti	V	Cr	Mn	Fe	Co	Ni	Cu	Zn	Ga	Ge	As	Se	Br	Kr
Rb	Sr	Y	Zr	Nb	Mo	Tc	Ru	Rh	Pd	Ag	Cd	In	Sn	Sb	Te	I	Xe
Cs	Ba	LaLu	Hf	Ta	W	Re	Os	Ir	Pt	Au	Hg	Tl	Pb	Bi	Po	At	Rn
Fr	Ra	AcLr	(104)	(105)	(106)	(107)	(108)	(109)	(110)	(111)	(112)	(113)	(114)	(115)	(116)	(117)	(118)

Lonthorides	La	Ce	Pr	Nd	Pm	Sm	Eu	Gd	Tb	Dy	Ho	Er	Tm	Yb	Lu
Actinides	Ac	Th	Pa	U	Np	Pu	Am	Cm	Bk	Cf	Es	Fm	Md	No	Lr

为此好多的研究所都在建造用于为离子加速的加速器。其中就有柏克利的重离子线性加速器，氖或者更重的离子都可以被它提高速度。

重离子线性加重器的内部构造的真空空间非常巨大。就是在这样的真空空间里粒子被加速行驶着。

一定会有更重的元素被这种装置制造出来，我们对原子及原子核的本质研究也可以通过它走得更远。所有科研人员都是这样期望的。

CHEMICAL
MYSTERY

四、地球——我们的家

利用元素来做种种事情的思路，早已被人们熟知了。但能够被我们利用的元素种类和存在于地球上的全部元素种类比较起来，简直是有天壤之别。

例如，个别元素的量极少而又有些元素的量非常多，每种元素都有着自己独有的物理和化学性质，大气中的元素总是凝聚在一起……所有这些无论是必然还是巧合的复杂环境，使得地球成为我们在宇宙中稀有的可以赖以生存、发展的行星。

如图，卫星拍摄到的墨西哥上空的云层，一望无际的太平洋，得克萨斯州上的岩石山丘，这是整个宇宙中绝无仅有的美景。

太空中的地球照片

再拿氧来举例说明，在宇宙中仅占有几百分之一的氧，却占有地球上空以及海的总重量的89%，在地壳中，它占到46%的比重。地球上的成百上千种物质，以及地球本身都是由这些最基本的元素构成的。

通过对地球上各种元素的了解，我们就能够更好地了解地球，比如自然界中元素起到的作用是怎样的，什么样的元素含量大，什么样的含量小，它们的分布情况如何，它们怎样维持生命……

地球的内部结构

我们对地球内部结构的了解，一大部分通过对地震的研究获得的。地球大概由三部分构成：由里向外依次是，中心位置的核-Core，中间层-Mantle，它由玄武岩的岩浆构成；地壳，它的厚度大约32公里，也可能还要比这个厚度薄。

对于中心核的组成物质我们只有通过推测得出来，因为我们没有直接的证据。地球及中心核的重量能够通过地球对其他行星的引力大小来推测。中心核外面是液态的，但最里层是固体，这是通过地震波推断出来的。我们一直认为中心是由镍和铁构成的，这一想法早已被各种事实证明。硅、氧和微量的铁构成了中间层，同时它们也是外太空石质陨石的构成成分。

和地球的内部相比较，地壳上的岩石圈以及四周的大气和水对人类生存和发展的意义更重大。无论是地球上的最高峰喜马拉雅山，还是地下8000米深的洞，人们都可以想尽各种办法到达。但是海下10 000米深的地方至今都还非常神秘。虽说人们可以利用火箭摆脱地球引力的束缚，但时至今日，也仅能到达距离地球38万公里的月球。

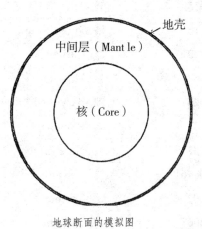

地壳

中间层（Mant le）

核（Core）

地球断面的模拟图

地壳的元素构成

大气层、海、再有陆地表面共同构成了我们的居住环境，这一切被我们称作是地球生物圈。地球上之所以能够具有生命物质，并使其能够生存下去，这些都得益于构成地壳的各种元素的独特的结合形式。

下表列出的是：所占比例最多的是哪些元素？哪些元素是生命必须的？分布

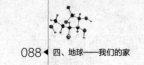
情况怎样?

我们所熟知的各种元素,在表中都有列举。占地壳比重 98% 的是氧、硅、和其他六种元素,这些在表中都有详细的注释。

地壳中各种元素的组成比例。

所占比例百分比	元素名称	所占比例百分比	元素名称
46.6	氧 -Oxygen	0.004	锡 -Tin
2.09	镁 -Magnesium	0.0015	镓 -Gallium
0.44	钛 -Titanium	0.00115	钍 -Thorium
0.1	锰 -Manganese	0.00183	镧 -Lanthanum
0.052	硫 -Sulphur	0.0023	钴 -Cobalt
0.0314	氯 -Chlorine	0.0016	铅 -Lead
0.03	锶 -Stromtium	0.007	铜 -Copper
8.13	铝 -Alaminum	0.02	铬 -Chromium
3.63	钙 -Calcium	0.0132	锌 -Zinc
2.59	钾——Potassium	0.118	磷 -Phosphorum
27.72	硅 -Silicon	0.032	碳 -Carbon
5	铁 -Iron	0.06-0.09	氟 -Fluorine
2.83	钠 -Sodium	0.025	钡 -Baryum
0.022	锆 -Zirconium	0.031	铷 -Rubidirm
0.008	镍 -Niccolum	0.00239	钕 -Neodymium
0.015	钒 -Vanakium	0.00461	铈 -Cerium
0.00463	氮 -Nitrogen	0.0028	钇 -Yttrium
0.0069	钨 -Tungsten	0.0065	锂 -Lithium
0.0024	铌 -Niobium		

比例不到千分之一的元素

钼 -Molybdaenum　　硼 -Boron　　镱 -Ytterbium　　铯 -Caesin

镨 -Praseodymium　　钬 -Holmium　　钽 -Yantalum　　钆 -Gadolinium

铒 -Erbium　　镝 -Dysprosium　　锑 -Antimony　　钪 -Scandium

溴 -Bromine   铕 -Europium   铍 -Beryllium   铪 -Hafnium

铀 -Uranium   钐 -Samarium   砷 -Arsenic   锗 -Germanium

铊 -Thallium

占比不到万分之一的元素

银 -Ssilver   铟 -Indium   镥 -Lutetium   碘 -Iodine

汞 -Mercury   铽 -Terbium   铋 -Bismuth   铥 -Thulium

镉 -Cadmium

所占比例不到十万分之一的元素

钯 -Palladium   硒 -Selenium   氩 -Argon

占比例不到百万分之一的元素

碲 -Tellurium   金 -Gold   铂 -Platinium   铼 -Rhenium

铱 -Iridium   铑 -Rhodium   氦 -Hilium

所占比例不足千万分之一的元素

氪 -Krypton   氙 -Xenon   氖 -Neon

钌 -Ruthenium，具体含量不详   锇 -Osmium 具体含量不详

氢 -Hydrogen 结果和分析岩石不一致

所占比例不足十亿分之一的元素

氡 -Radon   镭 -Radium

锕 -Actinium   钋 -Polonium

镤 -Protactinium   铹 -Lawrencium

锘 -Nobelium   镄 -Fermium

锎 -Galifornium   锔 -Curium

锿 -Einsteinium   钔 -Mendelevium

锫 -Berkilium   镅 -Americium

钷 -Promethium 含量极少，放射性衰变产生

砹 -Astatine

镎 -Neptunium 含量极少，在铀矿石中掺杂着，受中子作用产生

其中最后的锎、锿、镄、钔、锘、铹六种元素自然界里是不存在的。

令我们难以相信的是氧和硅占据了地壳总量的 3/4 左右。假如固体地壳里的水和空气也算入其中，那氧、氢、氮三种元素的含量还要高。当然把所有生物体和海中的物质也都包括在地壳的含量中，但是比例不会因为它们而上升多少。

这样，一个事实就可以通过对元素的占有比例被我们推理出来：人类赖以生存的环境主要构成成分就是氧。其中，在自由气体中存在的氧(这是必不可少的)；液态水中的氧（氧氢化合物，也是不可缺少的）、还有数不尽的固体含氧化物是氧的三种存在形态。

砹的含量和的氧比较要少很多，把固体地壳中的所有砹集合到一起也不过 1 克。

1. 空气

假如我们要对地球上的 90 多种元素逐个地进行分析，从距离地球最远的大气向地壳发展是最好的选择了。因为外面的空间几乎不存什么元素了。

像氧或者氮可能会跑到离地球数千米的地方而不返回。对于大气的精确厚度我们无法测量，总以为它根本没有什么界限存在，只知道由海平面向上它会越来越稀薄，最后达到真空。

大气圈大概在地球上空 100 千米的地方。那里的空气密度仅有海面上的 1/100，它们的成分大都是氧分子、氮分子并且还有些元素的特殊原子。

地球引力会对这些具有重量的分子或者原子产生作用使其下落，它们之所以没有落到地面是因为它们在下落的过程里会相互撞击。

大约有 $5×10^{15}$ 吨的大气在我们的上空，假如这些被我们平均分配大概每人折合 150 万吨。由地面到地面上空 6000 米的空间是绝大多数空气的活动空间。白天照射到地面阳光的热量可以保存到晚上，就是由于包围着地球的厚厚大气层的作用。

空气里包含了各种各样的气体。其中氧占 21%，氮占 78%，稀有气体氩占不到 1%，化合物二氧化碳以及极少的稀有气体氖、氦、氪、氙等共占 0.07%，这是干燥空气的组成成分。

另外还有一些含量极其不稳定的水蒸气存在于空气的里面。

特别重要的氧

对空气来说，氧是最重要的成分。我们的呼吸和生火都要有氧的帮助。正是氧和可燃物共同的氧化反应，才产生了燃烧现象。瓦斯在空气中燃烧和伴随着气流空气吹入石岩后瓦斯燃烧两者是同样的道理。

正是陆地和水中植物的光合作用不断生产着空气中的自由氧。氧和碳水化合物，包括糖、淀粉、植物纤维等都是绿色植物借助于阳光的能量，利用二氧化碳、水等原材料制成的。

由于气体的二氧化碳、液态水、包括固体的碳水化合物里面都含有氧，因此光合作用的任何阶段都离不开氧。水重量的89%都是氧，空气的主要成分也是氧，不难看出空气和水两者关系非常紧密。

除了雾、云、雨等氧的重要存在形态之外，氧还会以气体的形态溶于水中，鱼类呼吸的就是这个。

元素的结合形式各异，呈现出的形态、味觉、触觉就各异，这些可以通过氧的性质看出来。

2. 大海

海洋约占地球表面的 7/10，而海洋中包含着将近 1/2 的天然元素。全世界每年被带入海洋的各种矿物质都有数十亿吨。

各组成元素在 1 立方海水（约折合 1026 千克）中的重量分别是：

溴是 65 克；

锶是 13 克；

硫化钾是 900 克；

重碳酸钙（包括，钠、氢、碳、氧）是 100 克；

氯化镁是 5500 克，镁约占 1100 克；

硫化钙是 1200 克；

食盐也就是氯化钠是 27000 克。

大约 8000 种植物和大约 20 万种动物可以在海水里安逸生存，这其中的原因也正在于海水中包含着大量的元素。

由海生产出的东西

每年大概有 3000 万吨鱼类，另外包括碘、溴、镁元素等，这些都是由大海提供给我们的。其中最重要的是盐。盐是由浅湾的盐田生产的，它是把海水引上浅滩，之后在经过阳光暴晒水分蒸发等一系列过程得到的。

这是一种古老的制盐方法，古代的希腊人、罗马人、埃及人都比较了解这种方法。中国用海水制盐在公元前 2200 年就开始了。

此外，在海水中提炼镁，是最近兴起的一种产业。美国现在生产的镁都是来自于海水。

在每立方千米海水中，镁的含量大约是 110 万吨。提炼方法其实很简单，把海水引入大水槽，然后将贝壳烧制成的生石灰放入其中，白色的乳状镁就被制造出来了，它们可以直接用作止泻药。

用这些白色的乳状镁制成氯化镁并不是很难，而金属镁和氯又可以通过对氯化镁的电解获得。飞机工业中应用了大量的镁，因为镁的重量非常轻，仅相当于铁的 1/4。

其实海水中还包含很多其他元素。它们也终将会被提炼出来并得到充分利用。每立方千米海水中金的含量价值约是 2300 万美金，这真是个巨大的金矿呀！但是令人失望是，我们的提炼成本要远远高于最后所得黄金的价值。

海水中的元素对于生活在海水中的生物来说都是不可缺少的，比如，虾或蟹壳里的磷和硅以及虾血液中的铜⋯⋯哪怕是其中的一两种元素不见了，就会严重地影响渔业生产，饥荒就会在世界上的许多地区发生。

3. 地壳

组成我们脚下大地的（岩石和土）元素大约有 90 种。正是氧和其他元素合成的氧化物构成了我们脚下的所有岩石。

岩石的组成

二氧化硅 -SiO_2 是岩石构成中最常见的氧化物。砂、砂岩、石英、燧石、玛瑙、琥珀等都是二氧化硅分布在地表的不同形态。几乎所有的岩石都是由二氧化硅和铝、钙、铁、钠、钾、镁还有其他元素的氧化物构成的，但石灰石、白云石却是个例外。

碳化石灰、珊瑚、石灰石、大理石等共有的构成成分是碳化钙 -CaC，它们是最常见的不含硅的矿物质物。在人造石材中氧也扮演着重要的角色。一般水泥的构成物质都是钙、硅、铝、铁、镁、硫的氧化物。

元素含量较少的一般分布比较分散，但是也有以矿床的形式集中分布的。

正是由于本身包含元素的种类、数量多少、和排列各异等因素，决定了大地、空气、海和岩石各有自己的独特特征。假如大地、空气和水三者之间失去联系，无法区分彼此，地球的上所有生物的生存环境就不存在了。因为正是元素在这三者之间不断相互转换，才有了所有生物赖以生存的空间。

元素相互转换和光合作用

大地、空气和水之间的元素在不停地相互转换着：大气中的雨水和雪花都是由海水蒸发产生的，这些再落入大地上，汇入小河溪水中，它们最终又会把元素送入大海。与此同时，我们看不到的氧、二氧化碳、氮三者之间的转换也在不停地进行着。

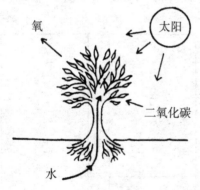

二氧化碳和水转换到植物的体内并释放出氧，我们称之为植物的光合作用

看不到的物质的转换过程其实就存在于植物的光合作用中。太阳光被植物利用，把吸收进来的水和二氧化碳制造成自身的躯干枝叶等，最后释放出氧和碳水化合物，补充进空气和大地中去。

但是植物的生长还需要其他很多的元素，像在大地和海水中吸收的磷、钙、铁、碘等元素，并非只有碳、氢、氧。同时，植物的生长也离不开氮。

氮的在大气中有数十吨，含量极高，可是由于它极不活泼的化学性质，要被生物直接利用是很不容易的。

当然，也有个别的情况存在，例如苜蓿以及豆类等。在豆科类植物的根部寄生着一种可以固氮的瘤，它是由一种被称作根瘤菌的细菌寄生成的。植物可以直接利用由它提供的氮及其化合物作为肥料。

植物被动物吃掉，最后又被排泄出来，这就成了氮化合物。这些化合物可以被大地直接利用，与此同时，空气也会吸收其中的自由氮。

此外，植物所需的氮我们也可以通过人造肥料来补充。我们把大气中的氮提取出来制成了一种固体化合物，这就是人造氮肥料。

哪怕是含量再微小的元素对植物的生长也是极为重要的。例如在含磷和不含磷的两块土地上分别种上两种相同的植物，那么长势茁壮的一定是前者。

有一些元素是生物生存不可缺少的，比如铁元素是人的血液中不可缺少的，铜是虾或者其他低等海水生物的血液不可缺少的，碘和钾是褐藻类不可缺少的，钒是海参少不了的，此外锌、硫、砷等也是某些生物生存必需的。

元素和人体

水约占人体组成的60%。其余还有哪些元素共同构成了人体呢？当然氧、碳和氢占绝大部分。

举例说明，假如有一个体重50千克的人，那么他身体里包含的氧是32.5千克，氢是5千克，碳是9千克，钙是1千克，氮是1.5千克，磷是0.5千克。另外还有220克的其他元素，85克钾，57克硫，34克钠，34克氯，1克铁，10克镁，其余是少量的氟、碘、硅。

维持甲状腺机能不能没有碘。血液中重要的组成成分就是铁，对于我们的呼吸铁的作用是极为重要的。

人体中的元素都是以化合物形式存在的，这些存在于人体中的化合物有成千上万种，它们都是人体不可缺少的。

含量少的元素重要性却很大

对各种元素在地球上担任的角色作一番回顾，不难发现氧是最重要的。大气的重要成分就是氧，在人体、地壳、和海洋中也是氧的含量最大。正是数不尽的含氧化合物在支撑着我们人体的生命机能。

地壳中的绝大多数岩石和海水中的多数盐，它们都是由氧及以下的包含比例靠前的7种元素构成的。地球外层重量的1.5%

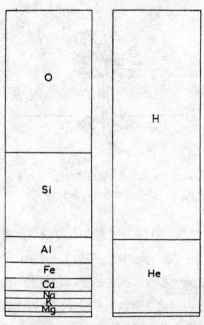

左边是地壳中的元素含量比例，右边是宇宙中的元素含量比例的示意图

就可以和其他 84 种元素的总重量一比高下。就拿我们比较陌生的铷元素来说，铜含量的 4 倍或者碘含量的 1000 多倍才可以抵过它的含量。

但是，和我们生活息息相关的元素，并非都含量特别高。像氖、镭、钚就排列在了元素分布表的最后面。

金所以有如此大的价值，是因为它的含量非常少。但是除掉合成元素，仍有 20 种其他元素排在金的后面。对于钛，它的含量很大，在地壳中排在第九，可是有关它的利用价值我们直到最近才发现。像这样的情况也发生在应用于半导体的锗，还有多数的稀土类元素等。

含量比铅高的铌，我们一直也没有发现它有什么用处。它由于自己的高耐热性而被用于飞机工业的原材料也是最近的事情。

现在我们没有用到的元素还有很多，但是相信总有一天，未来的医疗、农业、冶金、火箭技术、热核、太阳能，火箭技术等，会把那些尚未应用到的元素当作主要的材料。

地球上不平凡的元素分布

对于地球上的元素，我们这会儿已经基本介绍完了。

把眼光放到整个的宇宙，我们就会发觉宇宙中元素的含量排列顺序是全新的。地球自己有着不平凡的元素分布。如上图所示。

在地球上的所有元素中，其中含量仅占到地壳 1% 的氦和氢，在整个宇宙中却占到了 99%，剩余所有元素在整个宇宙中的含量才仅仅占到 1%。

五、宇宙的空间

宇宙中诸如恒星这样的高温天体只是集中了一部分元素。但大约相当于太阳重量1000亿倍左右的元素物质，却在恒星之间接近真空的广袤宇宙空间里散布着。

天文学的发展

人类对星星的研究开始于很久以前。公元前4000年巴比伦人就开始对星星有了系统观测。星星是一个漂浮在某个空间的球体，这样的学说，在公元前500年被希腊的毕达哥拉斯提了出来。有关太阳系说，也就是行星绕着太阳公转的学说是被萨摩斯岛的阿里斯托芬（Aristarkhos）在公元前265年提出来的。可是人们一直都没有认同阿里斯托芬的学说。对太阳系说用科学的方法给予证实的是哥白尼，这是1750年的事情，他当时还给出了行星的旋转轨道。当时人们对地球是宇宙的中心这一观点还是持肯定态度的。

近代天文学的发展开始于1608年，望远镜在当时的荷兰被制造出来，伽利略对这个望远镜做了改良，使观察星体有了可能。利用这个望远镜，伽利略第一次观察到了木星的卫星和太阳黑点。

伽利略的望远镜是利用透镜的折射性

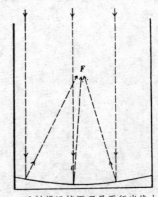

反射望远镜原理是平行光线由恒星射来经抛物面反射聚焦在点F

做成的折射望远镜。我们现在用的望远镜，不论是业余的天文爱好者使用的直径200英寸的白兰鸽（Palomar 一种5英尺长的空心圆柱），还是天文台的特级望远镜等，都是反射望远镜，它是由牛顿发明的，它的性能远远优于折射望远镜。

由恒星发出的平行光线经由抛物面的反射最后集中于焦点。所以，我们可以直观地在焦点观察，或者放底片拍照，甚至在望远镜的侧面观察也成为了可能，只需用平面镜把焦点的影像反射一次就可以了。

太阳系甚至整个宇宙的面貌在我们长期的观察下已经越来越清晰了。

太阳系的构造

对于太阳及其8个围绕行星：水星、地球、金星、火星、天王星、土星、木星、海王星的大小比较如图所示。

地球的大小假如被我们看成是一个点，那9厘米大概就是太阳的直径，太阳和地球之间的距离大约是400米，太阳和与其距离最近的恒星之间是2400公里。

各个行星和太阳距离的大小比较如下图。我们可以看到有一条点线位于火星和木星之间，那是小行星群，这或许是行星爆炸后的碎片。目前已经被发现的小行星有1300颗，其中直径最大的有780公里。

绕太阳公转的行星公转周期是有区别的，不难想象，距离远的一定要比距离近的周期长。

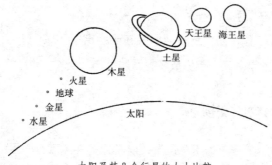

天王星　海王星

土星

木星

·火星

·地球

·金星

·水星　　太阳

太阳及其8个行星的大小比较

宇宙的形态

太阳系在宇宙中又被一个更大的星系包围着，它有着透镜似的形态，5万光年的半径（光以30万公里/秒的速度行驶一年的距离就是一光年，大约是9.5×10^{12}公里），被我们称之为银河系。包括太阳在内，约有1000亿颗恒星存在于银河系中，太阳位于银河系的边缘，和中心的距离大约有3万光年。

　　站在地球上看银河系的边缘，我们可以在夏夜看到那横跨在天空中的薄纱。

　　银河系并非是唯一的星系，浩瀚的宇宙中存在着无数类似如银河系的星系，如正面形似旋涡状的狮子座，侧面形似纺锤状的仙女座等。

　　每个星系中恒星的数量都在几千亿颗左右，各个恒星间的空间物质稀少，几乎接近于真空状态。相比地球的表面，每升空气里包含的 $0.54×10^{23}$ 个原子，恒星间的空间里每升仅包含原子的数量是二三十个，由此，我们可以想象到那里是怎样的物质稀少了！

　　尽管如此，我们还是很难想象星系的体积到底有多大，虽然恒星间存在的物质稀少，但是如果把这些物质汇集到一起，它们的重量也接近于 1000 亿个太阳的总重量。

　　和我们接近的星系连同银河系共同组成了一个小集团，我们称之为局部星系团。这个局部星系团就包含被我们熟知的仙女座星系。

　　根据观察，目前约有一兆个星系共同存在于宇宙中。而其中成百上千的星系又一起组成了星系团。

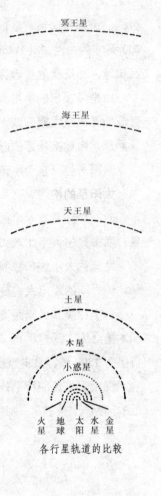

各行星轨道的比较

1. 存在于宇宙中的物质交换

　　我们总是对包括太阳在内的所有恒星，以及分布在宇宙空间里的灰尘、气体的化学组成特别感兴趣。但是针对这些元素进行的研究，我们没有办法直接分析它们标本，只有通过各种间接的办法进行。我们通常利用的研究工具就是把光谱仪、照相机和望远镜的目镜三者连接起来。

　　光谱仪的作用我们前面已经讲解过了，恒星射来的光被其分散，然后再分析这些分散的光是由什么样的元素发出来的，以此来确定元素组成。

对宇宙中的元素进行探索

我们把太阳中的钠被光谱仪记录的光谱，和实验室中钠燃烧被记录的光谱，两者的准确度进行比较，会发现根本没有区别。

对于宇宙空间里那些不发光的灰尘和气体，我们的观察是利用它们对光的遮挡从而在更遥远的恒星群背景上显现的黑影来实现的。也有的会对恒星的光进行反射，但是气体状星云反射的情况不同，有的是完全反射，而有的是经过吸收再反射，后者会将自身气体的波长带入其中。

这也是地球上大气的特征，所以对于大气层最外侧的元素种类，我们可以利用光谱来分析。能够达到地球表面的光只是一小部分，其余都被大气层吸收掉了，尤其是紫外线几乎是全部被吸收掉了。如此一来，对于外面空间来的光谱我们很难完整地接收到。所以，我们仅仅依靠光谱分析来研究宇宙空间的元素构成，还不是十分理想。

太阳的部分光谱由左到右的波长区间是3940埃至4130埃（一亿分之一厘米是一埃。）我们肉眼能够看到的界限是中间的部分。右半边可以被肉眼看到的部分是紫色；左半边肉眼看不到的是紫外线。这些部分即使是普通的底片也可拍摄下来。

用望远镜对着太阳的边缘可以看出，它的背景是一片漆黑的太空，中间还加有几条亮线。太阳边缘的几条亮线是被围绕太阳高速旋转的高温气体释放出来的。其中发出光谱比较明显的是3069埃处的钙，3970埃处的氢，4026埃处的氦，4045埃处的铁，4077埃处的铝等元素的原子。第二条氢的射线就在4101埃处。

太阳光谱中发现有氦的射线，与在地球上发现氦的时间两者相比，前者整整早了27年。

太阳表面的各类元素发射的亮线和暗线分列于照片的下半部分。在我们望远镜和太阳中间的低温物质发出的被称作是暗线，这是由于它们把太阳光里和自

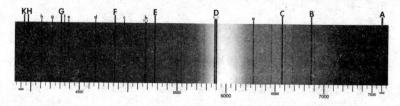

太阳光谱

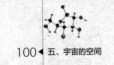

身特有波长相同的部分吸收掉了。

太阳系的诞生

宇宙中的元素分布和地球上的元素分布是有区别的，这可以通过对太阳等恒星的光谱进行分析获得所需的证据。

在宇宙中含量最丰富的是最轻、最简单的氢元素，氧的量并不是最大的。在太阳及其恒星之中所有元素的所占比例分别是：75% 的部分是氢，24% 的部分是氧，1% 的部分是其他元素。至于这 1% 的部分，里面的各种元素所占比例是否和地球上相同，这还需要等待科学研究去证实。

科研工作者认为我们的太阳系是由旋转着的气体云块凝缩而成的。行星的公转和太阳的自转就是云块旋转运动被保留的结果。

其中太阳凝缩了大约 90% 的气体，周围空间里只有 10%。这 10% 的气体中大约有 99% 的部分是氢和氧，其中有很大一部分的氢和氧挣脱了太阳系飞入到了宇宙空间。所以说真正构成各个行星的云块也就只占到总量的千分之一左右。

地球和宇宙的年龄

我们不禁要问，宇宙到底产生多久了？宇宙中的元素产生多久了？

对所有这些问题进行推论的可靠依据就是地球的产生年代。地球的产生年代我们能通过对天然铀有规律的衰变推断出来。

铀释放射线产生衰变的功能是不受外界条件控制的。一个氦原子被释放后，铀变成钍。又有一个电子被释放后，钍又变成镁。镁还会再继续衰变，直到最后衰变成为铅才能够稳定下来。对这一衰变的过程我们把其分成 14 个阶段。

$$_{92}U^{238} \xrightarrow{_2He^{4}} {_{90}}Th^{234} \xrightarrow{_e} {_{91}}Pa^{234} \xrightarrow{_e} {_{92}}U^{234} \xrightarrow{He^{4}}$$

$$_{90}Th^{230} \xrightarrow{He^{4}} {_{88}}Ra^{226} \xrightarrow{He^{4}} {_{86}}Rn^{222} \xrightarrow{He^{4}} {_{84}}Po^{218} \xrightarrow{He^{4}}$$

$$_{82}Pb^{214} \xrightarrow{_e} {_{83}}Bi^{214} \xrightarrow{_e} {_{84}}Po^{214} \xrightarrow{He^{4}} {_{82}}Pb^{210} \xrightarrow{_e}$$

$$_{83}Bi^{210} \xrightarrow{_e} {_{84}}Po^{210} \xrightarrow{_2He^{4}} {_{82}}Pb^{206}$$

铀有着稳定的衰变过程，一般经过 45 亿年后，一定量的铀会有 1/2 变为铅。所以我们由此可以对矿石的诞生年限作一番推算，这需要知道铀矿石中由于铀的衰变而产生铅的量，和此中铀和铅的总含量比就可以了。最后，再根据这些对地球的存在年限作一个大概的推测。

50 亿年是我们对地球年龄推测的结果。而 55 亿年到 60 亿年是太阳的年龄，这比地球稍微早一些。

元素是如何诞生的

宇宙是怎样产生的？这个答案要比宇宙是什么时候诞生的困难很多倍。宇宙空间正在向四方膨胀的现象被科研人员在 1920 年观测到了，所以星云就好似存在于膨胀气泡表面的点，相互间的距离正在加大。宇宙是由一种物质创生出来的，这一学说的提出者就是伽莫米（Gamow），他是科罗拉大学的一名教授，他认为创生宇宙的是一种具有高放射性，以超强的密度凝结在一起的中子物质。这种中子的半衰期只有 10 分钟。中子释放电子变为带一个正电荷的质子，这就是我们熟知的氢原子核。又有中子被其吸收继而又变为质子，从而形成氦原子核。以此类推最终形成原子序数更大的元素原子核。

和伽莫米教授的理论不同，西维吉尼亚州绿提（Greenpank）国立电波天文台台长斯特鲁维（Struve）博士有着自己独特的元素创生说。曾经担任国际天文台联合会会长和柏克莱加州大学天文系的主任一职的斯特鲁维，曾荣获 1944 年伦敦皇家天文会金奖。目前正全力对宇宙的化学组成进行研究。

2. 宇宙的诞生

在非常有名的猎户星座的马头星云。尘埃和微量的低温氢气是这个天体的主要组成成分，照片中的光亮是它后面的高温氢气发出来的。我们把在这一光亮背

恒星的诞生

景上显示出的酷似马头影子的天体称作是"马头"星云。像马头星云这样的现象在银河系中有很多，正是由于黑暗的裂痕或者暗淡模糊的云遮住了部分的银河恒星，这才产生了这样的现象。

元素生成说

有很多的理论解释元素创生说。其中包括伽莫米教授的学说，在伽莫米教授看来：60亿年前高度凝缩的中子气体是所有元素产生的根源。并且在宇宙诞生前的30分钟，就开始了中子变质子，最后变为更重更复杂的元素这一漫长的过程。

也有和他持不同看法的思想学说。

他们认为宇宙物质的起源是氢气，而非中子。这个出发点是两个质子（两个氢原子核）。在恒星高温条件下氢原子核以极高的速度相互撞击。撞击是两个质子结合到一起，其中的一个质子释放出正电子（和电子的质量相同而具有相反的极性，我们称其为正电荷）就会变为中子。如图，正电子我们用希腊字母 β 外加一个"+"表示。

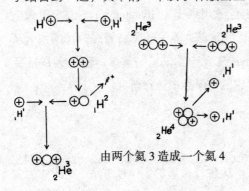

由两个氦3造成一个氦4

这样就得到了由一个质子和一个中子共同组成的重氢原子核。在通过和其他质子的相撞，释放出伽玛射线而变为包含两个质子和一个中子的"氦3"，它的质量是3。

这是非常少见的氦同位素，相比氦轻一点。两个氦3之间会相互撞击释放出两个质子结合成为普通的氦4原子核。太阳和恒星能量的产生过程就是这样的。正是这种原子核在1000万摄氏度条件下不断地发生反应才产生了太阳和其他恒星的光芒。可是随着自身的不断收缩恒星内部的温度会不断增高。氦4原子核（α粒子）会在它们的温度增加到1亿摄氏度时，彼此以极高的速度撞击生成一种包含两个α粒子的质子和中子的全新粒子，这就是铍的具有放射性的同位素。地球上是不存在这种粒子的。如果我们用人工的方法将其制造出来，它也会在很短的时间里分裂为两个α粒子。

不管在任何条件下，在恒星的内部的每10亿个α粒子中就一定会有一个铍8粒子的存在。可见恒星的内部有很多这样的粒子。铍8和氦4相互撞击而结合

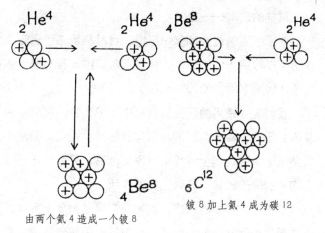

由两个氦 4 造成一个铍 8

铍 8 加上氦 4 成为碳 12

成碳 12 原子核。

通常情况下，碳 12 又可以和氦 4 结合成为氧 16，这个反应并不困难。而氧 16 又和氦 4 结合成为氖 20。

这个过程会一直继续下去，于是诸多的元素就被制造出来。

黑点是粒子加速装置

对于元素的问题，我们直到现在也不是十分明了。仍然有好多的疑问存在，像一些在地球上非常不稳定的元素却依然存在于太阳和其他恒星里，比如太阳表面的锂和诸多恒星里的铁。

让我们先对太阳作一番详细的观察，然后再来回答这些问题。有关太阳的黑斑我们用小型望远镜就可以观察到。它们会伴随着太阳的自转不停地移动。它们其实是太阳表面巨大的爆炸现象，被我们称之为日珥（Prominence）。这可以在它移动到太阳的边缘，从侧面观察。太阳红焰能够被我们利用日冕望远镜制造出人工日食从而拍摄到。

我们通过对黑斑的光谱分析得出，它其实就是一个强大的磁铁，它的持续时间从数小时到数天不等。它的原理就好比我们在地球上制作电子加速器装置。

被送入加速装置的电子能够在极短时间内产生磁场。电子的速度会伴随着磁场的加强而提高，这使得电子以极高的速度绕着圆轨道飞行。

所以说，我们用天然的粒子加速装置来比喻黑斑中的磁场，一点也不为过。

和太阳的黑斑磁场相比较，其他恒星的黑斑磁场或许更强悍一些。粒子在恒星的磁场里能够得到一个极高的速度，由此而制造出锂、铍、硼等元素。恒星中这些元素的含量是很微小的，但是那里的确有它们的存在，这一点可以通过光谱分析仪检测到。

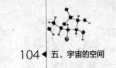

科学的蓝本——自然

对于宇宙的结构和化学组成，目前科研工作者正在加速地进行研究。许多的事情都在等待人们去完成，就连望远镜的日程也是满满的。巴罗马山 200 英寸的大望远镜未来很久的计划都被安排好了。

我们现在使用的研究工具是电子望远镜。它对恒星或星云的观测方法是通过收集它们的电磁波实现的，而非直接对可视光进行观察。在英国曼彻斯特建成的大型电子望远镜是全世界第一座。之后，更大的电子望远镜陆续被建造成功了，它们分别位于欧洲、苏联、美国等地。

我们非常兴奋地发现，距离我们遥远恒星上发生的现象和人类在地球上的实验情况是相互吻合的。比如，目前的一些超新星也就是正在爆炸的恒星，发出的光减弱的周期是 55 天，这和我们在地球上检测到的超铀元素锏的同位素锏 245 的半衰期为 55 天，两者相吻合。对于超新星为什么能够产生这样大能量，我们可以利用锏的衰变释放能量来解释这个现象。

诸如这些粒子加速装置，对原子核分裂进行控制，对原子核聚变进行控制……20 世纪诸多科学研究的巨大成就，其实是早就存在于太阳和恒星的内部了，最早可以追究到宇宙的诞生。

正是细心的观察和朴实的好奇心推动了科学的发展，这一点不必怀疑。对理论进行纠正，对新的现象进行研究，对宇宙的特征和人类生存的本质进行拷问，所有这些都会使我们和大自然不断地亲近。

我们发现有许多的推测错误和修改存在于元素周期表的发展历史中。可是让我们用发展的眼光来看待这一切，这些其实都是为完善元素周期表而做出的努力。我们今天看到的是一个根据元素的化学性质整理的极富关联性和规律性的元素周期表。对许多未知的元素的化学性质进行预测都可以通过这个元素周期表来完成。

元素名称的由来

对于元素名称的由来，像是 -ium 总被跟在金属元素的后面，其实没有什么特殊的含义。

我们一般都通过元素名称来确定元素的化学符号，也有用拉丁文或现今不再使用的别名来表示的。

对元素化学符号命名有着革命性推动意义的是瑞典化学家贝采利乌斯

（Berzerius 1779 ～ 1848）在 1814 年提出来的学说。他提议元素的化学符号都用元素拉丁名的首字母来表示，如首字母相同的，就用前两个表示。这一提议被多数的科研人员接受，之后用拉丁文之外命名的也开始改用这个方法。

这一方法比较接近于近代化，它使得单用化学式进行化学计算成为可能。和中世纪千奇百怪的符号不同，以贝采利乌斯的方法命名的元素符号可以被用作铅字印刷，并且各元素的原子量也可以被表示出来。对于由它们表示出的化学反应，科研人员一眼就可以看清楚。

其中有 9 种元素用的是古拉丁语，它们分别是：

钾 -Kalium 化学符号是 K；铁 -Ferrum，化学符号是 Fe；钠 -Natrium，化学符号是 Na；银 -Argentum，化学符号是 Ag；铜 -Cuprum，化学符号是 Cu；金 -Aurum 化学符号是 Au；锑 -Stibium 化学符号是 Sb；锡 -Stannum，化学符号是 Sn；铅 -Plumbum，化学符号是 Pb。

汞和钨的符号是用的别称 Hydrargyrum（Hg）和 Wolfrram（W）。

总而言之，元素在 17 世纪之前被发现命名一般都用的古代语。但是随后的发现者为元素命名则是比较自由了。

下面是各个元素名称和化学符号的由来。它们的排列顺序以元素周期表的排列为准，内容排列顺序是：英文名称，元素名称，化学符号，发现年代，存在状态，发现人员，名称由来（其中有些发现年代和发现人员是有分歧意见的）。

1. hydrogen，氢，H，1776 年，气体，被 Henry Cavendish 发现，名称源于法文 hydrogenium，是"造成水的东西"之意，通过燃烧生成水。

2. helium，氦，He，1868 年，气体，被 PierreJanssen，Edward Frankland Norman Lookyer 发现，名称出自希腊语 helium，是在太阳光谱中被发现的。

3. lithium，锂，Li，1817 年，被 August Arpvedson 发现，名称出自希腊语 lithos，是"石"的意思。

4. beryllium，铍，Be，1797 年，被 Nicholas Louis Vauquelin 发现，名称源于包含它的矿物质 beryl。

5. borum，硼，B，1808 年，被 Louis Joseph Gay-Lussac，louisjacquesthenard 发现，名称源自化合物 borax，是硼砂的意思。

6. carboruium，碳，C，名称源于史前时代的拉丁语 corbo，是木炭的意思。

7. nitrogenium，氮，N，1772 年，气体，被 Daniel Ruthirpord 发现，名称源自法文 nitrogene，是制造硝石 niter 的东西的意思。

8. oxygenium，氧，O，1771 年，气体，被 Carl Wilhelm Scheele 发现，名称源于法文 Oxygene，是制造酸的意思，氧在当时被认为是酸的基本成分。

9. fluorum，氟，F，1886 年，气体，被 Henri Moissan 发现，名称源自矿物的 fluorspsr。

10. neonum，氖，Ne，1898 年，气体，被 Willian Ramsay，Morris W.Travers 发现，名称源于希腊语 neos，是新的意思。

11. sodium，钠，Na，1807 年，被 Humphry Davy 发现，英文名称源于由它制成的原料 soda（苏打），符号源于拉丁文 natrium。

12. magnesium，镁，Mg，1808 年，被 Humphry Davy 发现，名称出自 Magnesialithos，是镁石的意思，这是古希腊的 Magnesia 地方出产的白石金属。

13. aluminum，铝，Al，1827 年，被 Friedrich Wohlor 发现，名称源于铝的化合物 alum（矾），就是在这个化合物中发现的铝。

14. silicium 硅（矽），Si，1824 年，被 Jons Jackob Berzelius 发现，名称源于拉丁语 silex 或 silicis，是燧石（俗称二氧化硅）的意思。

15. phosphorum，磷，P，1669 年，被 Henning Brand 发现，名称源于希腊文 phosphoros，是产生光的意思。

16. sulphur，硫，S，名称源于史前时代的拉丁文 sulphur。

17. chorum，氯，Cl，1774 年，气体，被 Carl Wilhelm Scheele 发现，名称源于希腊语 chloros，是浅绿色的意思，是氯呈现的颜色。

18. argonium，氩，Ar，1894 年，气体，被 Lord Rayleigh，William Ramsay 发现，名称出自希腊语 argon，是懒惰者的意思。

19. potassium，钾，K，1807 年，被 Humphry Dary 发现，英文名称出自 potash，是碳化钾，是在木灰中的含义，符号源自拉丁名 Kalium。

20. calcium，钙，Ca，1808 年，被 Humphry Dary 发现，名称源于拉丁语 calcis，是生石灰，氧化钙的含义。

21. scandium，钪，Sc，1879 年，被 Lars Frederick Nilson 发现，名称源于 scandinavia，是斯堪的那维亚半岛的意思。

22. titanium，钛，Ti，1791 年，被 William Mcgreger 发现，名称来源于希腊

神话的巨人族 Titan。

23. vanadium，钒，V，1830 年，被 Nils Gabriel Sepstron 发现，名称出自诺尔曼的爱和美的女神 Vanadis。

24. chromium，铬，Cr，1797 年，被 Nixholas Louis Vauquelin 发现，名称出自希腊语 chroma，是颜色的含义，这是因为铬被用于颜料。

25. manganum，锰，Mn，1774 年，被 Nicholas Louis Varquelin 发现，名称出自意大利文 managanesn，在拉丁文中 magnesius 是有磁力，迷音的含义。

26. iron，铁，Fe，被发现于史前时代，名称出自罗马名 ferrum。

27. cobaltum，钴，Co，1737 年，被 Georg Brandt 发现，名称出自德文 kobold，是恶魔的含义，这是由于，本以为炼出的应该是铜，但是炼出来的却是钴，这在当时被人们看来是着了恶魔。

28. niccolum，镍，Ni，1751 年，被 Axel Fredrik Cronstedt 发现，名称出自德文 Kupternickel，是恶魔之铜的含义。

29. copper，铜，Cu，名称出自史前时代的拉丁文 cuprum 或 cyprium，cyprus 是罗马时代铜的主要产地。

30. zincum，锌，Zn，17 世纪，名称出自德文 zink。

31. gallium，镓，Ga，1875 年，被 Lecoqde Boisbaudran 发现，名称源于法国的古名 Gallia（Gaul），虽说镓是金属，可是在 29.75 摄氏度时就会融化。

32. germanium，锗，Ge，1886 年，被 Glemens Winekler 发现，名称出自德国国名 Germany。

33. arsenium，砷，AS, 被发现在中世纪，名称出自希腊文 arsenikon，是黄色的颜料含义，三硫化砷，一种砷的化合物，在希腊被用作颜料。

34. selenium，硒，Se，1818 年，被 Jons Jakob Berzelius 发现，名称出自希腊文 selene，是月的含义，取意地球 telluris。

35. bromium，溴，Br，1825 年，液体，被 Awtoine Jerome Balard 发现，名称源于希腊文 bromos，是恶心的臭味的意思。

36. kryptonum，氪，1898 年，气体，被 William Ramsay，Morris W Travers 发现，名称出自希腊文 Kryptos，是隐蔽的东西的意思。

37. rubidium，铷，Rb，1861 年，被 Robert Bunsen，Gustav Robert Kirchhopp 发现，名称出自拉丁文 rubidus，含义是虹，这是因为铷是被利用光谱

分析仪发现的元素，光谱呈现为红色线。

38. strontium，锶，Sr，1808 年，被 Humphry Davy 发现，名称出自矿石 strontionite，取自苏格兰的 Strontian。

39. yttrium，钇，Y，1794 年，被 Johan Gadolin 发现，名称出自瑞典的城市 ytterby。

40. zirconium，锆，Zr，1789 年，被 Martin Heinrich Klaproth 发现，名称出自包含它的矿石 zircon。

41. niobium，铌，Nb，1801 年，被 Charles Hazchett 发现，名称出自希腊神话 Tantalos 的女儿 Niobe，在开始的时候铌被称作是 columbium，代号是 Cb。1844 年的时候，又取 Tantalos 为名，命名为钽 tantalium。

42. molybdaenum，钼，Mo，1778 年，被 Carl Wilhelm 发现，名称出自希腊文 molybdos，意思是铅，人们在误认为是铅的矿石中发现了钼。

43. technetium，锝，Tc，1937 年，被 Carlo Perrier，EmilioSegre 发现，名称出自希腊文 technetos，含义是人造的，人类第一个人造元素就是锝。

44. Ruthenium，钌，Ru，1844 年，被 Karl Karlovich Klaus 发现，名称出自 Rossiya，含义是俄罗斯，拉丁文是 ruthenia。

45. rhodium，铑，Rh，1803 年，被 William Hyde Wollaston 发现，名称出自希腊文 rhodon，含义是玫瑰，这是因为有些盐呈现为玫瑰色的。

46. palladium，钯，Pd，1803 年，被 William Hydewollaston 发现，名称源自 1801 年被发现的小行星 Pallas。

47. silver，银，Ag，被发现于史前时代，元素的符号源于罗马名 argentum。

48. cadmium，镉，Cd，1817 年，被 Friedrichstromeyer 发现，名称出自拉丁文 cadmia，含义是异极矿，这是由于镉多会和异极矿混合在一起。

49. indium，铟，In，1863 年，被 Ferdinand Reich，H.Theodore Rechter 发现，名称出自拉丁文 indium，含义是印度蓝，英文写作是 indigo，这是利用光谱分析仪发现的元素，当时光谱呈现为蓝色线。

50. tin，锡，Sn，在史前发现，元素符号源于拉丁名 stannum。

51. antimony，锑，Sb 发现于中世纪，名称源于拉丁文 antimonium，我们是可以用手摸到锑的，或许因此将其称作是 antimony，anti 是反对之意，在加上 monium 是抽象，或是在游离状体的意思，符号源自拉丁文 stibium。

52. tellurium，碲，Te，1783 年，被 Mullervon Reichenstein 发现，名称出自地球的拉丁名 telluris。

53. iodium，碘，I，1811 年，被 Bernard Courtois 发现，名称出自希腊文 iodis，含义是紫色的。

54. xenonum，氙，Xe，1898 年，气体，被 William Ramsay，Morris W.Travers 发现，名称出自希腊文 xenos，含义是看不惯的东西。

55. caesium，铯，Cs，1860 年，被 Robert Bunsen，Gustav Robert Rirchhott 发现，名称出自拉丁文 caesius，含义是青色，这是因为铯是利用光谱仪发现的，光谱呈现为青色。

56. barium，钡，Ba，1808 年，被 Humphry Dary 发现，名称出自包含它的矿石 barite，重晶石的意思，barite 源于希腊文 barys，含义是重。

57. lanthanum，镧，La，1839 年，被 Carl Gustav Mwsander 发现，名称出自希腊文 lanthanein，含义是隐藏着。

58. cerium，铈，Ce，1803 年，被 Martin Heinrich Rlaproth，Jons Rerzelins，Williamvon Hisinger 发现，名称源于在 1801 年被发现的一颗小行星 ceres。

59. praseodymium，镨，Pr，1885 年，被 Carl Aarervon Welsbach 发现，名称出自希腊文 prasios（绿色）和 didymos（学生）两个词语，这是由于盐原本是绿色而被误认为是钕。

60. Neodymium，钕，Nd，1885 年，被 Carl Auervon Welsbach 发现，名称出自希腊文 neo（新）和 didymos（学生）两个词语，它和镨都是在被称作 didymium 的物质里分离出来的，被误认为是镧的单一的元素。

61. promethium，钷，Pm，1947 年，被 J.J.A.Mrinsky，L.E.Glendnin，G.D.Coryell 发现，名称出自希腊神话中偷盗天空火种送给人类的巨人族 Prometheus。

62. samarium，钐，Sm，1879 年，被 Lecoqde Boisbaudran 发现，名称出自 samaskite 的矿石，此矿石的名称又是根据俄罗斯的矿水技师 Samalski 命名的。

63. europium，铕，Eu，1901 年，被 Eugince Demarcay 发现，名称源于 Europe，含义是欧洲。

64. gadolinium，钆，Gd，1886 年，被 Lecogde Boisbaudran 发现，名称出自芬兰的稀土类化学家 Johan Gadolin。

65. terbium，铽，Tb，1843 年，被 CarlGustay Mosander 发现，名称出自瑞

典的城市 ytterby。

66. dysprosium，镝，Dy，1886 年，被 Lecoqde BoisbaudRan 发现，名称出自希腊文 dysprositos，含义是很难到达。

67. holmium，钬，Ho，1879 年，被 PerTheodor Cleve 发现，名称出自 Stockholm 的拉丁名 Holmia。

68. erbium，铒，Er，1843 年，被 CarlGustav Mosander 发现，名称出自瑞典的城市名 ytterby。

69. thulium，铥，Tm，1879 年，被 Per Theodore Cleve 发现，名称出自斯堪的那维亚半岛北部的古名 Thule。

70. ytterbium，镱，Yb，1878 年，被 Jean Charles Gallissardde Marignac 发现，名称出自瑞典的城市名 ytterby，在那里其实被发现的稀土类元素有很多。

71. lutetium，镥，Lu，1907 年，被 Georges Urbain 发现，名称出自巴里的古罗马名 Lutetia。

72. Hafnium，铪，Hf，1923 年，被 DirkCoster，Georgron Hevesy 发现，名称出自哥本哈根的 Hafnia。

73. tantalum，钽，Ta，1802 年，被 Anders Gustav Ekeberg 发现，名称出自希腊神话中 Tantales 的名，这是由于它很难被单独分离出来，神话中，Tantalus 是大神 Zeus 的儿子，Niobe 的父亲被上天惩罚站在刚好没过下腮的水中，这样只有不停地喝水才不至于被水淹没。

74. tungsten，钨，W，1783 年，被 delhujar 兄弟发现，名称出自瑞典文 Eungsten，含义是非常沉的石头，符号出自别名 wolfram。

75. rhenium，铼，Re，1925 年，Walter Noddack，IdaTacke，Otto Berg 发现，名称出自拉丁文 Rhinus。

76. osmium，锇，Os，1804 年，被 Snithson Tennant 发现，名称出自希腊文 osme，含义是味。

77. iridium，铱，Ir，1804 年，被 Smithson Tennant 发现，名称出自拉丁文 irdis，含义是虹，这是由于铱有种化合物能够发出多种色彩。

78. platinum 铂（白金）Pt，发现于 20 世纪 30 年代，名称出自西班牙文 platina，含义是银。

79. gold，金，Au，发现于史前时代，元素符号出自古罗马名 aurum。

80. mercury，汞，又被称作水银，发现于史前时代，液体，名称得自水星，另外的一个名字是 guicksilver，化学符号出自希腊文 hydrargyrum-hydros（水）再加上 argyros（银）。

81. thallium，铊，Tl，1861 年，被 William Crookes 发现，名称出自希腊文 thallos，含义是新生的树枝，这是由于它的光谱呈现出特别亮的绿色。

82. lead，铅，Pd，发现于史前时代，元素符号出自拉丁名 plumbum。

83. bismuthum，铋，Bi，发现于中世纪，名称出自德文 Bismuth，或许是由于包含它的 Weisse Masse 含义是白色块状物质。

84. polonium，钋，Po，1898 年，被 Curie（居里）夫妇发现，名称出自 Curei 夫人的故国 Poland（波兰）。

85. astatium，砹，At，1940 年，或许是固体，被 Emilio Segre，DaleR. Corson，R.R.Mackenzie 发现，名称出自希腊文 astatos，含义是不稳定。

86. radon，氡，Rn，1900 年，气体，被 FriedrickErnst 发现，名称源于镭 radium，加上惰性气体元素的通用后缀 on，由镭衰变而产生的氡，它自己也同样具有放射能，曾有段时期被称为 niton，含义是发亮，代号为 nt。

87. francium，钫，Fr，1939 年，被 Marguerite Perey 发现，名称源于 France，法国的意思。

88. radium，镭，Ra，1897 年，被 Curie 夫妇发现，名称出自拉丁文 radius，是光线的意思，这是由于镭会放出射线。

89. actinium，锕，Ac，1899 年，被 Andre Debierne 发现，名称出自希腊文 aktis，含义是光线，锕可以放出射线。

90. thorium，钍，Th，1828 年，被 Jons Jadob Berzelius 发现，名称源于发现它的矿石 thorite，这种矿石的名称又取自诺尔曼的雷神 Thpr。

91. protactinium，镤，Pa，1917 年，被 Otto Hahn，Lise Meitner，Frederic Soddy，JohnA.Cranston 发现，名称出自 proto，含义是最开始和 Actinium，因为镤可以衰变成为锕。

92. uranium，铀，U，1987 年，被 Martin Heinrich Rlaproth 发现，名称出自天王星名。

93. Neptunium，镎，Np，1940 年，被 Edwin M Mc Millan，Philip H Abelson 发现，名称出自海王星名。

94. plutonium，钚，Pu，1940 年，被 Glenn T.Seaborg，Edwin M.McMillan，A.C.Wahl，J.W.Kennedy 发现，名称出自冥王星名。

95. americium，镅，Am，1944 年，被 Glenn T.Seaborg，PalphJames，Leon Morgan，Albert Ghiorso 发现，名称源于 America（美国）。

96. curium，锔，Cm，1944 年，被 Glenn T.Seaborg，PalphJames，Leon Morgan，Albert Ghiorso 发现，名称源于 Gurie（居里）夫妇。

97. berkelium，锫，Bk，1949 年，被 Glenn T.Seaborg，PalphJames，Leon Morgan，Albert Ghiorso 发现，名称源于加州 Berkeley。

98. californium，锎，Cf，1950 年，被 Glenn T.Seaborg，PalphJames，Leon Morgan，Albert Ghiorso，Kenneth Street，Jr 发现，名称源自发现锎的加州大学名 California。

99. einsteinium，锿，Es，1952 年，被加州大学的 Lawrence 射线研究所，Los Alamos 科学研究所，Argonne 国立研究所，三个单位联合发现，名称出自爱因斯坦博士 Albert Einstein。

100.fermium，镄，Fm，1953 年，也是被加州大学的 Lawrence 射线研究所，Los Alamos 科学研究所，Argonne 国立研究所，三个单位联合发现，名称出自 Enrico Fermi。

101.mendelevium 钔，Md，1955 年，被 Bernard G.Harvey，Albert Ghiorso，Stanley G.Thompson，GrigoryR，Goenn T.Seaborg 发 现，名 称 源 自 Dmitri Mendeleev。

102.nobelium，锘，No，1958 年，被 T.Sickkelpnd，Albert Ghiorso，J.R.Walton，Glenn，T.Seaborg 发现。首先发现锘的是瑞典的诺贝尔研究所，他们于 1957 年发表了声明，并将其命名为 nobelium。加州大学 Lawrence 射线研究所第一次做实验时失败了，第二年序数为 102 号的元素锘被他们制造成功。所以，Lawrence 射线研究所对于 Nobelium 这个名称并不给予承认。

103.Lawrencium，铹，Lr，1961 年，被 Toribjrn Sickkeland，Albert Ghiorsv，Robert M.Latimer，AAlmon E.Larsh 发现，名称源自 Ernest O.Lawrence 射钱研究所。

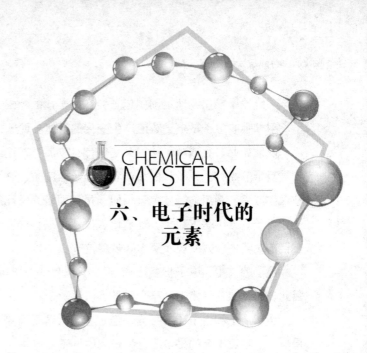

CHEMICAL
MYSTERY

六、电子时代的
元素

1. 原子内部的秘密

原子内部的微观世界是什么样子的呢？世界上最小的粒子是原子吗？原子还能够被再次分裂吗？

英国的科研工作者汤姆生在 1897 年发现了电子。从此人们开始对原子内部世界进行研究，人们发现最小的粒子并不是原子，它的结构非常复杂，还能够被再次分裂。

原子的中心是原子核，外面是环绕的电子。和太阳系类似，中间的原子核就好比太阳，外围环绕的电子就好比围绕太阳的行星。不过支持这个太阳系的是强大的电磁力，而不是什么万有引力。

原子核和外围环绕的电子电量相等，极性相反。所以原子显示为中性。不同的原子原子核所带电量不等。

假如用一座大厦来比喻原子的大小，那么一颗樱桃就相当于原子核。原子半径的万分之一即等于原子核的半径大小，也就是说原子体积的几千亿分之一就是原子核的体积。所以，电子围绕原子核作高速运动的空间是非常大的。

一副崭新的原子图像被汤姆生、卢瑟福、玻尔等人清晰地展现在我们面前，原子中心是原子

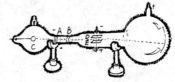

被汤姆生发现电子的装置

核，环绕原子核作高速运动的电子会在原子核的外围形成一圈一圈的电子云。原子发射和吸收电子是电子轨道产生变化的具体表现形式。

既然如此，组成原子核的又是些什么物质呢？这个体积微小的原子核却有着非常复杂的结构。原子核的组成包括质子、中子、介子、超子等粒子物质，这是被查德威克、汤川、鲍威尔等科研人员共同研究发现的。电子、中子、质子、介子和光子等五种基本粒子，被科研人员认为是构成我们整个世界的基础物质。截至目前，我们一共发现了有 300 多种粒子。

质子的质量和中子相差无几，但是其质量的 1/1836 就可以和电子的质量相等。因此，原子核几乎集中了整个原子的质量。

虽然质子和中子质量相当，但是它们有着不同的带电情况。其中带正电荷的是质子，带负电荷的是电子，中子为中性不带电。

对于所有元素的 X 射线，在 1913 年，英国的科研工作者莫塞莱做了比较全面详细的研究。多种元素的 X 射线谱被莫塞莱利用亚铁氰化钾晶体提取了出来。这种 X 射线的波长会随着周期表中原子序数的增加而相对地减小，这一现象被莫塞莱发现了。元素周期表的各种元素的排列顺序，应当以原子序数也就是元素原子的电荷数为准则，而不应当是原子量的大小，这样的学说被莫斯莱提了出来。

这一学说的提出，是元素在周期表中的排列和原子结构间产生联系的重要标志。

之后，人们又陆续发现了质子和中子，元素在元素周期表中的位置就是由质子决定的。比如，核内有一个质子，外围环绕一个电子的氢元素，就排列在元素周期表的第一位；核内有两个质子，外围环绕两个电子的氦元素，排列在排列在元素周期表的第二位……以此类推，原子核中包含几个质子，这个元素就排列在元素周期表的第几位。比如，原子核中包含 17 个质子的氯元素，在元素周期表中就排列在第十七位，当然外围环绕的电子数目就是 17 个。

有关元素周期表的几个疑难问题终于被这一发现解决了。

按照我们以前对元素周期表排列方法，第一周期里的氢和氦之间并没有完全连接上，似乎还有新元

查德威克发现中子

素没有被发现。但是上面的说法提出后两种元素的序数分别是 1 和 2，这样就连接上了。

再有就是有些元素排列顺序是否存在颠倒的问题，也被这一新发现解决了。例如，钾原子核包含的质子数比氩多一个，而碘元素比碲元素多一个，镍又比钴多一个。所以钾在氩之前，碲在碘之前，钴在镍之前是没有颠倒的。

但是，我们对元素周期表还是有着疑问的。大多数元素的质子增加了原子量也会随着增大，可是也有几个没有遵循这个规律，相反的，质子数目多但是原子量反而小，这些都应当怎样去解释呢？

2. 电子的排列和分布

人们通过进一步对原子核进行研究发现，同一种元素的原子核包含的质子数是相等的，但是它们却包含着不等数目的中子。在化学研究中我们用同位素来表示核内质子数相等而中子数不等的这一现象。

比如氢元素共有三种同位素：氕——核内有一个质子，不存在中子，我们称之为氢；氘——核内有一个质子和一个中子，我们称之为重氢；氚——核内有一个质子和两个中子，我们称之为超重氢。

三种同位素的化学性质是基本一致的，可是却有着不同的原子量。因此人们在计算氢的原子量时是利用它们的平均值。

包含两种及以上的同位素在元素之中是很常见的情况，这些元素的原子量也都是这些同位素质量的平均值。

自然界中绝大多数元素的原子量会随着质子数的增加而增长，质子数越大原子量越大。所以，原子量和质子数一般是成正比关系的。可是也有不同的情况，有些元素质子数虽少但是原子量大。这主要是由于这种元素的同位素中多数的重量较大，这样一来质量的平均值也就是原子量就会很大。而有些元素呢，恰恰相反，其质子数虽大，但它的同位素

汤川秀树从理论上预言了介子的存在

质子　介子　中子

中多数的质量偏小，这样它的原子量也会偏小。

例如，在元素周期表中钾元素排在氩元素的后面，可钾的原子量却比氩的小。因为氩的同位素中，数量最多的是氩40，约占到总数的99.6%，它的原子质量也最大，为39.96；其次是氩36，占0.34%，原子质量是35.97；再其次是氩38，只占0.06%，它的原子质量是37.96。平均下来，氩元素的原子量是39.95。钾元素的情况与氩的恰恰恰相反，它的同位素中多数的原子质量偏小。在钾元素的同位素中，数量最大的是钾39，占93.08%，它的原子质量是39.0983，其次是是钾41，占到6.88%，它的原子质量是40.96；再其次是占0.01%的钾40，它的原子质量是40.96。这样下来，钾元素的平均原子量只有39.10，比氩的要小。

随着质子和中子以及同位素的发现，有关元素周期表中许多元素的排列顺序，如钾和氩、碘和碲、镍和钴、镁和钍……谁前谁后的争论也终于尘埃落定，被确定了下来。

通过对围绕着原子核做高速运动的电子的研究，人们发现它们都处在不同的层次，这些层次被称为能级或者电子层。如果电子所处的层次距离原子核越近，它的能量越低；越远呢，它的能量越高。

就目前研究所知，原子核外的电子总共有7个层次，由里及外分别是：第一层K层，能量最低，后面顺序为L层、M层、N层、O层、P层，最后是第七层，即Q层。原子核外的电子是在不同层次的轨道上做环绕运动的，我们把电子的这种分层运动称之为核外电子的分层排布。

核外电子的分层排布是有规律的：第一，电子必须从离核最近、能量最低的一层开始，等本层的电子排满之后，再排向下一层；第二，每层可最多容纳的电子数是$2n^2$（n 电子层序数），因而就每一层最多能容纳的电子数来说，第一层最多能容纳2个，第二层L层为8个，第三层为18个，第四层为32个。

科学家们还发现，元素周期表中元素的排列和核外电子的分层排布，这两者有密切的关系。

第一就是周期性，周期表的横行排列：氢和氦都是第一周期的，排列在周期表的第一横行。氢和氦的电子都是在第一层，氢外有一个，氦外有两个。2个电子又是第一层的最高限，所以氦是仅有一层电子的最后一个，而这两个元素组成了第一周期。

有8个元素存在于第二周期，核外的电子总数由锂至氖依次为3、4、5、6、7、8、9、10。分布情况是：首层满座是2个电子，在第二层，由锂至氖，分别是排列了1个电子，2个电子，3个电子，4个电子，5个电子，6个电子，7个电子，8个电子，8个电子二层满座，第二周期结束。

如此类推都是一样的。

第二点就是族性，也就是竖列看：像氢、锂、钠、钾、铷、铯、钫都属于第一族的元素。它们之间有一个共同点，虽然它们的外面电子总数不一致，但是最外层的电子数却是一致的，都是有一个电子排布在最外层。氢外只有一层，也只有一个电子；锂的第二层，钠的第三层……钫的第七层都是仅有一个电子排列分布。

元素间的化学反应就是最外层电子的排列发生变化。而同族元素的化学性质相似正是由于它们最外层的电子数目相等。

这样的情况也存在于其他族的元素里。最外层有两个电子的是第二族，有三个电子的是第三族……

我们还能够通过稀有气体惰性气体元素、金属元素和非金属元素三个分类来分析这个观点：稀有气体元素的电子结构就决定了它们自身非常稳定，不和其他元素产生反应的性质。它们的最外层的电子排列都是满座的，除了氦是两个，其余全部都是8个。这就决定了它们不与其他元素反应的特性。但是性质不稳定的，就是最外层容易失去电子而使次外层变为最外层的钠、钾、镁、铝等这些最外层电子数目少于4个的。性质不稳定的还有最外层比较容易获取电子的，像氯、磷、硫、氟这些最外层电子数目多于4个的。

对于元素周期律的解释我们就可以通过原子核外的电子排布来说明。伴随着原子电荷数目的增加，核外的电子数目就会增加，相应的电子层数就会增加，正是电子层的不断层层重复排列导致了元素性质呈现出周期性的变化。

人功合成超铀元素其实是对元素周期表的延伸。科研人员对原子能利用的诀窍——原子序数大的重元素能够发生核裂变，原子序数小的元素能够发生核聚变，就是通过对元素发生放射衰变为其他元素这一现象细致观察而得到的。

科研人员甚至预测，人们一定可以继续发现和合成出新的元素，由此得出超锕系和新超锕系元素等第8周期的元素排列在元素周期表上面。处在第八周期的

元素还会有第八层的电子排列。

3. 核燃料时代

一种新元素钍 -Th，在 1828 年被瑞典的科研人员柏齐利阿斯从独居石矿中提炼出来。他利用斯堪的维亚战神土尔的名字将其命名为钍 -Thorium。

钍的放射性是在 1898 年被法国的科研人员玛丽·居里发现的。当空气和钍接触后这种放射性就会释放出来。另有一种放射性的气体可以被钍释放出来，这和镭非常相似的现象被英国的物理学家卢瑟福发现了。之后锕又被发现也具有同样的性质。我们用"钍射气"和"锕射气"来为这种被释放出的气体命名，氡其实就是这些气体的本质，但是氡还在不停地变为氦。要得到 10 升氦气体，只需对出产于锡兰岛的一千克钍矿进行加热就可以了。

核电站

钍和中子撞击就会合成一种大自然中没有的铀 233。原子反应堆的核燃料就包括铀 233，所以虽然说钍不可以直接作为核燃料，但是核燃料可以利用钍来制造获得。巨大的原子能可以在钍分裂的时候被释放出来，这是和铀相同的地方。

钍的半衰期是 130 亿年，这是相当长的时间。一系列具有放射性的钍系元素会伴随着元素钍的衰变而产生。原子量为 208 的铅是钍衰变到最后的结果。

地壳含量的百万分之六是钍元素，这数量大概是铀的三倍。万钍石和独居石，是两种主要的含钍矿物质，后者又被称作是磷铈镧矿。我们可以在含有独居石的沙中提取独居石。中国有着丰富的钍矿资源。人们正在根据钍矿集中和便于提炼的特点，使其成为新型的核燃料。

电解熔融的钍盐（氟化钍）是最好的炼钍方法，我们由此可以得到纯度为99.9% 的钍。

钍的外观和铂非常相近，是银白色的金属。它非常适合各类机械加工，因为它质地非常柔软。钍元素的质量为 232，并且有着极高的熔点，高达 1842℃。

钍元素的性质非常稳定。块状的金属钍在常温下很难被氧化，稀酸或强碱溶液都很难腐蚀它，只有王水和浓酸盐可以融化它。氧、硫、卤素等在温度特别高时会和钍发生很强的化合反应。在空气中粉末状的钍能够燃烧。

有一种非常重要的钍化合物被称作是二氧化钍，它是一种白色的粉末。在尚未通电的农村广场以及房屋中进行照明多用二氧化钍制成的煤油灯灯罩。这种照明的燃料是煤油，把压缩空气打入其中，然后点燃麻纱罩，就会照射出明亮的光芒。我们可以几十次地循环使用这个灯罩，只要小心轻拿轻放，不然灯罩会变成粉末。

首先要在饱和的硝酸钍溶液中将麻灯罩浸泡好，然后再用其制造煤油气灯。如此一来，燃烧的煤油不断地被压缩空气从灯里喷出来，温度极高，并有白色的光芒被释放出来。这样，麻灯罩上面就会有一层二氧化钍形成，这是由硝酸钍被分解并释放完二氧化氮形成的。熔点高达 2800℃ 的二氧化钍在煤油灯中是不会被烧坏的，这耀眼的白光就是由它发出来的。

所以为了提高灯泡钨丝的强度，为防范其再结晶，并且兼顾增加灯泡的亮度等，我们经常把微量的二氧化钍掺入白炽灯泡的钨丝里。

此外，我们还利用了二氧化钍的耐高温性能制造耐火坩埚。

4. 首个人造元素

元素周期表中在 20 世纪 30 年代初期共有从氢到铀 92 种元素。其中还空着四个位置，等待元素的填补。

43 号、61 号、85 号、87 号就是当时的四个空位。它们都是些什么样的元素呢？这个问题一直都困扰着科研人员，虽有传言说新元素被发现了，并且还被命名了。但是总也得不到确凿的证据。这是极其神秘的四种元素，人们都是这样想的。

可是，最终这些元素的神秘面纱还是被人们揭开了。这首先要归功于一些先决条件的出现，像放射性元素被人们更进一步地研究明白，人们也更加了解了原子和原子核，再有就是回旋加速器，我们又称作是"原子大炮"……

这四种元素的神秘在于它们会产生衰变，也就是放射性元素的原子核通过释放 α 粒子或者 β 粒子，并最终分裂成其他元素的原子核。任何一种放射性物质的衰变过程都是固定不变的。为了对放射性元素衰变速度有一个比较清楚的表示我们

给出了半衰期这个定义。放射性元素减少到一半所需的时间就是半衰期。对于半衰期的长短，每一种放射性物质各有不同，有着非常大的区别，从 1 秒钟到 100 亿年时间不等。自然界中包含一部分放射性元素，但是也有一些在地球上根本就找不到了。

人们之所以这样长的时间都没有发现这四种元素，是由于它们的半衰期较短，在地球上的含量也非常少，有的根本就绝迹了。

我们可以通过人工核反应，也就是通过人工的方法使稳定的原子核产生分裂由此变成其他元素的反应。在刚开始人们进行人工核反应的时候，用来撞击原子核的炮弹是放射性物质释放出的 α 粒子。之后炮弹的种类增加了，包括：质子、中子、氘核，并且炮弹的威力可以通过各种各样的粒子加速器来提高。

第 43 号新元素，是在 1937 年被意大利的科研工作者西格雷和佩里埃制造出来的，当时他们是用氘核撞击 42 号元素钼获得成功的。500 万电子伏特大概是此次试验中氘核释放出的能量。他们取希腊语中的 Technetos，既人造的意思将这个新元素命名为锝 -Tc。

首个人工制成的元素就是锝，当时仅得到了一百亿分之一克。锝的性质与锰和铼非常接近，更偏向于铼。

一种半衰期大约有 200000 年，锝的同位素在 1938 年被西格雷和美国科研人员西博格合作发现了。目前，锝的同位素被科研人员制造出来的已达 20 种。在它们之中锝99 的半衰期最长，

首个人造元素

大概 220000 年，我们现在每年都可制造几百公斤的锝。

锝可以通过铀的核裂变获得。1949 年，美籍中国物理学家吴健雄和西格雷在铀的核裂变中发现了锝，正是对这一点最有利的证明。根据实验结果推算，我们分裂一克铀就可以获得 26 毫克的锝。

5. 地球上稀有的元素

第 85 号新元素是在 1940 年被人们发现的，人们取希腊文中不稳定的含义将其命名为砹 -At。

发现砹的是西格雷，一位意大利化学家，和他一起工作的还有美国的科研人员科里森、麦肯齐。他们制作亚碘也就是砹的方法，是利用加州大学的回旋加速器，把氦原子加速后去撞击金属铋 209。

砹是一种非金属元素，性质很不稳定，这一点和碘非常相像，它的半衰期仅有 8.3 小时。

但砹在自然界里是存在的，其中最好的证明就是砹被发现于铀矿中。只是在整个地表中，砹存在的量非常少，仅有 0.28 克，这只是地壳总量的十亿亿亿分之一，是地壳中含量最少的元素。这主要是由于砹的放射性造成的，不过砹也会不断地伴随着镭、锕、钍这些元素的衰变而诞生。

砹元素的发现之所以如此艰难,就是由于它在地球上极少的含量,性质极不稳定，非常短的寿命造成的，以上的因素都使得把砹聚集到一起十分的不易，提纯一克砹更是不易。可是，砹的 20 种同位素还是被科研人员克服种种困难制作出来了。

氯、氟、碘、溴以及砹都有非常相似的化学性质，它们同属卤族元素。卤族元素中最重的就是砹，和碘比较，砹的金属属性更为强烈。

砹的具体应用正在逐渐地渗透向医疗方向。目前对甲状腺的诊断，经常利用到砹射线，这是被放射性碘 131 释放出来的。甲状腺体四周的组织极易被砹射线影响，它会吸收在甲状腺中沉积的砹粒子。

另外，还有在 1945 年发现的原子序数为 61 的放射性金属元素钷 -Pm，一种荧光会由钷的化合物发出来。夜光表的指针和表盘的数字呈现的浅蓝色的光就是涂在上面的钷发出的。此外，钷原子电池由于其体积小、体重轻、使用年限久等

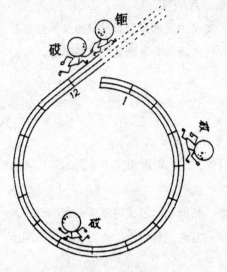

特点而成为人造卫星的最理想电源，一块纽扣大小的钷原子电池，就可以使用 5 年之久。

钷是被美国的科研人员马林斯基、格伦丹宁和科里尔共同在铀裂变中发现的。一种具有较长寿命、原子量为 147 的同位素钷可以在铀分裂的碎片中分离出来，钷 147 的半衰期可达到 4 年左右。因为科研人员是在原子反应堆中发现的钷 -Promethium，所以人们用希腊神话中为人类带来火种的普罗米修斯为其命名，这是人类开始进入原子能时代的标志。

钷元素的发现使得元素周期表被填满了，没有了空位，此时距离门捷列夫的预言已经有 70 多年。

6. "海王星"

人类对化学元素的研究并没有因为元素周期表的填满而走到尽头。

一定还有超铀元素存在于铀元素的后面，这一预言是被意大利的物理学家费米早在 1934 年提出来的。

费米为了证实自己的说法还做过一个实验。两块体积相当的铀核碎片被他用质子撞击铀原子核的时候制造出来。这碎片被他认为是 93 号新元素，并被命名为"铀 X"。不过，铀 X 很快就被人否定了。

美国的科研人员麦克米伦和艾贝尔森在 1940 年，再次利用中子撞击铀，这次 93 号元素被他们制造成功了。93 号元素紧挨着铀，它具有和铀非常相近的化学性质。因为铀的名称来自希腊语天王星，所以人们用希腊语海王星 -Neptune 将 93 号元素命名为镎 -Neptunium，简写为 Np。镎是一种具有放射性的银灰色金属。镎现在有 12 种同位素被我们发现，半衰期为 220 万年的镎 237 是其中寿命最长的。极少量的镎就存在于铀的核裂变中。空气中的镎金属性不强，很容易在表面生成一层灰暗的氧化膜。

费米的预言因为镎的发现而成为事实，所以科研人员又开始了寻找新元素的征程。

美国的科研人员西博格、麦克米伦、奥沃尔、肯尼迪在 1940 年，再次用重氢的原子核——氘撞击铀，从而第一次获得了 94 号超铀元素。他们仍旧用行星为其命名。以希腊语中的冥王星 -Pluto 将其命名为钚 -Pu，排在镎的后面。

钚同样具有放射性，我们目前已知钚的同位素有 15 种。在它们之中半衰期为 50 万年的钚 242 是存在时间比较久的。最久的要属半衰期为 7600 万年的钚 244。最短的是半衰期仅有 20 分钟的钚 233，非常重要的核燃料就包括钚 239，能够为宇航设备提供能源的是钚 238，钚 238 的能量相当于丁烷类气体燃料的 15000 倍，有着非常高的利用率。

当前无论是地面、水底、太空、或者医药等方方面面都在用由钚 238 制成的核电池。比如，之前就曾有 5 个用钚 238 制成的核电池被美国的阿波罗号的宇航员安放到了月球，它们成为月亮实验站的主要动力来源。这些核电池在月球极其恶劣的环境中可以工作 5 到 10 年，虽说它们的重量还不到 20 千克，却可以提供约 70 瓦的功率。

心脏起搏器的动力可以用高度浓缩的钚 238 来提供。一个仅仅 200 毫克的钚 238 电池可以在人体中不停地工作几十年。人造元素的另一个优点就是产生热量。美国的恒温太空服就是对钚 238 热源的利用。

钚的密度比黄金和水银的都大，它是一种银灰色的金属。空气中的钚极易发生氧化反应，生成一层黄色的氧化膜附着在表面。钚的导电性和导热性仅为银的 1%，这是和其他金属存在差异的地方。地球上的钚含量非常有限。钚在天然铀矿中的含量仅为一百万亿分之一。钚在一开始被制作出来的重量还比不上一根头发丝的千分之一。人们对这样的元素开始往往缺乏重视。

可是，人们很快就发现，钚居然有着和铀 235 相似的性质，能够用作制造原子弹的原料，不仅如此，用它制成的原子反应堆还能够用来发电，关键是我们可以通过之前没有被利用的铀 238 来制造钚。

科研人员将钚 239 制成原子弹就是对钚 239 核聚变的充分利用——集中在一起几公斤的钚会主动地发生反应，控制不到位就会在极其短暂的时间里发生巨大的爆炸。两颗原子弹陆续被美国在 1945 年引爆：第一颗是在美国的新墨西哥州的沙漠上，时间是 1945 年 7 月 16 日，第二颗是在日本的长崎投放的，它相当于 2 万吨的 TNT 炸药，时间是 1945 年 8 月 9 日。

钚作为战略物资被广泛地用于核武器中。像一些威力达几千吨甚至几万吨 TNT 的战力核武器，以及小型核导弹弹头，核地雷，核炮弹，另外还有氢弹和新近出现的中子弹等的引擎，这所有一切都能够用钚来制作。

快中子增殖反应堆是一种新型的原子反应装置，利用它不仅可以发电，还可以制造新的核燃料。这种反应装置的核燃料就能够用钚 238 制作，和它耗费掉的核燃料比较，它产生出新的核燃料要多很多倍。这就解决了核燃料匮乏的问题。

如此一来，钚从原来不被重视的角色而一举转变成了原子工业中的"大明星"。

自然界中的镎和钚两种元素之后也被人们发现了。因此，截止目前，我们一共发现了 94 种天然存在的元素。

7. 从 95 号到 100 号的元素

人们在发现了 94 号元素之后并没有停止步伐，继续对"超钚元素"进行寻找。就这样，自然界中不存在的镅、锔、锫、锎等元素先后被科研人员用人工的方法制造了出来。

西博格、詹姆斯和吉奥索在 1944 年，通过质子撞击钚原子核，第一个获得了 96 号新元素，为了纪念居里夫妇，将其命名为锔 -Cm。在希腊语中锔 -Gurium 的含义就是居里。

锔是具有极强放射性的白色金属，锔的自身温度会在自己放射能量作用下提高 1000 摄氏度。宇宙飞船和人造卫星的热源就充分利用了锔的这一特性。

包括半衰期是 500 多年的锔 245 在内，锔共有 8 种同位素。具备特殊用途的微小型原子反应堆和原子弹材料就能够用锔的核裂变生成物来制成。

第 95 号元素也是利用同样的方法被制作成功的，这项工作是西博格、詹姆斯、汤普森和吉奥索在 1945 年完成的。为了对发现地进行纪念，他们用希腊文中的美洲把其命名为镅 -Americium，化学符号是 Am。

镅也是一种白色的金属，这和锔没有区别。但是镅具有柔软的质地，制作薄

片和拉丝都非常容易。包括能够用于制作微型原子反应堆和原子弹的镅242（可以发生裂变）和半衰期最长的镅243（在1万年左右）在内，共计有10种镅的同位素。

中国之前制作的离子感烟报警器就是用人工合成的镅241为原材料。科研人员制作电离室对空气进行电离，并以此来形成离子电流，就是对镅241会主动释放α射线这一特征的有效利用。电离室的工作燃料就是火灾发生时的烟雾，在把警报装置和最后产生的电流相连接，防火警报就会自动启动了。小体积，污染小，灵敏度高等都是这种警报装置的突出优点。此外，人们在制作对温度和毒气进行检测的装置时也会利用到镅241。

人造元素都可以用作辐射源，这是因为它们都可以放出射线。就拿镅241来说，它能够放射出γ射线，而我们测定痕量元素和分析溶液就是利用的γ射线。

97号元素是在1949年被美国的科学家汤普森、吉奥索和西博格制造出来的。这个新元素是他们在美国加利福尼亚尔克利城的回旋加速器帮助下撞击镅241制作出来的。他们通过Berkeley将新元素命名为锫-Berkeley，化学符号是Bk。

锫是一种存在时间极短的放射性金属元素，现在我们发现的同位素中半衰期都在几个小时之内，所以它们的使用价值很难被发现。

美国的科研人员汤普森、小斯特里特、吉奥索和西博格1950年在加利福尼亚通过重氢原子撞击镅242，成功制成了98号元素，他们用Ccliforna为其命名为锎-Californium，化学符号是Cf。

在11种锎的同位素中：锎249、锎251、锎252、锎254极为重要，其中锎252受到的关注度最高，因为锎252可以做强中子源。在原子核发生裂变的时候，会有约1.7亿个中子和巨大的热能被1微克的锎在一秒钟的时间里释放出来。

锎252也是非常棒的核燃料。锎要发生爆炸只需1.5克，换句话说，要制造微型原子弹只要有绿豆大小的锎就行了。

和半衰期为35小时的锎246相比，锎252有2.65年的半衰期。锎所能够释放的高能中子的量是其他反应堆没法办到的，它是一种相当棒的中子源。像对相机内部件是否破损具有检查功能并且还可以用作医学临床诊断（比X光的分辨率和清晰度要好很多倍）的中子照相，就是新近发明的一种无损检测方法。

中子的活化分析就是对锎 252 天然中子源特点的具体应用。一百万分之一到一亿分之一的痕量元素在短短的几分钟里就可以通过这种快速灵敏的物理分析法获得答案。考古工作中为了避免对文物的损害，一般对文物年代和其他特征的判断都是使用这种方法。

不仅是中子的活化分析，对石油油井出油层和水层的界面分析，以及对土壤湿度、地下水分布等的测量都可以利用锎 252 中子源来完成。除此之外，锎中子源还可以用来治疗癌症，这在英国和日本已经被利用了，而且这比使用 X 射线和 γ 射线效果要好很多。

锎可以说是世界上最值钱的金属了。每 100 美元大概只能买到 0.1 微克的锎，也就是说每克锎的价值是 10 亿美元。这主要是由于复杂的制作工艺和高昂的成本以及极低的产量造成的，现在世界上每年制造的锎仅有几克。所以很多地方都限制使用锎。

对超钚元素的寻找人们一直都没有停止过。第 99 号和 100 号元素是人们在一次大爆炸中被发现的，在当时人们还没有人工合成这两种元素。这是 1952 年 11 月美国在太平洋马绍尔群岛的一个珊瑚岛上做的一次氢弹爆炸试验，他们当时是利用氘聚变成为氦时所释放出的巨大能量。这次爆炸的威力和 1000 万吨 TNT 炸药的不相上下，十分巨大，有 500 颗广岛原子弹的威力，这几乎炸毁了整座珊瑚岛。

科研人员通过对附近爱尼维托克环形岛上收集的 1 吨左右的珊瑚进行实验和分析，能量非常微小的是第 99 号元素——锿 253 同位素和第 100 号元素——镄 255 同位素。

对锿元素的人工合成工作是 1952 年被美国的吉奥索完成的。为了表示对爱因斯坦的纪念，他将其命名为锿 -Einsteinium（含义就是爱因斯坦），化学符号位 Es。

第二年，吉奥索又完成了对镄的合成工作，对镄 -Fermium 的命名主要是纪念意大利的化学家费米。

8. 元素不断增加的麻烦

人类到现在发现的元素共计有 109 种，同位素 1500 种，其中稳定的同位素只有 272 种，剩下的都是些不稳定的。

新元素不断被发现对于元素研究来说是件令人高兴的事情。但是也伴随有"麻烦"的产生。

从 103 号元素后，科研人员开始利用重离子撞击原子核的方法合成新元素的复杂实验。他们必须要对几十亿个副原子造成的巨大辐射干扰进行克服，才能够对存在时间极短的元素进行确认。由此在工作中发生了很多意想不到的错误。不仅如此，在对于新元素的命名和发现先后顺序等问题上产生了巨大分歧。其中以前苏联和美国的科研人员间的最为严重。

就像是对待第 104 号、105 号、106 号元素的发现及命名上，两国的科研人员意见极不统一，对这三种元素的发现和命名两国都分别作了声明，为此，在国际会议上两国的科研人员还进行了激烈的争论。

前苏联的科研人员佛列罗夫在 1964 年声明发现了第 104 号元素，并将其命名为铲，以此纪念苏联已故物理学家库尔恰托夫。

四年后，苏联的佛列罗夫等人再次声明，发现了第 105 号元素，并将其命名为𨧀-Ns，以此来纪念原子物理学家尼尔斯·玻尔。

第 104 号元素和第 105 号元素在几秒钟的时间内，就会衰变成其他的元素，存在的时间极其短暂。

对于 106 号元素，苏联的佛列罗夫等科研人员在 1974 年宣布发现，当时他们是利用铬的原子核撞击铅原子核合成的，可是没有对其命名。

美国科研人员在这段时期里，对这三种元素的发现和命名有着不同的声明。

对第 104 号元素的发现和命名发布声明的美国科研人员是化学家吉奥索等，他们发布的时间是 1969 年，为了纪念著名的物理学家卢瑟福，他们将 104 号元素命名为𬬻-Rf。

对 105 号元素作出声明的还是吉奥索等人，时间是在 1970 年，他们将其命名为𬭊-Ha 以纪念哈恩。

对 106 号元素发表声明的是美国的西博格、吉奥索等，时间是 1974 年，他们也没有为其命名。

苏联的科研人员佛列罗夫等人在 1976 年又宣布合成了第 107 号元素的同位素 261，方法就是利用铬原子撞击铋原子核。可是德国有着不同的看法，他们更认同是德国的达姆施塔特重离子研究机构的彼得·阿姆布鲁斯教授，在 1981 年 2 月发现了 107 号元素。第 107 号元素的半衰期仅有一毫秒，转瞬即逝。

联邦德国的阿姆布鲁斯等又在 1982 年 9 月发表声明发现了第 109 号元素。合成 109 号元素的时间用了近 15 天，时间真是非常漫长，他们是通过直线加速器加速铁离子撞击铋获得成功的。在 223 毫秒的时间内，107 号元素就会释放一个 α 粒子衰变成 107 号元素的同位素。

第 108 号元素的发现也是联邦德国的科研人员声明发现的，时间是 1984 年 3 月，科研人员是达姆施塔特重离子研究机构的希尔德·霍夫曼、戈特弗里德·名岑贝格、卡尔·海因茨·施密特和布罗尔德·赖斯多夫等，使用的方法是通过加速器的帮助把铁原子加速后撞击铅原子完成对 108 号元素的合成工作。

第 108 号元素的存在时间极其短暂，没法对其利用，这只能是对于科学的进步具有某些推动意义。

就这样，对于新元素的发现有三个国家发生了争论，他们各不相让，都对自己发现的元素进行了命名。所以，新元素的发现给人们带来了麻烦，因为同时出现了三种元素周期表。

为了解决这一矛盾，一个新决定，被国际化学会无机化学分会于 1977 年 8 月发布，内容是：自 104 号元素往后的元素，所有新元素的命名不再使用人名、国名的命名方式，而是以原子序数的拉丁文数字缩写来命名。比如：

0-nil、1-un、2-bi、3-tri、4-quad、5-pent、6-hex、7-sep、8-oct、9-enn。

所以，104 号元素至 109 号元素的元素新命名分别是：UnnilquadiumRf 一〇四，UnnilpentiumHa 一〇五，UnnilhexiumUnh 一〇六，UnnilseptiumUns 一〇七，UnniloctiumUno 一〇八，UnnilenniumUne 一〇九。

如此，不仅是对现在的矛盾，就连以后对于元素命名的矛盾就都给解决了。

9. 没有尽头

到底有多少化学元素存在于地球之上？新元素是不是能够无止境地被人们合成出来？

科学家对此的看法是元素的编号是有限的，是有尽头的。在他们看来，像107 号、108 号、109 号元素等人工合成的元素，存在的时间都在一秒钟以内，极其短暂。之后人们可以合成的新元素不会再有几个了。

从此之后，人们合成新元素的困难会逐渐地增大。这是因为粒子加速装置命中体积微小的原子核的几率会越来越小。还有就是原子核间的相互排斥力会伴随着原子核的增大而加大。人们只有首先克服了这种排斥力才能够使两个原子核结合为一体。要实现这样的结合两个原子核的速度都要达到光速的 1/10，这只有通过相当强的具有更高能量的重型离子加速器才能实现。

随着人们对元素稳定性研究的逐步深入，一个新的问题又被提了出来：一些存在时间长，相对稳定的元素，它们的质子数和中子数大多都包含一些特定的数字，比如 2、8、20、28、50、82、114、126、164 等。产生这种现象的原因，科研人员一直都没有发现。对于这些让人捉摸不透的数字，人们都称其为幻数。

具有幻数的核就是稳定的，反之亦是如此。这样，一种"超重核稳定岛"的说法被一些科研人员提了出来。它的含义是，有些可以被用作原子弹和核燃料的类似于钚，相对稳定的元素会存在于第 114 号元素周围。

人们依据这种说法测算的这些元素的半衰期或许能够达到 1 亿年。换句话说，我们将其发现后可以很好地应用于生产生活，因为它们比较稳定，存在时间会和金、银、铜一样长久。

这些元素的数量不是很多，它们都隐藏在存在时间短暂的不稳定元素之中，就好像是有座质子数为 114，中子数为 164 的稳定元素的岛屿漂浮于不稳定的元素海洋中一样，所以，被我们称之为"超重核稳定岛"。

是不是真的存在这样的稳定岛屿呢？根据航海家的经验，假如前面存在陆地或海岛，在这之前一定可以发现多只海鸟才对。如此说来，这个稳定岛屿存在的有力证据就是科研人员发现的第 104 号、105 号、106 号、107 号元素。

稳定岛存在的另一个有力的证据就是发生在 1977 年的一件事情。一种新的主动裂变辐射体被在陨石以及过滤地下热水的离子交换树脂中发现。这种辐射体的挥发性与锗和铅的化合物很相似，它在核裂变时平均要释放出三到六个中子，这是非常奇怪的现象。这和我们对超重元素的性质预测非常吻合。

科研人员对 114 号元素化学性质的预测是：金属，和铅接近，熔点、沸点、密度分别是 67℃，147℃，1 立方厘米 16 克。我们随身携带的核武器可以通过它来制造。在陨石中或许可以发现这种元素。另外，科研人员还预测说，第 110 号和 164 号元素的半衰期也会很长，大概超过了 1 000 万年。

其实，在对稳定岛探索的征途上，我们不过是刚刚迈出了第一步，对于其正确性的检验还是要科学实践来证明。

美国的科研人员在 1976 年发出了一个令人鼓舞的消息，他们声称利用 X 射线谱从马达加斯加岛的独居矿中发现了第 116 号、124 号、126 号和第 127 号元素。但是，这个新的发现并没有取得科学的证实。

为什么有这样多的元素存在于自然界里？是不是还有什么基本的粒子存在于宇宙万物的结构之中？数不胜数的新发现会不断地在微观世界中涌现出来。它是人们共同的"新大陆"。在对于物质世界认识的道路上，人类将一直拓步向前！

伴随着 1869 年的到来，化学界的神巫时代一去不复返了，可是人们依然受到神巫精神的影响，它就像是一颗彗星一直照耀在人们的心里。这颗彗星就是门捷列夫。门捷列夫是一位与众不同的科研工作者，一位著名大学化学系的首席教授，一位了不起的预言家。

化学史上第一个预言就是门捷列夫说出来的，当时身在俄罗斯的他是这样向全世界人们说的：“尚有一个元素我们还没有发现，姑且将其称之为类铝。不难想象，它有着和铝极为相近的性质。只要你用心钻研，它一定躲藏不了。”从此，接连不断地发生着令人迷惑的事情。整个科学界都被门捷列夫的预言吓倒了。门捷列夫是不是有什么奇特的能力？对于魔术师水晶球里的秘密他都一清二楚？是不是他攀登过珈蓝山，先知们记录新元素的石板被他看过了？

在拉瓦锡发现密封在燃烧瓶被加热的锡改变了样子和重量的时候。只在刹那间，反燃烧这一独特的提法就出现在了他的脑海中。很多其他的变化预言同时被拉瓦锡说了出来。在 1869 年之前的两年里，洛克耶（Lockyer）为了很好地对 9300 万公里外的太阳进行观察，特别借来了分光镜———种被本生和基尔霍夫（Kichhhof）发明的新仪器。他于是发现了氦元素的光带，虽然当时并没有给出有力的证明，但是洛克耶作了比较大胆的猜想。其实无论是洛克耶对氦元素的猜测，还是阿佛加德罗、凯库勒、道尔顿等人的学说，都可以说成是预言。都是先知的思想学说。

门捷列夫预言得最晚，但是却是最具影响力的一个。

门捷列夫的祖先们都是勇敢的探险者。在门捷列夫出生前的 100 年，很多人在彼得大帝西征俄罗斯时感染了瘟疫，被逼无奈留守在了一个被称为"俄罗斯之高的"好地方。经过六七十年的积攒，很多生活富裕的人们开始向东迁移。门捷列夫的祖父在西伯利亚的托博尔斯克（tobolsk）开设第一个印刷店，当时是 1787 年。此外，整个西伯利亚唯一的报纸《Lrtysch》也是被他的祖父发行的。门捷列夫的祖父和父亲真是无畏的探险者，可是他们并不以功劳自居，而是继续他们游荡的生活，这是独具一格的生活方式。

这个经历了 200 年游荡生活的家族，开始定居是在 1834 年 2 月 7 日门捷列夫出生的时候。门捷列夫出生时家族中已经有了 17 个哥哥。

门捷列夫的家庭在他还很小的时候遭遇了劫难。

他的父亲先是由于眼睛看不见了，而不得不辞去高等学校校长的职务，之后没多长时间就死于肺炎。门捷列夫的母亲是个美丽的鞑靼人，名字叫 Maria Korniloff。她真是个女强人，把一家老小迁回老家西伯利亚，这其实就是当时俄罗斯的行政中心所在地，并在那里办起了首家玻璃加工厂。就在那段时间，他的姐姐和一位十二月党（Decembrist）的党员——这在托博尔斯克就是 1825 年反叛罪成员，结婚了。

门捷列夫对"自然科学"的学习就是在那个时候开始的。

之后，更大的不幸降临到了门捷列夫的家庭——他们的玻璃加工厂被大火烧光了。他的兄弟姐妹们被逼无奈开始各谋生路。门捷列夫的年龄当时最小，原想和母亲一同去莫斯科，好有机会实现自己的大学梦。但是这个梦被政府命令打破了，母亲被送往圣彼得堡，而门捷列夫却被留在了托博尔斯克，并被送进了师范学校，也就在师范学校科学部学习。师范设立的目的就是为高等学校培训老师。门捷列夫在当时年龄不大，并不喜欢那里的生活，同时他遭到了同年级同学的排斥。当然，门捷列夫对于那些人自觉高人一等也非常看不惯。因此数学、物理和化学成了他的全部心思。他终于在几年之后，俄罗斯一次教育问题的研讨会上获得了发言的机会，他当时是这样说的，"柏拉图式的生活不应当是我们现在该有的，自然中好多的秘密等待我们犹如牛顿一般去挖掘，只有如此，我们的生活才能不断得到改善和提高"。

门捷列夫凭借努力刻苦的学习，成绩一直都遥遥领先。只可惜他的身体不是十分的强健，总是病快快的。尤其是母亲的死讯传来，更使他变得枯瘦了。医生要他必须调养半年。于是，他听从医生的劝告，孤身一人南下去调养身体。在克里米亚（-Cremea）的农村，他开始从事科学导师的工作。

门捷列夫迁往敖德萨（-Odesaa）是在克里米亚战争爆发之后。当他再次回到圣彼得堡已经是 22 岁了，为了谋生他创办了一个私塾。几年后，他为了能够在科学上有所建树，先后去了法国和德国。他在巴黎进入了亨利·勒尼奥实验室。他在那里工作了一年后，在 Heidelberg，门捷列夫开始自己独立地进行实验研究。不过，在那样的情况下，他可以经常去其他的化学家家中做客，例如，去柯普（Kopp）那里，他们一起去卡尔斯鲁厄 Karlsruhe 的议事厅听名人的演讲（有关阿伏加德罗（Avogadro）的分子大模型和坎尼扎罗（Cannizzaro）的原子量说等），再有，他也曾去本生和基尔霍夫那里向他们学习分光镜的使用方法……这是非常令人羡慕的事情。他通过几年的不断拜访，学到了很多东西。这为他以后在研究上能够一显身手奠定了很好的基础。他的流浪日子至此算是彻底改变了模样。

门捷列夫并没有因此而骄傲自满。他在结婚后更加热爱研究工作了。比如，一本 500 多页的有机化学教科书，他仅用了两个月的时间就编写完成了。他也因此而获得了多米多夫（Domidoff）奖金。有关化学博士荣誉的获得，他凭借的是论文《论水与酒精之化合》。他因此而被人们称作是"化学界的哲学家"，他当时才年仅 32 岁。但是他真的是个实干家，有着卓越的学识。圣彼得堡大学特别聘请他为该所学校的正教授。

之后的 20 年间，他开始了对元素周期律的细致研究，对于这一点，之后我们再作详细的介绍，在此略过了。当时正是俄国的沙皇时代，社会文化几乎消灭殆尽。虚伪、贪婪、专横、无知和残忍充斥整个社会。值得一提的是在当时，托尔斯泰、奥斯特洛夫斯基、柯皮林等人的新文化运动，他们提倡平等的思想和行为，在他们的启发下，"深入民间"的口号渐渐呼声高涨。

门捷列夫在当时是响应这一号召的。旅行和游玩是他的爱好。和下层的农民和工人谈天说地在他看来是件令人高兴的事情。他为了回归朴素经常主动去坐三等车。他并不支持沙皇，可也不曾参加对沙皇进行反对的地下组织。他对沙皇的反对可以通过他不在政府任职，经常有意远离中央控制看出来。门捷列夫是当之无愧的化学家，自然哲学家，同时也是热心支持社会改革的人。社会的公平正义在他的心目中高于一切，他清楚地知道自己的研究工作是为了整个人类社会和人们将来的幸福。

门捷列夫在 1876 年的时候，去了美国宾夕法尼亚州勘测石油，这是他主动向政府申请的。在那个年代，对于石油的重要性，没有几个人想得到。他事先读了一篇瑞克（Drake）上校的报告，然后才决定去美国。报告上说曾经有一口深度为 65 英尺的油井被上校他们在美国的宾夕法尼亚州的泰特斯威尔（Titrsville）钻探成功，报告的时间是 1859 年。门捷列夫认为石油将来一定会有无比重要的作用。为了能让祖国更多的人认识到石油的重要性，他主动请缨前往那里进行试验。再后来他又通过马可·波罗的一篇文章了解到，高加索境内巴库（Baku）也有一种可以燃烧的液体从地下流出来。于是门捷列夫又把实验室搬到了那里。

门捷列夫一生都热衷于化学事业，到晚年，他成了一个极右主义的爱国者。门捷列夫在 1904 年 2 月日俄间爆发战争的时候，参加了海军，并且发明了一种无烟火药（Pyrocollodion）。这其实就是焦性火棉胶，以此来支持海军，支持自己的祖国。但是，俄罗斯仍然在这次战争中失败了。这位当时年近古稀的老人，一时间对于这样的结果无法接受。终于在 1907 年 2 月的一天，伴随着家人对《游行北极的日记》的朗读声，这位身体不适的老化学家永远地离开了我们。不仅如此，俄国著名的分析化学家门舒特金（Menschutkin）的离世和门捷列夫只相差两天。随后不到一年的时间里，在俄国常住的有机化学家贝尔斯坦（FridrichK. Beilstein）也离开人世。俄国的化学界从此陷入了一蹶不振的时期。

门捷列夫的一生获得了很多的殊荣，尤其在国外获得的远远多于国内的。他在1880 年获得莫斯科大学"荣誉员"称号是很多人强烈推荐的结果。在这之前，他早已凭借自己的《元素的周期分类》取得了英国皇家学会颁发的戴维奖章。又过了几年，英国化学会又把法拉第奖章颁发给了他。之后授予他殊荣的还包括：德美两国的化学会，剑桥大学，普林斯顿大学，哥廷根大学，以及牛津大学……但是，国内并没有人对他为化学研究所付出的巨大努力给予肯定。就连当时"衡量局指导师"的称号，也是时任经济部长的谢尔盖·维特（Sergius Witte）接连说情的结果。

他的工作只占用了很少的时间，多数的时间他都是陪在妻子和孩子身边。女士

当时在俄国并没有什么地位。可是门捷列夫有着不同的看法，在他看来在享有工作和接受教育的问题上男女应当平等。因此，在他的实验室和教室里并不缺乏女人。

门捷列夫的第一次婚姻并不幸福。在有了两个孩子后，夫妻两人就分手了。他的再婚是在47岁那年。这次他娶的是一位颇具艺术家气质的年轻美女，她的名字是安娜·伊维洁娜·波波娃（Anna Ivanovna Popova），一位哥萨克人。再婚的妻子非常善解人意，对于门捷列夫的感情，心意，性情等都十分了解，不仅如此，她还是个不贪图富贵的女人。所以他们生活过得很好。那段时期的门捷列夫曾多次宣称：我人生中最幸福的事情就是有妻儿围绕着。他对利奥·托尔斯泰（Les Tolstoy）设计的服装非常喜爱，并经常买来穿。对于生活中妻子在礼仪上给出的建议，他总不忘回以感激的眼神。对于书籍他更是喜爱有加，特别是游记类的书籍。对于音乐和美术他也非常感兴趣，可是他并不喜欢去歌舞剧院。对于妻子的铅笔画，他经常性地给予赞许和鼓励，妻子画的牛顿、托马斯和法拉第……的画像挂满了他的书房。

门捷列夫在研究上的初见成效是在1869年。从那一年起，他为了研究化学元素秩序，不断地阅读、实验、钻研等等，一干就是20年。对收集到的数据进行分类整理，排序等是他每天必不可少的工作。他憧憬着看不见的自然秩序能够被自己发现。这项研究工作非常繁琐劳累。分布在上百个实验室的上千名科研工作者共同参与了这项工作，他们都要听从门捷列夫的调度。他们共同对推动世界文明的元素进行研究和探索。很多时候门捷列夫都会亲自试验，为了个别数据的精确到位。总之他耗费了大量的时间在这些工作中。

人们发现的新元素数目越来越多。不仅包括古代制造工具用的金、银、铁、铜、铅、汞、锡、硫以及碳元素，另外还有6个被炼金师发现的元素。但在当时人们的目的并非是想增进对自然科学的了解，而是要去寻求金子和长生不老的灵丹妙药。把人们引入自然科学阶段的是，元素锑被德国物理学家巴塞尔·瓦伦廷（Basil Valentine）发现，他为此作了一番神奇的描述，就在这一年哥伦布发现了新大陆。还是一位德国人格奥尔格·阿格里科拉（Georgius Agricola 1494～1555）于1530年在《冶矿学》（这本书被哈柏·胡佛（Herbert Hoover）翻译成英文是在1912年）一书中简要地描写了元素铋。之后又有向西方介绍锌元素的帕拉塞尔苏斯（Paracelsus）。在尿液中提取磷元素的波兰特（Bracnde），再后来砷和钴也被他们添加进了元素表。

18 世纪初期，又有 14 种新元素被科研人员先后发现。一块非常奇异的石头被西班牙船员登·安东尼奥·乌洛河（Don Antoniode Ulloa）在平托河金矿中捡了回来，这其实就是一块陨石。人们开始并没有对它加以重视。直到 1735 年人们发现了铂金，这块石头就成了抢手货。之后人们发现的新元素接连不断，像不燃烧的氩、有亮光的镍、人类生存离不开的氧、比较稳定的氮、害人身体的氯、耐高温的钨、防盗设备用的材料锰、避免铜生锈的铬、还有钢的组成成分钼，钽……再后来相对特殊的钍、铀、锆也被人们发现了。

19 世纪的元素发展史是被英国人哈契特（Hatchett）揭开的，元素钶（现在改名为铌 -Niobium）就是被他发现的。在康涅狄格州 (Connecticut Valley) 至不列颠山脉 (British Museum) 一带的黑色矿石中就有这种元素的成分。发现新元素的声明此时是接连不断。法国、英国、瑞典以及德国的化学杂志在 1869 年都相继报道了 63 种化学元素。

这 63 种元素的全部数据都被门捷列夫收集了过来，同时他还收集到了尚未得到人们证实的元素信息，那就是具有极高反应性能氟的数据。最后摆在门捷列夫面前的是五花八门的各类元素。它们有着区别各异的原子量，从氢的 1 到铀的 238。形态不同的存在状态，常规下有以气体存在的氧、氯等元素，也有以液体存在的汞、溴等元素，还有以固体存在的其他元素。有质地非常柔软的钾和钠等；也有质地坚硬的金属就像铂、铱等。不仅如此，有的金属比水重 2～3 倍，比如铁；有的却可以漂浮在水面，比如锂。另外它们还有着不同的颜色，比如，铁、碘是灰色的，磷是白色的，金是黄色的，溴是红色的。像铬、镍等金属可以抛光，可像铝、铅等金属无论如何也抛不光。金放在空气中没有任何反应，可是铁就会生锈，换成碘就会气化。对于元素的分子，有成对的氧，也有成三，成四，成八的。再有就是，有些元素要带上手套才可以接触，比如氯和钾等。但是有的元素攥到手心几百年都不会有危险……这些元素多变的物理性质和化学性质简直是神秘莫测！

是否有什么规律存在于这些元素之间呢？它们之间有着怎样的联系呢？我们可以像达尔文找到动植物的进化规律那样，寻找到这些元素间的相互关联吗？带着这些问题，门捷列夫不停地思索，他甚至渐渐掉进了这个问题之中，不能自拔了。

他不断试探，希望找到元素间的内在规律。开始，他的排列标准是以各元素的原子量为参照，由最小的氢到最大的铀。可是这似乎没有什么现实意义。其实早在三年前，英国人约翰·纽兰兹（John Newlands）就在都柏林（Burlington House）的化学会上发表过类似的演说，但是门捷列夫根本不知道这个演说。约翰·纽兰兹的演说中有这样的内容：每隔 8 个元素，元素的性质就会与第一个出现重复。他还用钢琴键来比喻自己的说法。88 个钢琴键，每 8 个分为一组，它们各自成为一个周期。这八个钢琴键的排列和每组元素的排列是一致的。但是约翰·纽兰兹的理论被人们笑成是"八音律"。费斯特（Foster）教授更是讥讽他根本没有搞清这些元素的性质。但是约翰·纽兰兹依旧继续坚持研究。他认为，钠在水里发出的咝咝声就好比钢琴键上的高音，这正是化学元素的排列关系形似钢琴键的表现。可是约翰·纽兰兹的观点被人们看成是无稽之谈，渐渐被人们忽略。

门捷列夫也是热衷于寻找元素规律的人，通过细致的研究和阅读资料，他跳出了人们的非议圈。他把 63 种元素的资料分别写在 63 张小卡片上，然后挂到实验室的墙壁上。逐一的进行计算，重新归类排列，不断地变换顺序。就这样反复计算、调整，最后元素间的关系渐渐清晰了。

元素被他分成了 7 组，第一列的开始是原子量为 7 的锂元素，后面依次是原子量是 9 的铍，原子量是 11 的硼，12 碳，14 氮，16 氧，19 氟。第二列打头的是物理和化学性质接近于铍，原子量为 23 的钠元素。后面依次排列了五个元素。等轮到氯元素时，他发现氯和氟的性质极为相似，在门捷列夫看来这根本就是奇迹。他后来又做了很多的实验，以找到对应这个奇迹的证据。一张方形的元素周期表最终完成了，这是他不懈努力的结果。门捷列夫还写了一篇特别有名的报告来阐释这个元素周期表，他告诉人们"每个固定的位置都对应着相应的元素。"他把很多的例子都引入了报告中，好比第一组（被他当时称作第一号）中包括性质非常活跃的金属锂、钠、钾、铷、铯，第七组包括性质非常活跃的非金属元素氟、氯、溴、碘。

门捷列夫元素周期表揭示的就是元素的性质和其原子量的周期函数关系。换句话说，元素的性质是周期循环出现的，它们之间的间隔是 7 个元素。这惊人的发现根本就是最基本的自然规律呀！在门捷列夫的元素周期表中，第一族的元素要与氧结合必须要有两个原子来完成；第二族的元素要与氧结合则只需一个原子来完成；第三族则是需要三个氧原子和两个自己的原子才可以结合。后面的几族以此递增。这其实就是自然界中最简单的规律。他的研究成果使人们对化学的学习变得轻松简单了许多。整族元素的性质都可以根据一个元素的性质推敲出来。

可是，对于这个元素周期表的实际应用，门捷列夫心里也是没底。为了彻底弄清元素的特性，他反复进行试验，不断阅读相关文献。炎热的实验室里，门捷列夫的眼睛从没离开过元素表，他的脑子里也从未停止过对元素间规律的思索。向来做事谨慎的他不想由于误判而遭人嘲笑，不想让自己的发现存在差错，他不停地实验、研究、计算。最终，有一处错误被他发现了：根据原子量，碲应当排列在碲的前面，因为碘的原子量是127，而碲为128，假如碲在碘的前面，其现有的原子量就是不正确的。为了进一步阐述自己的推测，他特意写了一篇论文。他怀疑是不是还存在其他的人所不知的原因，所以将碘排列在了后面，但是他用引号做了标注，用来表示自己的疑问。他并没有因为这个小小的错误去指责对原子量进行测算的人，只是心存怀疑，但是后人最终证实了他的怀疑是正确的。这也体现了门捷列夫的伟大。

在当时的研究条件下，金的原子量是196.2，仅次于铂元素的196.7，可是金反倒在铂的后面。就为这个，一些心胸狭隘的人就对他的排列进行责骂。门捷列夫于是站出来勇敢的辩解说这一定存在分析上的错误，自己的元素周期表是没有错误的。结果真的是这样，他的话被精确的化学天平证实是没有错误的，他的发现再一次被证实是没有错误的：金的确应当排在铂的后面，门捷列夫元素周期表又一次被证实了！

从那时起，门捷列夫被看成是神一样的能人，受到了所有人的尊重和敬仰。

可是，还有一个没有解决的问题。那就是元素表的空格位置。这里是不是还存在尚未被发现的元素？最后他得出结论，认为一定是这些元素还没有被人们发现。他根据第三族铝下面的空位，作出了类铝元素的预言。没过多久，他又根据砷和铝之间的空位，作出了类硅的预言，这些都被他向外界作了详细的声明。他的预言激起了全世界的科研工作者的研究实验的热潮。人们对这位备受瞩目的预言家、欧陆外乡人论文里提到的尚未被发现的元素深信不疑。为了对门捷列夫预言的元素进行寻找，全世界的科研人员几乎找遍了任何可能的角落：工厂的残渣、地壳、大海的底部……门捷列夫的门庭里，无论春秋冬夏，都不断有来拜访求知的人们。

他的第一个预言类铝元素被发现于 1875 年，是被法国化学家在铝土矿，闪锌矿利用分光镜发现的。最后将其分离出来，发现它的性质和门捷列夫预言的类铝接近。布瓦博特朗命名为镓 -Gallium。

但是仍然有些人对元素表不信任，在他们看来，类铝的发现不过是巧合罢了。他们还嘲笑地说，假如能够对未知的元素进行预测，且预测准确，岂不是天空中什么时候会出现一颗新的星星都可以被预测了。这是当初化学之父拉瓦锡说过的话，此时被不信任者拿来推翻门捷列夫的预言。拉瓦锡原话的大意是："我们对元素数量和性质的议论不过是些形而上学上的理论，这只会让我们掉进云里雾里去。"

可就在此时，门捷列夫的另一个预测元素被德国的文克勒（Winkler）发现了。被发现元素的性质和门捷列夫的预言非常接近，他们都被震惊了。对于门捷列夫的预言，他们都十分清楚：元素的颜色是灰白色，72 是其大概原子量，5.5 的密度，和各类酸在一起不会有什么变化。为了对这一预测进行印证，他们工作时几乎忘记了吃饭，终于在硫银锗矿里提炼出了一种灰白色的元素。最后测得性质和预言没有什么区别。这个新元素被文克勒命名为锗 -Germanium。事实与预言如此接近，没有人怀疑它就是被预言的类硅。

两年之后，斯堪的纳维亚的尼尔森发现了类硼。门捷列夫由此受到了全世界科研工作者的尊敬和仰慕。

门捷列夫是一个受人敬仰的预言家！他所制定的元素周期表，其理论起源于 1860 年到 1870 年之间。期间，德国的德贝莱纳，法国的尚古多，美国的库克，英国的纽兰兹等人的研究都给了门捷列夫很大的帮助。更让人意想不到的是，和门捷列夫在同一时间，德国化学家迈耶尔（Lothar Meyer）同样在研究元素周期律。两个从未谋过面的人，更不可能对元素周期律有过任何的讨论。对于自己的发现，迈耶尔也曾于 1870 年公开发表论述。由此看出，这是元素周期律日趋成熟的结果。这些善于寻根求源的研究者们，占尽了天时地利人和。正像一首歌中唱到的："由上而下的天光会首先照射到高高在上的他们……"

CHEMICAL
MYSTERY

八、居里夫人发现镭的故事

华沙的夏天，晴空万里，到处都洋溢着醉人的欢乐。

父亲、姐姐、哥哥都为玛丽的成功感到骄傲和自豪。

家中的玛丽显得轻松了很多，饭量见长，晚上休息也有了规律。从巴黎回来没几天，她的脸色就变得好看了许多。

忽然有一天，父亲询问玛丽说："亲爱的，不知你是否愿意留在华沙教会和爸爸生活在一起？"

可是想想巴黎有自己的梦，有自己的数学学士学位，玛丽犹豫了。她清楚地知道，之后自己的日子会更加艰难，仅依靠父亲的汇款是远远不够的。而自己的存款已经没有了。假如筹集不到学费，她根本没有办法再回学校了。

就在此时，巴黎的好朋友伊斯嘉给玛丽寄来了信件。

玛丽曾经对其诉说过自己的家庭境况和人生理想。她这封来信就是告诉玛丽一定要坚持自己的理想。

在信中，伊斯嘉还说，她已经为玛丽申请了大约 600 卢布的"亚历山大助学金"，这是专为外国留学生设立的奖项，这笔钱可以够玛丽四五个月的生活费用。这对玛丽来说简直就是天大的喜讯。

父亲没有再阻滞自己的孩子，虽然心里有太多的爱护与不舍，因此说："那就一切小心，我的孩子，一定照顾好自己。布洛尼亚在信中说你常常只顾学习而忘记了自己的身体。"

"放心吧，爸爸，最多再有一年，我就回来了。等我实现学士学位的理想，就那也不去了，好好留在您的身边。"

就这样，玛丽在9月的一开始又回到了巴黎。可是没想到，她的这次决定竟改变自己的一生，使自己成了法国人。

真的是命运难测！

玛丽在新学期的开始，再次地踏入巴黎大学文理学院，她此次只修数学一门课程，所以就用兼职教师来打发课余时间。

她所教的学生都是本学校的法籍学生，他们有着很好的基础。玛丽教课只要用自己的物理知识即可。和那些爱捣乱的学生相比，这次的教学非常地令人愉快。玛丽从来不怕辛苦，努力地工作，但愿能够得到报酬以此来偿还助学金。她在老师普曼的介绍下去了法国工业振兴协会搞科研工作，主要是对和钢铁有关的磁性问题进行研究。可是这项工作的难度超出了她的想象。

就在玛丽为工作理不出头绪的时候，她居然迎来了一位意想不到的访客柯巴尔斯基——一位非常有名气的学者，某大学的物理教授。玛丽非常仰慕他。他们之前在斯邱基村碰到过。

度假和探望玛丽就是这次柯巴尔斯基来巴黎的目的。

玛丽高兴极了，在法国遇到波兰的同乡，心中说不出的兴奋。

柯巴尔斯基邀请玛丽去了他下榻的旅社。两个人进行了愉快的交流。他们谈了很多的问题，相互的状况，最近一段时间的物理学说，当然也包括钢铁的磁性问题。于是，玛丽把近来困扰自己的问题说了出来：找不到合适的研究场所真的让人头痛。稍稍停顿的柯巴尔斯基接着说道："这样吧，我推荐你去个地方吧，巴黎理化学校的教授培尔·居里那里。他的名气很大，就住在罗蒙街。你在他那里或许能够借到实验用的地方。这样吧，你明天晚上再来一次，我会把培尔·居里请过来，到时候见面聊。"

玛丽高兴极了，不住地表示感谢，最后回去了。

培尔·居里当时是巴黎理化学校实验室的主任，年仅35岁的他就发表了有关磁学的"居里定律"，还发明了"居里天平"，名气传遍了英、法、美、德等学术界。

就这样玛丽在第二天晚上见到了培·居里。"玛丽·斯科罗特夫斯基，波兰人，现就读于巴黎大学理学院。"

"这位就是培尔·居里，居里定律的提出者。"柯巴尔斯基为他们相互介绍说道。

玛丽非常恭敬地和自己敬仰的学者握手。

培尔·居里比自己想象中的更显年轻，玛丽被他那满脸的微笑和庄重的气质震慑了。

他们两人此后的接触次数逐渐增多。两个人共同发现，太多的相似点存在于两个人的身上。尤其是那种对待追求知识而舍我其谁的态度，简直就是一个模子里刻出来的。

在玛丽的住处，两人畅谈所有，不加拘泥，都非常高兴，每次都会聊到很晚很晚。

玛丽收到的培尔·居里送给自己的著作，其上写着这样一句话：

赠与斯科罗特夫斯基小姐。

以表作者无尽的爱慕和友情！

培尔·居里

培尔·居里有一次温和地对玛丽说道："能否陪我一同去看望父母？他们很好相处，真的。"

玛丽面带微笑点头答应了培尔·居里的邀请。当时正是 6 月，在一个十分凉爽的夜晚，培尔带着玛丽来到了巴黎市郊两位老人的家里。

"真不敢相信，和我自己的父母没有什么两样呀。"

玛丽亲切地打量着这位智慧满载的老先生和旁边虽有疾病缠身但是依然精神矍铄的老太太，心中不禁这样赞叹道。

这位老太太在第一眼就喜欢上了玛丽。当玛丽文静地坐在对面的时候，老太太心中就在盘算着，培尔如果是能够娶到这样聪明恬静的女孩那真是他的福气呀！

这次见面非常愉快。没过多久，培尔的母亲就找到了玛丽的姐姐布洛尼亚家，为儿子亲自提亲。

布洛尼亚和丈夫卡基米尔对这门亲事非常高兴，因为培尔的名声非常好，两位老人的仁爱也是人人皆知。

能够得到家人们的合力支持，培尔和玛丽当然是非常高兴，这其实是他们共

同的心愿。

可是玛丽想到之前对父亲许下的诺言，心里举棋不定。她非常清楚，一旦嫁给培尔，必须加入法国国籍，终身住在法国，这就必须离开波兰。这样在家中一直惦记自己的父亲该是多么伤心呀！

时间飞逝，转眼到了数学学士考试的日子。玛丽为了应对考试，整天在家复习功课，一直没有和培尔见面。

玛丽终于在1894年7月取得了数学学士学位，她的成绩是第二名。另外由于她完成了法国工业协会的研究项目，得到一笔薪金，她用这钱偿还了600卢布的助学金还绰绰有余。

玛丽取得薪金后的第一件事就是去还了助学金。负责助学金事务的秘书非常吃惊地对玛丽说道："你是归还助学金最快的一个，真是很好的榜样呀。"

玛丽含笑回答说："只有我尽快地还完助学金，你们才能尽快地再用它帮助其他有需要的学生呀。因此我必须尽快还上这笔钱。"一席话着实让这位秘书感动极了。

玛丽取得了学位后，决定回华沙。

她的内心在这三天的归程里一直都无法平静。不仅仅是对家乡父亲的思念，和即将见到父亲的喜悦，还有就是对培尔深深的思念，让她的心总也放不下。

父亲见到久别归来的女儿非常高兴。他高兴地说道："亲爱的，你总算回来了，你今后真的不走了对吗？你瞧，父亲想你头发都白了……"

玛丽看着父亲高兴的样子，真的不想让自己和培尔的婚事打搅了他。

可是，临别时培尔对她的不舍和叮咛"玛丽，10月，我等你"，在她的脑海中总是挥之不去。

她不知道该怎样对父亲解释这件事情，如何说？

忽然一天，父亲对她说道："我们父女两人今年夏天出去旅行吧！"

这是期盼已久的旅行，旅途中欢声笑语不断。可是伴随着玛丽的还有培尔源源不断的情书。

　　玛丽：

　　　　亲爱的，见信如面。我最最高兴的事情就是接到你的回信。

　　　　祝愿你们旅途愉快，相信你的身体和精神一定会在这次旅途中得到很好的调养。我耐心地等待你的归来，10月的秋天是属于我们两个人的。

　　相信你会按时回来的，这是我们两个人共同的幸运。巴黎会是你事业上很好的平台，你可以很好地研究你的学问，为推动人类事业的前进贡献自己的力量。

培尔

　　玛丽的心里也有同样的想法。她真的很喜欢学问，可是要追求学问就要放弃自己的家乡华沙，到群雄云集并且开放的法国巴黎。这就必须要远离自己的父亲。想到此处就显得特别纠结。

　　玛丽的父亲早就在布洛尼亚的来信中知道了一切，他也明白玛丽的心思。

　　培尔出身书香门第，兄弟们也都学有所成，他自己更是一个卓有成就的科学家。玛丽能够嫁给他是再好不过的事情了。

　　父亲的思想并不古板，游玩归来，就和玛丽谈论此事，说道："亲爱的，你是不是有什么事情要和爸爸谈谈？"父亲说完，又拿了布洛尼亚的信给玛丽看。

　　"对不起，爸爸。我真的不想让您伤心。假如我和培尔结婚，就要离开华沙，离开您。"

　　哪知道父亲并没有像玛丽想象的那样伤心难过，而是爽朗地说道："你的心情我能够理解。对于你的离开，我的确会感到孤单，可这也是你的事业呀，父亲对于女儿正确的选择永远给予支持。对于培尔，在这之前我就听说过，他在物理学上的巨大成就令人敬佩，我非常赞同这桩婚姻。由于你的出嫁我可能会寂寞，但是这不应当成为你们的羁绊，对于你们两个的婚事我非常赞成。"

　　这是怎样的亲情呀，这是怎样让人敬仰的父亲呀，玛丽的眼中含满了泪花。

　　玛丽和培尔的婚礼于1895年7月26日在培尔父母的家中举行。

　　两位科学巨人的婚礼就在这样简单，朴素，但却异常欢快的气氛中度过了。

　　为了参加玛丽和培尔的两人的婚礼，希拉和父亲特地从华沙赶了过来。

　　两人结婚后的蜜月之旅是别具一格的，他们是骑着新买的脚踏车去的。

科学家母亲

　　玛丽和培尔结婚时已经是27岁了，而培尔当时是36岁。

　　蜜月旅行回到家，两人就把一栋公寓的五楼全部租了下来。白天培尔去理化学校讲课，玛丽的工作地点则是实验室，到了晚上两人一起回家。

　　书架、桌子、两把椅子就是他们的全部摆设，真的是非常的简约。在玛丽看来，

买的东西太多反而要花费很多的心思去打理它们，这样就会占用很多的读书时间。

简陋的装饰真的是对他们帮助挺大的。有客人来发现没有椅子，待的时间就不会太久。对于没有要事的闲客就会很快离开。

培尔的父亲有一天来看他们，环顾屋里的情景说道："有什么需要的吗？我帮你们买，就当是结婚贺礼了。"

玛丽把自己的想法委婉地告诉了公公。老人家还是觉得不可理解，但也对他们的敬业精神十分感动。

培尔的工资仅有 100 法郎，不是很高，可这在玛丽的精心操持下也不觉得艰苦。但是加上他们做研究要购买大量的参考书，这就有些入不敷出了。为了摆脱生活上的拮据，玛丽决定开始进行中学教师资格考试。

在那个时候，玛丽在生活中扮演着多个角色，身兼数职。

第一就是家庭主妇的角色，做菜、烧饭、洗衣是少不了的，第二还要坚持实验，最后就是利用睡眠的时间来应战教师的资格考试。

玛丽的时间安排得非常紧凑，购物的时间都被取消了。她为了节约时间，买菜都是在培尔还没有起床的时候，然后在利用晚上和培尔回家的时间顺路买些日用吃食等。

在刚结婚的时候，玛丽在安排做饭上感到非常吃力，有些时候甚至感到头痛。她之前也下过厨房，但想想那都是中学以前的事情了。啃面包就是她大学时代的家常便饭。正因为此，在家庭组建之初，对于做饭当然是力不从心。可是作为妻子做饭是必须的呀！就因为这一点，玛丽时常到姐姐家去学习做饭，可是这毕竟是一项长期的工作，即便是有了路数，这色香味还是一时出不来的。好在，专心搞学问的培尔一向对此不太在意，以至于对于玛丽背着自己去学习厨艺的事情，他一点也不知道。

当玛丽兴高采烈地询问培尔："今天的饭菜如何，口味是否合适？"

得到的回答却是这样的："什么味道怎么样，有个方程式一直让我捉摸不透！"

这可是两天前，玛丽为了培尔刚刚在姐姐那里学习的一道菜，现在却得到了培尔如此的评价，真实让人哭笑不得。除了学问，他几乎不在乎任何东西！

玛丽其实和培尔是一样的人，即便是在忙碌的家务之后，她也要抽些时间用来做研究，她的研究工作从来不曾停止。

石油灯下总是能看到夫妻两人彼此用功读书的身影。而这灯几乎总能亮到午夜 12 点，甚至凌晨 3 点多。

第二年的 3 月，一封来自华沙老家的信件寄到了玛丽手中，希拉就要结婚了，邀请她去参加婚礼。玛丽随即就写了回信。

亲爱的哥哥：

我已经收到了来信。对于婚礼，我们发自真心的给予祝福，可是真的对不起，我们现在真的没有时间回去亲自参加婚礼。

现在我们所有的时间都给了读书和功课。就连看戏，听音乐等娱乐的时间都没有了。

我们过着极其简朴的生活。我为此不得不付出更多的努力，以求能够顺利地通过中学教师资格的考试。真希望这样可以缓解我们的生活压力。

巴黎的朱槿现在正是盛开的时节，它价格不贵还非常美丽。我们简陋的公寓里经常的装饰也只有它。

就写到此处吧，谨送上妹妹对婚礼的祝贺，对于妹妹无法回家参加婚礼，请给与原谅。

妹妹玛丽敬上

在天气炎热的 8 月，玛丽最终以第一名的成绩通过了中学教师的测试。培尔非常高兴，于是对玛丽说道："这是件高兴的事情，玛丽，让我们一同出去玩玩，共同庆祝一下，你想去哪里？"

玛丽也明白，培尔有着和自己同样的爱好，那就是骑单车出去兜风，于是也高兴地回答说："那就骑单车兜风去。"

他们这次去了高原地区玩了一趟。在紧张快速的生活节奏下，两个人都没有忘记大自然的美丽。一旦挤出时间来，他们都会到环境优雅的乡村去调养自己疲惫的身心。他们对学问研究的活力会很快地在大自然抚慰下焕然一新。

两个人携手穿过高原，越过小溪，并在黄昏到来之际，找到一个乡村旅店投宿。在夫妻两人看来，人生最快乐浪漫的事情莫过于骑着单车在月夜里兜风了，这让人遐想无穷。

玛丽的第一个女儿名字叫伊莲，她出生在 1897 年 9 月 12 日。伊莲也曾是诺贝尔奖的得主，可是刚出生的她真的是瘦弱极了。玛丽为她操了很多心。

此刻的玛丽既要做好丈夫的妻子，又要做好孩子的母亲，还有做好自己的学问研究，她更加忙碌了。玛丽竭尽全力地做好每一个角色。可是人毕竟不是万能的，玛丽由于过度的操劳，身体逐渐衰弱并消瘦了许多。经过姐夫卡基米尔的诊断，结果很糟糕，玛丽感染了肺结核！

玛丽的母亲就是死于这种疾病，这让向来坚强的她也不禁有些担惊受怕。

母亲的身影再次显现在玛丽的眼前，她的眼睛里含满了泪花。

卡基米尔让玛丽一定要休息调养数月，但是想到母亲当年经过休息和调养最后骨瘦如柴的样子，她依然否定了这一意见。

"我才30岁，依然年轻，并且伊莲太小了，她离不开妈妈。我实在放不下我的研究工作。我相信病魔一定会被我坚强的意志吓退的！"

玛丽依然紧张而有序地安排自己的生活。为了照顾伊莲，她请了一个奶妈。这样在她和培尔都上班时，伊莲就由奶妈来照顾。玛丽还一再的嘱咐奶妈，一定要经常把伊莲放在儿童车里带到公园里去散步。

每次到公园里，小伊莲都非常的开心。玛丽有时在实验室不能安心地工作时，也会忍不住离开实验室到公园里去看望小伊莲。

伊莲虽说有奶妈照顾，但是玛丽还是经常自己为孩子洗澡、换尿布。在玛丽的心里，为女儿做这些是她无比高兴和快乐是事情。

小伊莲有一次得了百日咳（一种流行性感冒），总是哭个不停。夫妇两人都没有心思读书，连续在女儿的身边守护了几个晚上。于是，培尔的父亲，这位做了一辈子医生的老人主动接过了照顾小伊莲的重任。

培尔的母亲在伊莲出生后不久就去世了，培尔的父亲一直一个人孤独地生活着。为了更好地照顾小伊莲，他搬了过来，和玛丽夫妇两人住到了一起。

培尔不得不找了另外一个光照好，空间敞亮的公寓，全家一起搬了进去。这样就是一个三代同堂。玛丽夫妇、小伊莲、老居里，在这里快乐地生活着。

老居里之前做过医生，又是名学者，他现在只是一心照料小伊莲，对于夫妻两人的读书和学习，他很少去打扰。

玛丽的生活，在公公到来后，自如了很多。家里有了他的帮助，玛丽有了更多的时间和精力，这让她又有了做另外一个项目研究的想法。

她现已经获得了物理和数学双学士学位，还完成了对法国工业振兴协会委托的钢铁磁性研究工作，又拿到了中学教师的资格。可接下来该做些什么呢？想来想去，她决定要写论文。

她首先和自己的家人沟通了想法。她害怕家人不支持自己的决定，孩子小和家庭困难是现实存在的问题。

可是令她意想不到的是，培尔和公公都非常支持她的想法，还由衷地为她能有这样的决定而自豪。

也正是家人的理解和不断地给予鼓励，才促使玛丽在日后的工作中能够战胜数不尽的困难和艰险而终于登上了成功的巅峰，并两次获得诺贝尔奖，世界公认首屈一指的科学家。

仓库实验室

玛丽自小就偏爱冒险。在儿时，和小朋友们一起出去玩，即便去的地方非常熟悉，她也会选择不同的道路，又时还要找别人不知道的路。日常生活中也总可以找到这方面的影子。

她同时也从不畏惧艰难。她从不会被任何的困难吓倒，总是积极地想解决的办法。当下她一边写博士论文，一边开始研究别人从未接触过的工作。可是，到底该进行哪项课题的研究呢？在这之前，她需要对大量的物理和化学界最近的实验报告进行详细的研究。她相信灵感一定就蕴藏在这里面。

在此期间，法国物理学科研工作者亨利贝克勒尔的报告引起了她浓厚的兴趣，她反反复复读了很多遍。

对于柏克勒尔的物理学报告，玛丽认为极富启发性，虽然他的研究尚在进行阶段，不过这个研究一定是一项非常了不起的研究。

玛丽由此拿定了主意，她一定要对贝克勒尔射线作更深一步的研究。

在当时人人皆知的 X 光研究的基础上更进一步的发展就是"贝克勒尔射线"。

贝克勒尔坚信有和 X 光相似的东西存在，从没有放弃在这方面的研究。就这样金属盐——铀盐被他在实验室中突然发现了。

铀盐是种非常奇怪的东西，没有光的照射，它同样可以发射光线。不仅如此，被铀盐发出的光线居然可以不受非透明物质（比如黑纸）的阻挡，和周围的空气发生反应。它们即使长期地被黑暗包围，这种光线也不会消失。玛丽后来把这种

稀有的现象称为"放射能"。是什么样的物质造成了"贝克勒尔射线"？这种放射性又有什么样的性质呢？

当时对此进行研究的只有贝克勒尔，其他的研究所都没有这样的研究，所以贝克勒尔在 1896 年向法国科学院提交的报告是唯一的资料。

玛丽最感兴趣的研究目标就集中到了这些非常有限的资料上。没准还有新元素藏匿其中呢！玛丽这样想着。

玛丽和培尔讨论了自己的想法，培尔也表示同意，两个人于是马上行动开始进行研究。

可是，随后的问题接连不断：在什么地方进行试验呢？培尔向学校请求了帮助。最后经过双方协商，学校把一间仓库和放置机械的栈房借给了他们作为做实验用的地方。

仓库太陈旧了，连地板都没有，屋顶还有雨水能漏进来。呆在这间仓库里，夏天会闷热无比，到了冬天，就会直接应战房屋缝隙间的凛冽的寒风，真是极不舒服。摆放在里面的设备更是陈旧不堪，仅有的一块黑板几乎没法使用了，一张站不稳的桌子，还有身上长满铁锈的烟囱壁炉。

这间之前曾隶属于巴黎医学院的解剖室用的屋子几乎透光，潮湿得厉害。

不遮风不挡雨没有什么，可是这阴暗潮湿对于体弱多病的玛丽是最严重的了。更重要的是，电流计的准确程度也会受到这潮汽的影响。可是他们没有其他的选择，他们就这样在这个简陋的实验室里坚持研究了四年。

在研究的开始，玛丽就总也想不明白：这种神奇的贝克勒尔射线到底是铀矿特有的现象，还是碰巧而已？这样的现象是否存在于其他物质里？假如是这样的话，存在这种现象的就不仅仅只是铀，还应当包括其他物质。她要证实这些。就这样，学校汇集到的所有矿石都被她拿了来，逐个地被放到电流计的实验台上，反复地检测。皇天不负有心人，历经无数次的试验后，一种极其强烈的放射能被他们在沥青矿，也就是铀核镭的原矿中发现了。

沥青矿中含有铀，矿石具有放射能是应该的，对于这一点玛丽和培尔都非常清楚。可是不同的是，在这里检测到的放射能是铀的 4 倍多，这让他们异常的兴奋。这个新的发现让他们手舞足蹈，他们要了解这一现象的本质。

这里面一定包含尚未被人们发现的新元素，夫妻两人都作出了大胆的想象。

他们只有经过更艰苦的研究才能证实自己的想象。这是一个全新的研究领域，没有资料可以查找，没有高人可以请教。

走投无路的玛丽就找到了里普曼教授，和他谈论了自己的想法，希望有所启示。没曾想到老师极不高兴，冷冷地回绝了玛丽，"对于你的研究我是早有耳闻，居里夫人恕我直言，你的研究可能存在偏差，最好能够马上终止。"

从来不言放弃的玛丽对自己的推测依然坚持，她当时真的想回复老师一句："你错了，我的研究是对的。"

但是，玛丽没有这样做，随便找了借口，和老师告别，速速离开了学校。

可是伴随着玛丽和培尔的不断深入研究，并不断地公布研究情况，玛丽的老师里普曼教授逐渐转变了自己的看法，开始对她的研究价值给予肯定。在1898年4月12日的学士院例会上，里普曼教授发言说道："一种具有较强放射性的新化学元素可能被玛丽·斯科罗特夫斯基·居里发现了。"这是仓库中苦苦鏖战的居里夫妇向物理界放出的晴天霹雳。他们的研究仍在继续，这种元素究竟是什么？在沥青矿中它的含量是多少？

经过研究得出结论，它的含量居然不足百分之一！如此低位的含量，放射出的能量如此惊人！整个学术界被这一发现震惊了。

夫妇两人继续对沥青铀矿进行分析，希望可以得出发射放射能的成分。他们不敢相信，这是两个元素同时释放的放射能。

第一种元素终于在1898年7月被玛丽发现了。这个元素被她用自己的祖国波兰语言命名为钋。这是夫妇两人向科学界发出的第二个晴天霹雳。

艰苦的研究

玛丽和培尔的生活一如既往，只是相比之前更加地忙碌了，生活依然艰苦。

玛丽为了节约生活开销，善于节俭的她时常在夏季水果上市价格比较低的时候，买回很多，然后再制成果酱，以备冬天食用。玛丽的工作有很多，实验、做饭、炒菜、洗衣、照料伊莲，此外还有年迈的老居里。但是玛丽并没有被这些重担压倒。她的双手一直操劳，粗糙程度堪比工厂里的工人。

钋的发现曾令她高兴一时，但是却依然掩盖不了之后的失落情绪：自己的姐姐和姐夫要返回祖国开办疗养院，他们要把最好的服务提供给祖国的肺结核患者。玛丽真的孤单了，她心里很难过。

　　玛丽的那段生活非常坎坷多磨，可是，即便是困难再大，夫妇两人的研究工作也从来不曾中断过。这对夫妇曾因为钋的发现而享誉世界，可是5个月后，那是12月26日的一天，在科学学士院大会上，他们又向全世界人们宣布发现了第二种新元素镭。

　　整个的学术界都被钋和镭的发现震惊了。两个人对于新元素特性的发表，致使很多年以来科研工作者们所坚持的物理学上的个别法则被推翻了。以前的研究人员总以为，放射性物体内部发出射线是由于受到外界光的影响，但是居里夫妇证实钋和镭的放射线是它们自身发出来的。

　　对于镭，在这之前没有人接触过，更没有人知道它的原子量。夫妇俩的报告招致很多学者的怀疑，人们都不相信这种没有原子量物体的存在。人们要看到镭的实物才肯相信。

　　这个要求被居里夫妇答应了。

　　接下来是个更棘手的难题，怎样从沥青矿中提炼出钋和镭？如何证明这种新元素的存在？只有在矿石量非常巨大的情况下，才能够提取出含量如此稀少的元素。也可以通过玻璃工业的铀盐中提取，因为这只有奥地利的某座矿山才有，所以成本太高。这要有庞大的经费和更大的实验室。

　　为了减少开支，当夫妇两人发现钋和镭还可以在提取完铀的残矿中提取时，他们决定用价格比较低廉的残矿来代替沥青矿。所以，他们马上和维也纳科学学士院取得联系，到矿山就此事进行洽谈。

　　其实，奥地利也正非常头痛怎样处理这些废弃的矿渣。他们早就有这样的想法。可是，他们依然不明白玛丽和培尔的真实意图，一直追问："这东西对你们有什么用处吗？假如要，我们会多送一吨。"

　　这真是车到山前必有路，解决了第一个难题。奥地利方面还表态，之后再次购买，价格可以随意。

　　但是仅有奥地利的支持是不够的，经费问题依然没有得到解决。

　　对于这样云里雾里的实验法国政府不想出钱。所以，他们只好自己解决。

　　奥地利赠送的矿石终于运来了。一辆满载沥青铀矿的货运马车，在一天早晨来到了理化学校。

　　实验室里跑出来的玛丽身穿着工作服高兴极了。

望着眼前包含钋和镭，并且还带有泥土的茶色矿石，玛丽真的是发自心底的高兴。看着工人们把矿石卸下车，夫妻俩的信心更加坚定了，他们一定要好继续研究下去。世界上能对这件事充满信心的，恐怕也只有他们两个人了。为了继续探索钋和镭，在玛丽 31 到 35 岁的四年间，成为了她们生活最艰苦的四年。

仓库里的夏天异常闷热，并且还有浓浓的烟雾弥漫其中。身上的工作服掺杂着灰尘和汗水，特别脏。浓烟熏得眼睛、喉咙剧痛无比，可是这样困苦的环境没有阻挡住他们对目标的追求，他们依旧不断地利用大锅提炼矿石。

一到了秋季，巴黎时常有阵雨袭来。实验室里地方不够，玛丽和培尔时常被迫把机器搬动外面工作。突如其来的阵雨会弄得夫妇两人非常的狼狈，手忙脚乱地把机器又搬回仓库里。

冬天也十分艰难。为了把有毒的气体及时排出屋外，他们必须保持仓库的门窗是打开的，吹进仓库里的刺骨寒风会使得他们拿笔都十分困难。

研究工作依然火爆地进行着，困难还没有完。就连风也开始和他们作对，它们把灰尘吹进实验室，又把重要的卡片吹得到处都是。甚至又一次伊莲发烧生病了。

在那段时期，玛丽忙碌的身影就像陀螺。每天晚上的 10 点以前是她照料孩子、老人，做饭，洗衣……的时间，之后是安排第二天的实验预定表，研究参考论文……只有等到两点以后才是休息时间。

医生叮嘱的休息和调养生活怎么能够是这个样子的呢？可是玛丽依旧没有停止，一年、两年、三年。玛丽是个没有太多奢求的人。在旁人的眼中，这样的日子太过艰苦了。可是玛丽并不这样认为。节奏虽说快了些，正好不空虚，钱是少了些，可也不至于饿肚子。和大学时在宿舍里啃面包、喝白水、一心在桌旁应战考试的日子比起来，现在这样挺好的。

可是，生活对夫妻两人的考验并没有结束：奥地利方面一直联系不上，购买做实验用的沥青铀矿他们一直没有运送到。

艰难的研究，困苦的生活，培尔都有些坚持不住了。他们都有些筋疲力尽。对玛丽来说也非常劳累，可是她从不轻言放弃，她反过来用自己坚强的意志安慰培尔，一定要再接再厉。

于是，在重重困难中，他们不断前行，研究报告每年都发布一次，虽说进展非常缓慢，可这报告毕竟是物理学上关于放射性最重要的一份，所以人们一直都非常关注。

曾有一次，锕的发现者，一位年龄不大的化学家——安德烈·波恩专程去参观了他们的实验室，在精神上给了他们很大的帮助，波恩对于在研究中所要付出的艰辛非常理解。

他紧紧地握着居里夫妇的手发自内心地祝福他们早日成功。

夫妻俩人非常高兴。在实验最最困难的时刻，居然有同行来拜访，并表示理解还给与了很大的鼓励，这让他们更加坚定了自己的信念，干劲儿十足。

实验依旧艰苦地进行，可是经济状况越来越不容乐观了。

存款就要没有了。想到经济，两个人怎么也高兴不起来。

一天早晨，培尔把一封信递给了正要工作的玛丽，并说道："亲爱的，这是日内瓦大学寄来的信件。"玛丽有些不知所措，低头看着这封信。

培尔·居里先生和夫人：

听说你夫妇俩人正在极其艰难地从事着镭的研究工作，敝人由衷地表示钦佩。今特列举以下条件邀请两位担当我校的教授，并担任实验所指导工作之职。

第一，特聘培尔·居里先生为我校物理系教授一职。

薪资为一万法郎，另有房租补助等。

第二先生同时对我物理实验所进行指导工作。

对于实验所需经费面谈，实验器材单算，还可配备研究助理两名。

第三夫人可在实验所担任要职。

瑞士日内瓦大学校长

这份聘书有着非常优厚的条件，极其诚恳的语气。薪资可以给到一万法郎，还可以购买实验器材。答应这些，目前所有的困难都可以得到解决。这真是天大的好消息。

培尔手里拿着信，思索着这些，真的为之所动了。可是，到了第二天，玛丽却和丈夫这样说："我一整晚都在想这个问题，我认为拒绝这份聘书才是我们最好的选择。"

丈夫先是一愣，可是随即明白过来，于是接着说道："不错，玛丽，我能理解。如果接受聘请，单单备课就要花费几个月的时间，我们对于镭的实验就会受到影响。再者，把这个实验搬到国外也不是很现实。假如工作地点不是在遥远的日内瓦，而是在国内，可能还会好些。"

片刻之后，培尔晃晃肩膀，很无奈地叹道："可是，生活还是要继续，我们还得想其他办法。我最近要在理化学校辞职，到医科大学预备学校去教课，那里的工资更高些。"

玛丽满眼爱意地看着自己的丈夫，说道："其实我也要请求你的原谅，我也背着你到凡尔赛附近的赛佛儿女子高等学校去应聘了。"

"是吗，他们给出答复了吗？"

"我可以去担任客座教授，时间一年，在 7 月 29 日开始，主要教一二年级的物理课。"

"真是件不错的事情，可是，这样你会更加忙碌呀！"

"再没其他办法了，坚持生活吗！镭的实验也不可以中断呀！"

即使是再艰苦的生活，也是可以走下去的，这一直是玛丽坚定的想法。

发现镭

玛丽和培尔在 1902 年的 4 月终于取得的第一阶段的成功。自从发表了沥青铀矿中含有镭的报告，历经 3 年零 9 个月的艰辛实验，这个成果真的来之不易。

夫妻两人终于看到真真实实的镭了。重量虽说只有一毫克，可是这也是他们多年来努力奋斗的结果。用这微乎其微的镭来证明镭元素的存在已经是绰绰有余了。

世界的目光顿时聚集到了这个被设在仓库中的简陋实验室。

玛丽和培尔被镭的发现这一巨大的喜悦震撼着。他们沉浸在其中，连续几个晚上都睡不好。

"培尔，今晚再去看看镭好不好呀？"

"好极了，我们走。"

此时已经是深夜十点钟了，老居里和伊莲早已睡着了。镭的影子总在玛丽的眼前晃来晃去，这使得她看书都无法静下心来。

两人激动地拿了外衣就向实验室走去。空无一人的罗蒙大街寒冷异常。瓦斯灯蓝白的光圈透过马路两旁的窗子照射出来。

两个人满心想的都是镭，静静地走在街道上一言不发。

漆黑的实验室里，唯独桌子上的镭闪耀着一团蓝白色的磷光，真的是美丽极了。他们被它吸引着一步步地走过去。这就是3年零9个月历经重重困难实验研究才换取来的镭。黑暗中，两人激动得一句话也说不出来，只是相互地紧握住对方的双手，就这样静静地站立着。过了很长很长时间，几乎有一个世纪，两个人的内心才渐渐恢复了平静，极其不舍地离开实验室向家里走去。

刚一进门，满眼困意的女管家揉了揉眼睛说道："太太，就在你们离开时，收到了一份电报。"

电报是华沙来的，约瑟夫发的。玛丽非常的紧张，心中略感不祥。

"父亲病危，速回。兄笔"

寥寥数字，却刺痛了她的眼睛，更刺痛了她的心："不，爸爸……"这突兀的打击，让玛丽感到眩晕，胸闷得很。

"怎么回事，怎么了爸爸？"培尔抢上前去，夺过电报看了看。玛丽的心已经跌入了深渊。

"我前些天邮寄回去的信，不知父亲收到没有？"玛丽把发现镭的这一好消息写在了信里，告诉父亲实验成功了。

"爸爸一直都在期盼着我的成功，可是就在我即将成功的时候，病危了，老天呀！"玛丽痛哭得犹如孩子一般，依靠在培尔的胸前。

"爸爸，您一定要等着女儿，我一定会赶回去看望您的！"之前约瑟夫在来信中曾告诉过玛丽，父亲做了胆囊切除手术，但是恢复得很好。玛丽因此而感到放心，没曾想到会发生这样的事情。

老居里听到了哭声也从卧室里走了出来。他对玛丽父亲的情况也非常惦记，因为年龄太大了。

"我这就回去，一刻都不能停留了，立刻！"玛丽这就收拾行李，要以最快的速度赶到父亲的身旁。

但是，在那个时候，法国去波兰一定要办理入境手续。玛丽焦急地等待着办理入境证，心急如焚的玛丽匆匆地跑上火车，浑身都湿透了。

北欧的5月，风景秀丽，气候尤其宜人。透过列车的车窗，崇山峻岭间花儿朵朵鲜艳，犹如一幅美丽的油画。面对着这美丽迷人的景色，玛丽毫无心思观赏，她内心太过焦急了，她盼望着火车快些、再快些。

"爸爸，您一定要等我回去呀！女儿还要见您一面。天呀！请你赐福给我的

父亲吧！"

玛丽的祈祷从来没有停止过。可是，令人悲痛欲绝的加急电报再一次地到来了。

"爸爸去世了。兄笔"

"不！父亲，为什么不等等我呀！"

悲痛的玛丽马上在车上给哥哥、姐姐回了电报，一定要等她回到家后再进行葬礼。

玛丽焦急地赶回华沙，看到的却是花圈围绕下父亲的棺木。她请人把棺木的钉子拔去，然后打开棺盖。她要最后一次细细地端详自己的父亲。里面平躺的父亲，静静的，犹如大理石像一般，眉头紧锁，嘴巴微张，好像和玛丽有千言万语的话诉说。

玛丽心痛得一句话也说不出来，几次都要昏厥过去。一旁的希拉缓缓地对着棺木说道："亲爱的父亲，您最疼爱的女儿——玛丽回来看您了，您可以安息了，去吧，天国里妈妈在等您……"

强忍痛楚的玛丽大喊了一声"父亲"，眼泪犹如滚滚的江水般再也忍不住了，失声痛哭起来。她明白，在这个世界上，最最疼爱自己的父亲已经不在了。

玛丽的脑海中如雾如烟的往事就想过电影一样。自己 16 岁那年，去邱基村，父亲在一个下雪的早晨把她送到车站的情景浮现在了眼前。

"父亲，您一定多多注意自己的身体呀！"

"孩子，你也要多加小心。"

满面慈祥的父亲仿佛就在眼前。

又是一幅自己在学习完物理学学士课程在华沙和父亲相聚的情景。

"父亲……等这个数学学士学位毕业了，我的愿望实现了，到那个时候我就会一直陪着您，再也不离开您，和您生活一辈子。"

哪曾想到世事多变呀，玛丽不仅没有好好地陪过父亲，竟连最后一次和父亲说话的机会都没赶上。

玛丽哭得犹如孩子一般，在父亲的棺木前，她一直跪着，希望能够得到宽恕。

玛丽的哥哥和姐姐告诉她，就在它研究镭的实验开始，巴黎学士院对外发布的实验报告是父亲最关心的事情。对于之前告诉父亲发现镭的那封信也已经收到了。父亲在读到那封信时的激动的模样是无法用语言来形容的。

父亲曾在去世前六天的最后一次日记中写道："镭终于被我的女儿发现了，感谢上天！"

父亲和母亲合葬在一起。完成葬礼，怀揣满腹的忧伤，玛丽又回到了巴黎。

这个本就身体瘦小的女人被这艰苦的工作和失去亲人的悲伤双重袭击着，患上了强度失眠的症状。每到夜晚，房间里总能看到玛丽独自一人徘徊的身影，她无法入眠。

培尔也被累得患上了关节炎。

镭的发现在整个研究中只能说是前进了一大步，但是这并没有取得决定性的成功。为了对实验报告进行补充整理，病痛缠身的玛丽不得不继续坚持没日没夜的工作。为了对经济方面的压力有所缓解，她们夫妇两人都去了学校做兼职教师。

玛丽不仅坚强地挺过了当时的艰难，还在此期间发表了《有关放射性物质的研究》这一论文。

这篇论文首先要通过三个人的审查，他们是由巴黎大学文理学院审查委员会派遣的，玛丽还要通过口试这一关。

口试的主考官是老师里普曼教授。他们虽说是非常亲密的师生，但是考试毕竟是无私的。

玛丽非常流利地回答了委员会提出的每一个问题。情不自禁的时候，她还会用粉笔在黑板上连写带画。

有很多人旁听了这次口试。由于她们刚刚公布发现镭的时间不长，镭的出世在人们心中引起的轰动效应尚未平息，所以很多研究学者都想亲自听一听发现者自己亲口对镭的性质进行解说。在旁听席就坐的另外还有培尔和父亲以及专程从华沙赶来巴黎的玛丽的姐姐布洛尼亚。对于玛丽和委员会之间的一问一答非常细心地聆听着。

作为主考官的里普曼教授和来旁听的人们都被玛丽的讲解感动了。最后玛丽的老师里斯曼教授用十分庄重的口吻宣布："本委员会经过审议决定，为玛丽·居里颁发本校的荣誉奖和物理学博士学位。"雷鸣般的掌声顿时传遍了整个会场，长久未衰。

里普曼教授继续对玛丽说道："请允许我以论文委员会的名义把由衷的祝贺送给你！"

热烈的掌声再次传遍了整个会场，这对老师和学生彼此相互紧密地握起了双手。

在开始阶段，大多数人都想着发现镭的主要功绩应当归结于培尔，然后才轮得上玛丽。可是所有人的看法都被这次答辩考试扭转了过来。

荣获诺贝尔奖

整个学术界为何因为镭的发现而轰动不已呢？

这是由于镭的发现，使得之前人们一直都认为的物体总是由固定元素构成的这一说法被推翻了。

镭是一种组合元素，组成它的就是放射光的氦气和射气。也就是说，镭的放射性本身就是一个变化的过程。假如铀这种衰变达到一半的时候所需时间（就是我们说的半衰期）是几十亿年，那么镭所需的时间只有 1600 年！可是，射气的寿命仅有十年。

人们在这个基础之上又对镭做了进一步的研究，发现它对于癌症还有着非常好的治疗效果。我们后来用"居里疗法"来对镭的治疗进行称呼。

法国学士院在 1902 年为居里夫妇拨款 2 万法郎，请他们帮助在 5 吨矿石中提取镭元素。

镭有着特别有趣的性质：对于它的磷光，我们在阳光下是看不到的；但是它可以在黑暗里用来照明。不仅如此，任何不透明的物体都无法对它放射的光线进行遮挡。即便用黑纸把它裹得严严实实的，底片还是会因为它感光。包裹它用的纸或者棉花时间长了会被腐蚀成粉末。只有厚铅才能遮住镭的射线。

钻石的真假也能够用镭进行鉴定。钻石的光芒都是对其他光反射的结果，它自己并不会发光，这是我们每个人都明白的事情。所以真的钻石在被镭射线照射时可以发出耀眼的光芒。可以释放出热能是镭的另一个独特功能。一小时内镭所释放出的热能可以令相同重量的冰融化。如果没有任何的发热物体在镭的附近，那么温度比其他地方高出 10 摄氏度或者更多的就是镭的藏身之处。

假如在一个真空玻璃管里放入镭，就会有紫色或者蓝紫色的光在玻璃中发出来。不仅如此，有种不同寻常的气体（射气）会被镭发射出来，并且消失得也很有规律，这种射气也存在于温泉中。

所以说，镭的发现对人类的意义影响深远，人类前进的速度会被镭的这些特性向前推动。

居里夫妇做过的实验不下数万次，值得庆幸的是最终取得了圆满的结果，镭被他们发现了。四年的时间里，一共有 32 篇报导被他们发表，人们也都积极地回应着这些报导，真的是令人欣慰。

夫妇两人在 1903 年被英国皇家学院邀请去作演说。可以在英国最高知识的殿堂发表演说，这代表了无上的荣耀，更重要的是，作为被邀请的女性，玛丽是第一位。

夫妻两人把一粒镭带去了英国。在所有出席的学者和科研人员面前，夫妇两人用这一粒镭做了各种实验。整个学术界都被夫妻俩人在英国的举动震慑了，英伦到处都是传颂对他们的赞誉。

早已习惯了实验室里安静的夫妻两人被这一连串的宴请、欢迎会、美酒、无数的祝贺……搞得有些不适应了，似乎是生活在梦幻之中。

玛丽就穿了件已经被化学药品烧坏的家常便服，站在一群贵妇人当中，一双由于做实验而变得粗糙异常的手也没有用手套去遮掩。培尔身上的裤子也显得有些陈旧。

酒席宴上的人们都对夫妇俩的研究成果赞不绝口。而作为他们自己，显得非常淡定。玛丽看着那些被戴在贵妇人身上的首饰，不仅暗暗盘算着：假如用这么多的钱来做实验，那一定可以做很多次镭的实验。

夫妻两人被皇家伦敦协会授予最高荣誉奖。

居里夫妇一向致力于科学研究，奖牌对他们的意义不大。如果把一面金牌挂在一个极其简陋的屋里显得很不协调。就这样，奖牌被他们给了小伊莲做玩具。

此中情景被前来拜访的朋友看见了，非常吃惊，玛丽却毫无反应地说："这个玩具是小伊莲最喜欢的。"

不仅仅是这位友人，就连全巴黎都被夫妻两人对于实验的积极态度和对待奖牌的漠不关心的态度深深打动了。

瑞典斯德哥尔摩学院于 1903 年 12 月 10 日决定把本年度的诺贝尔物理学奖颁发给居里夫妇两人。

设立诺贝尔奖的是瑞典科学家阿佛德·诺贝尔，他是炸药的发明人。巨额的资金和有价证券被诺贝尔存入了银行。在诺贝尔死后，这些资金和证券产生的利息被赠送给为世界做出重大贡献的人作为奖励。其中物理、化学、生物或者医学、文学、以及和平是诺贝尔奖奖金的 5 大项。

当年的物理学奖得主是三个人，居里夫妇加上贝克勒尔射线的研究人，这是因为玛丽灵感来自贝克勒射线。

诺贝尔奖得主依照惯例都要发表简要的演说。可是当时正是严冬，劳累过度的玛丽病得起不来床，没有能够去当面领奖。没有办法，居里夫妇的奖项由法国公使代为领取。

夫妇两人因为诺贝尔物理学奖的获得，声名更是传遍了全球的任何一个角落。全世界四面八方的记者都要对他们进行采访。可是一向不大看重名利的夫妇两人都认为这是一个极大的困扰。这一点能够通过玛丽写给哥哥的信上透露出来。

哥哥：

我们得到了 6 万法郎的诺贝尔奖金，这是总奖金的二分之一，这可以很好地缓解我的生活状况，只是暂时还没有领到。

近来，我的实验室里总有四面八方来的记者。美国也以极其优厚的待遇邀请我们去做各种演说……我们根本没有办法在这样的情况下安心做学问，真想找一个人烟稀少的地方隐藏起来。说实在的，我们现在的多数精力都被用在了推辞庆祝舞会上，真有些力不从心了。

真不明白人们为什么就是不能理解，我们的研究还需要非常多的时间等着我们去投入。

妹妹：玛丽

当瑞典方面把诺贝尔奖金寄过来的时候已经是 1904 年 1 月 2 日。此时培尔终于能够把教师辞掉，专心做研究了。

6 万法郎的奖金，夫妻两人并没有全部留下来。他们只是把一部分留给了自己，其余一部分汇给了姐姐、姐夫帮助他们在华沙开办疗养院——因为他们多是为穷苦的人进行服务，只有很少一部分收入，日子过得非常艰难。另外还有一部分被他们捐赠给了两三个科研学会。他们理解科研经费对于一个科研组织而言有时候是非常重要的。

最后他们还拿出了部分奖金，对在他们研究室工作的波兰留法女学生，以及被自己教过的学习成绩优异但却比较贫苦的学生，进行帮助。

玛丽最后还非常正式地邀请自己华沙的老师来法国旅游。

桑多潘老师你好：

我是您的学生，玛丽·斯可罗特夫斯基，我之前曾在您那里学习过法语。您可能早就把我忘记了。我当时不过十四五岁。在老师的亲切指导和殷殷教诲中，我吸取到了很多东西，终不敢忘怀。

今学生所寄钱财虽微乎其微，只希望这可以当作老师来巴黎的旅游费用。

一向生活艰苦的我们，实在没有想到可以荣获诺贝尔奖。所以，学生今以微薄的钱财略表对老师的教诲之情。

老师若能到巴黎旅游，将会使学生倍感荣幸。等待老师的到来。

学生玛丽执笔

玛丽的愿望不久后就实现了，桑多潘老师终于来到了巴黎。师生久别重逢，心情久久不能平复，场景让人非常感动。

夫妻俩和大家共同分享了这笔他们历经艰辛得来的奖金。自己是一点也不曾享用。玛丽的生活依旧非常节俭，她仍旧继续去高等师范学校教课，以此来补贴家用。

挑战命运

成名同样要付出代价，居里夫妇也不例外，先前的宁静生活一去不复返了。来自四面八方的信件堆满了桌子：一部分是对镭的有关问题进行询问；一部分是邀请两个人演讲和编稿；还有一部分是商讨专利权的转让问题……对这些信件和直接拜访的人，他们真的是耗费了太多太多的精力。

认真地计算一下，仅需75万法郎就可以制造出1克镭，他们真的可以获得丰厚的回报，前提是把他们申请的专利再进行转让。

培尔一边专心地进行试验，一边又要应对各种生活琐事，在世界各国的经纪人说服下，几次都要差点答应下来。可是玛丽的意志一直坚定从未动摇，她一直这样说："培尔，我并不反对过上舒适美好的生活，但是，这并非是我们研究的目的呀。我们当初真的不曾想到镭有这样大的作用，在治疗癌症方面更是不可替代的，假如我们申请了专利，良心一定会受到谴责。我们不能够独自享有这样贵重的东西。我想把镭的秘密公布给全世界的人民。"

培尔静静地听着自己妻子的说话，一个劲地点头表示同意，心中对自己妻子的敬佩之情油然升高了许多。他回答说："没错，你说的对极了，只要有人向我们询问，我们都要如实地告诉他真相。"

对于这样仅靠一项专利就可以发家致富的机会，他们依然放弃了，并且毫无保留地捐献给了全世界人民。镭工业由此而获得了飞速的发展，很快发展到了世界各地。

居里夫妇曾于 1905 年 6 月访问瑞典斯德哥尔摩，并在斯德哥尔摩科学院就镭的有关问题发表了演讲。培尔在当时的演讲中非常地投入，超过了以往任何一次，观众们都被他深深地吸引住了。

所有人都非常清楚。物理学上几个原有的基本定律都被镭的发现推翻了，甚至连地质学和气象学等领域的某些疑问都被它解释清楚了。

可是对于一些可能出现的问题，培尔又在他的演讲里穿插着作了比较详细而又专业的解说，这使得在场所有的研究人员都要对他们的研究价值作一番新的评估。夫妻两人的健康状况在瑞典迷人的气候和接待人员无微的照料下有了很大的改观。在培尔极其短暂的一生里，这次小小的旅行可以说是最最幸福的岁月了。

他们回到巴黎后，尽量闭门简出以此来减少应酬，可是对于声名显赫的他们，又怎能避免了。

在一天晚上，培尔、玛丽、伊莲都被简陋客厅里的一场新奇表演深深地吸引了，他们都欣赏得忘乎所以，喝彩声更是连连不断，他们都高兴极了。

美妙的音乐声中，一只蝴蝶正不停地挥动着自己闪耀着蓝白磷光的翅膀，在漆黑的客厅了飞翔，这是美国著名的舞蹈家伊弗莱奉献的演出，他是为了表示对居里夫妇的答谢。

事情是这样的，玛丽在报纸上关于"镭会在夜晚发出蓝白磷光"的报道，给了伊弗莱很大的启示，他由此设计了一套演出服。他在舞蹈服装上涂满了磷光涂料，以突出其效果。在演出被推出之后，一时之间，观众骤增，盛况不断。可是有谁会知道，居然是居里夫妇这对科学巨匠的智慧成就这样的表演。

法国政府在看到美国还有其他各国的大学都在不遗余力地对居里夫妇进行邀请，也终于站不住脚了。他们正式把培尔·居里聘请为法国科学院院士的会员，同时在巴黎大学文理学院担任教授的职位，另外拨款 15 万法郎作为实验经费提供给居里夫妇。

又过了一段时间，总费用为 34 万法郎的两座实验室，又被法国政府建立在距离巴黎大学很近的一条街道上，另有每年 12 万法郎的经费由政府拨款。除此之外，实验室工作人员的工资由政府负担。实验室的主任由玛丽担任。

一切都慢慢地走上了正轨，似乎一切都变得如意了。所有的一切都好像越来越好。但是，谁都无法想象，一场突如其来的横祸把这一切摔得粉碎，玛丽几乎被击垮了。那是一个有着绵绵细雨的天气，1906 年 4 月 19 日的星期四。

按说已经到了 4 月的时令，可是冬季雨水的那股阴冷劲依旧。培尔一大早就出了门，他今天要参加大学的午餐会，还要对书稿校正的事情进行商讨。他下午两点走出的科学会馆，原本想去出版社。

倾盆而下的大雨，冲刷着宽宽的街道。雨伞下的培尔急匆匆地穿越马路。灾难发生了！两辆马车相对而来，穿到中间的培尔躲闪不及，在打滑的地面上摔倒了，被快速而来的马车把头骨碾碎了。

马路被鲜红的血液染红了，囤积的雨水被染红了。马路上一片通红。远处赶来的交通刑警，从遇难者身上找出了证件，发现被撞的是居里教授。这一消息迅速飞向各个政府部门，巴黎的各个大学。

学校首先得到了这个消息，他们特派亚伯特校长和勃朗教授到居里夫妇家把这件令人悲痛的事情告诉玛丽。当他们急急忙忙的来到他们的家里，发现家中并没有玛丽的身影。

等没有得到消息的玛丽回到家，已经是傍晚六点多了，阴冷的细雨依旧在飘散着。在临近门口的一刹那，一种说不出的压抑感涌上了心头，玛丽预感着有什么地方不对。

是不是发生了什么事情？深思中的玛丽推开了门。表情严肃的亚伯特校长、勃朗教授和另外四五个陌生人马上映入眼帘。

玛丽心中紧张。那股不祥的感觉更加强大了。发生了什么事情？不会是……她强令自己停止住想象。仰起头，疑惑焦灼地看着每一个人。所有人也都静静地望着她，都不知怎样诉说这件事。

安静压得人们都喘不过气来了，亚伯特校长常常地吸了一口气，断断续续地说道："你好，夫人，你一定要保持镇定，要坚强些。这是个令我们都无法想象的意外，居里先生今天被马车……撞死了。"

"什么，培尔……死了！"玛丽顿时脑袋就蒙了。顷刻间，似乎一切都是在云里雾里，玛丽茫然地站在那里。

"培尔……怎么可能？"玛丽无法接受这样的事实，人们把培尔出事的经过详细地告诉了玛丽，可是对于玛丽是否听清了这些，他们谁也无法确定。玛丽自始至终一言未发，双眼无神。

这不是噩梦，是个真实的令人心碎的事实！

救护车把培尔的尸体送了回来。培尔在一大早出门的时候还是有说有笑的，可此刻头上缠满了绷带，静静地躺在了担架上。玛丽的心碎了！

培尔曾经用过的手表、钢笔、研究室的钥匙被玛丽用力地握在手中，他的体温犹在，玛丽能够感觉得到，手表一点也没有受到损害，表面还是完好的，表针走动的嘀嗒嘀嗒声依旧……

满脸泪水的玛丽轻轻的吻着培尔的脸颊和双手。

即便头上的绷带都已经被鲜血染红了，可是培尔的神态还是很安详。

但是令人心痛一幕有谁能够想象得到呀！"不，培尔真的走了！"玛丽稍稍缓过劲来，犹如躲在角落里暗暗哭泣的孩子，泪水不断。

思绪被拉回到从前，夫妻间曾有过这样的对话："假如我们两个人有一个发生了不幸，那么对方一定要好好地活下去。"没曾想到，这个先去的竟是培尔，还是如此的匆忙。夫妻两人 11 年彼此恩爱的生活就这样随着培尔的离开走到了尽头。

"培尔，我一个人应当如何生活呀？"

培尔离开了，把玛丽一个人留在了法国，玛丽的精神支柱也被带走了。只剩下了 9 岁的小伊莲和 2 岁的艾芙陪伴着玛丽。

母女三人该怎样走完剩下的路呀！玛丽想不出来！这折断了翅膀的鸟儿还能够再次飞翔在高空吗？

"狠心的培尔呀，为什么扔下我们母女三人独自离去呀！真的不想独活。可是小伊莲和艾芙又怎么生活呀！还有我们共同的镭研究又该何去何从！"

玛丽只有把满心的悲痛用日记来发泄出来。

> 培尔，你知道吗？我的桌子上到处都是四面八方来的慰问信件、电报。新闻媒介整天都在对你流星般的人生进行报道。可是这所有的一切只会使我的哀伤更加沉重而已。我现在真的是孤零零的一个人了。培尔，我在你的棺木中放入了院子里夹竹桃树的树枝和一张我的照片，那是你最喜欢的一张。培尔，你不会忘记吧，你离开的时候，院子里的夹竹桃树还是光秃秃的。

对于多次对你申请的科研经费和加入学术会给予的否定回复，法国政府当局和大学曾不止一次地来家中向我表示歉意，并希望能够在你的葬礼前举行追悼会。我没有同意。培尔，11年的夫妻生活对于我们来说真的是太过短暂了，可是我太了解你了，你的灵魂是不会因为他们此刻的颂扬而得到愉悦的。假如在你离开之前，你的申请能够得到政府的批准，相信你会利用这流星般的一生对人类做出更大的贡献来。

现在，一切都来不及了！培尔，我们是恩爱的夫妻，融洽的师生，我现在只能独自一人去打开实验室的大门了。此刻，我孤零零的一个该怎样把这艰难的实验进行下去呀！告诉我该做些什么！

培尔，你回答我呀！

如你所愿，我请来参加葬礼的都是些最亲近的人。可是教育部长坚持要送你到墓地，我没有阻止他，请原谅！

你被葬在了母亲身边，这是居里家的墓地。我在你的旁边给自己留了一个空位。将来，我们还要继续我们的夫妻生活，你等我。我把你最喜爱的花朵撒在了你的棺木上，先让它们代我陪伴着你吧。

就此永别了，我亲爱的培尔。

1906 年 4 月 22 日

满眼含泪的玛丽，写完日记，再也忍不住了，泪水如开闸的洪水般一泻而下染湿了刚刚写的笔记。好长时间，她才把日记本合上。现在已经是巴黎的深夜了，尚未懂事的艾芙甜甜地睡着了，呼吸声非常均匀。

在一片落花和伤痛中，巴黎的晚春走到了尽头。

约瑟夫和布洛尼亚虽然收到了电报，但是并没有赶上参加培尔的葬礼，这不幸来得太突兀了，相隔遥远的他们风风火火地赶过来也没能够送上培尔最后一程。他们不知道该如何安慰伤痛欲绝的玛丽，只有用力紧握着玛丽的双手，这胜过了千言万语。对于心中的悲痛他们必须强忍着，不可以让自己的眼泪流出来，布洛尼亚明白只要自己一开口，痛哭声就会形成一片。

玛丽在葬礼过后，好像是丢了魂一般。每天都不说话。有人过来问候也不过是点头答谢。

玛丽的状态让她的公公、还有波兰来的约瑟夫和布洛尼亚，都非常放心不下，怕她会轻生寻死。

玛丽在那段时间真的是被培尔的死讯打垮了。可是玛丽是坚强的。她的内心正在慢慢地被理智替代，伤痛麻木正在悄悄地消失，这其实是外人无法察觉的。每当她想念培尔感到寂寞时都会拿出日记本把对培尔的思念写下来。

> 培尔，短短的几日分离，犹如逝去了一年。我和你真的是距离如此遥远……
>
> 这里和你在的时候没有什么区别，你用过的参考书依旧是放在桌子上，你穿着的衣物被挂在了衣架上，你曾经一直带在身上的表嘀嗒嘀嗒走个不停……家里的一切和你在的时候一样，这给我的感觉像是你并没有离开，你就在我的身边，一直在陪伴着我们。培尔，对于你在大学里的物理讲座和实验室，政府和学校正在考虑换人。其中实验室是我最放心不下的，你的研究我必须坚持下去。
>
> 对于政府在前几天准备给我的养老金，我没有接受。
>
> 我相信自己的能力，我们的孩子伊莲和艾芙，一定可以在我的精心照料下长大成人。

内心坚强的玛丽并没有被这无尽的悲痛击倒。这个拥有物理学博士称号的坚强女性赢得了大学当局的敬佩和尊重。玛丽被指定为实验室的主任。可是他们一直没有决定受人关注的镭实验室负责人。他们找不出适当的人选。人们都非常的着急，到底有谁可以胜任此项工作呢。

对于这件事，玛丽也记在了和培尔聊天的日记本上。

她在日记中说道：

> 培尔，对于你之前所担任工作的代替者，你最要好的朋友杰尔威和杰克都认为我是最好的人选。两个人已经把推荐函递交了学校。
>
> 他们的想法争得了亚伯特校长的同意。假如这个传统真的被打破了，教授之职被我这个女性担任了，这也真的是一件天大的事情了！

玛丽最不敢相信的事情，却真的成为了事实。

培尔之前的物理讲座被玛丽接替了。

即便玛丽只是个讲师而不是教授，可是作为站在法国大学讲坛上的首位女性教师，玛丽真的无法用语言来形容当时自己的心情。

> 培尔，我现在终于继续了你以前的工作，你之前用过的椅子、教鞭现在我终于又继续使用上了。

培尔，我的心情的无法平静。你的那句"不管有什么样的事情发生，不管有怎样的艰苦生活，我们一定不可以放弃镭的实验。"经常在我悲痛时，心灰意冷时给予我无比坚强的生活勇气。正是因为你给我的坚强的生活信念，使我毅然接下了生活的聘书。

我们到现在分开都已经一个月了。对于盛开在花瓶里的金雀以及含苞待放的藤花和菖蒲这些你比较喜爱的花朵，我都不敢去看。它们会让我忍不住想你，想起我们以前的日子。可是现在想起这些往事直叫人伤心。

整个世界都被培尔·居里的去世震撼了。可是人们总还是要坚强地生活下去。所有的一切终于在两个月之后恢复了平静。

以往比较冷静的玛丽又回来了，随之而来的还有一股新的生活勇气。看到这样的情景，约瑟夫的心终于放了下来，收拾停当返回波兰去了。姐姐布洛尼亚留下来继续陪伴玛丽。

在培尔离开3个月后，到了7月。

布洛尼亚于是和玛丽辞别，她要在第二天离开巴黎。

玛丽先是静静地一句话也没有说，但过会儿又好像有什么事情要说。最后，她把姐姐叫进了自己的卧室。

巴黎当时正是炎热的季节，玛丽却在壁炉里点燃了熊熊的大火。

对于她的举动，姐姐很不理解，"玛丽，你这是干什么？"

"姐姐，我想请你帮个忙，除了你之外，再没有人知道这件事了。"

玛丽说着话，把一个包裹从壁橱里取了出来，然后把绳子剪断。

"这是什么东西呀？"布洛尼亚更加地疑惑了。

这是培尔在车祸时穿的带血的衣裤。玛丽默默地把它们全都剪碎了，然后放入了壁炉。

这些衣裤顿时被壁炉中的火焰吞噬了，化成了无数的灰烬。

"请把我所有的悲伤都一起带走吧，请赐予我无尽的勇气好让我继续生活下去。

坚强的玛丽再也无法控制，和布洛尼亚抱在一起，大声哭了起来。

布洛尼亚的眼泪也忍不住地流了出来，她一边流泪，一边用力抱着玛丽，对于妹妹玛丽的痛楚她可以想象。她把玛丽推到一旁，把她手里的剪刀和衣服拿了过来帮她剪碎了，扔进了壁炉。

姐妹两人再次地将双手紧紧地握在了一起，望着壁炉中熊熊燃烧的火焰，就这样静静的站着。

姐姐轻捋着妹妹的头发，缓缓地说："玛丽，所有都结束了。从今以后的生活会更加艰辛。可是姐姐坚信你一定会有勇气克服一切。从小到大，你都不曾惧怕过任何的艰难困苦，我相信更大的成功一定可以再次地被你创造出来。你或许会更加寂寞，可是你一定会更加具有耐力。一定谨记，你是首位站在法国大学讲坛的女讲师，你的一举一动都在被所有人关注着。再者，就是培尔之前进行的镭单独分离试验，要完成它非你莫属。相信高高在上的培尔一定在关注着你。亲爱的妹妹，为了我们祖国波兰的伟大荣誉，你一定要坚强，一定要坚持不懈！"

玛丽的眼中一直饱含着泪水，可是她的内心还是被姐姐的这番话打动了。继续生活下去的勇气更加坚定了。

"放心吧姐姐，真的感谢你对我的好。我一定会坚强起来的，我要继续培尔尚未完成的事业。之前是我们两个人相互地帮助，可是此刻我只有一个人去完成了。我知道前面的路一定充满了坎坷，可是我不会放弃，我会尽我所能去换回实验的成功。"

布洛尼亚在第二天离开了巴黎，就剩下玛丽一个人了。她真的用自己瘦小的身躯挑起了生活的全部重担和艰辛。

玛丽非常清楚，为了伊莲和艾芙，为了镭实验，她必须告别过去，开始直面新的生活。思量再三，玛丽租下了巴黎市郊一座带有庭院的房子。

这一带是培尔单身时住的地方。可是现在躺在这里却是一副棺木。今非昔比呀！这里距离大学实验室非常远，有半个小时的火车车程，可是伊莲和艾芙在这里可以更好地亲近大自然。

玛丽和孩子们以及老居里崭新的生活将在这里开始。

11月将是新学期的开始。玛丽整个暑假都扎在物理实验所里准备功课，一边迎接大学物理讲师的挑战。

为了能够超越培尔，更是为了推荐者一番盛情，她对培尔的参考书和笔记进行了深入的研究。同时为了认真地工作，她狠下心来，将伊莲和艾芙交给亲戚来照料。独自一人挑战生活。很多时候她都会觉得寂寞，可是她又很快提起信心去面对。

总算，开学了。

她的第一节物理课是在 11 月 5 号下午 1 点 38 分。

玛丽很早地起来首先拿了一束鲜花去培尔的墓地看望了培尔，她这样说："我下午就要去学校讲课了。为了对你的名誉进行维护，对于讲课的内容我准备了一个暑假。身为女性，我对于这份工作还是有些担心，不确定。可是我有信心，为了对诺贝尔奖得奖人的荣誉进行维护，我一定要做到最好，相信你的在天之灵一定会保佑我。"

学生们都挤满整个教室。走廊，校园里也排满了旁听的人。

玛丽的传奇经历已经无人不晓：诺贝尔奖得主，刚刚遭受了重大的人生变故，法国历史上第一个大学女讲师。更重要的一点是，有关镭放射能的说明是今天的课程重要内容。所以这些旁听者大多是大学的教授、媒体的记者、社会名流。

玛丽在上课铃响后，慢慢走进了教室，没有丝毫的紧张。人们在喧哗声中突然寂静下来。

站到讲台上的玛丽，首先鞠躬施礼，雷鸣般的掌声顿时传遍了整个校园。

掌声过后。大家都静静地等待，他们要知道这个首位站到大学讲坛的女性，会有怎样的开场白。

"物理学的研究，在这十年里有了非常大的进步……"

这是培尔在最后一节课里使用过的一句话，玛丽以此作为开场白，并用坚定有力的声音把它说了出来。原子分裂、元素的放射性等新知识，是她这节课的主要内容。

时间飞逝呀。意犹未尽间，下课钟声响了。在深施一礼后，玛丽离开了教室。所有听课的人们这才如梦方醒，再次鼓起了雷鸣般的掌声。

这节课取得了非常大的成功！玛丽的学识更是得到了学校的认可。

玛丽不仅要讲课，还要指导实验室的研究工作。

对于一个四肢强健的男人来说，从事实验的策划直至编写实验报告等一系列的工作，都会感到力不从心，更不用说体格瘦小的玛丽，她只有更加地努力。

他们夫妻两人之前进行的"镭的单独分离"是最为紧要的实验。相比较讲课，这项工作更具艰巨性，更具困难性，这一切叫人无法想象。

玛丽被这高强度的工作和高压力的生活压得无法呼吸，甚至有几次，由于脑贫血晕倒在家和实验室里。这样的工作由玛丽这样体质柔弱的人来担当本身就是有些勉强，可又没有人可以代替玛丽的工作，不单单是因为之前他们夫妻俩曾一起进行研究，更重要的是，这里蕴含着她和培尔两个人共同的梦想。培尔虽然走了，但是她依旧要坚持完成这个梦想。玛丽决心一定要把培尔的遗志、梦想和事业进行到底。为此她可以付出一切。她一定可以坚持下去，因为她还要教育伊莲和艾芙。

对于如何来进行孩子的教育，玛丽有着一套不同于其他母亲的独特方法。其他母亲对孩子太宠爱了，没有正确地进行知识积累教育，所以玛丽的教育方法很独特。

在一个晚春的夜晚，巴黎市郊下起了倾盆大雨，期间还夹杂着雷声和闪电，10岁的伊莲被吓坏了，钻进被窝不肯出来。玛丽把被子掀开，伊莲又扑进妈妈的怀里："妈妈，我害怕极了！"

玛丽硬是推开伊莲，把她放到椅子上，之后把雷电产生的原因用非常通俗的语言讲给伊莲听。

"妈妈，假如雷打到家里来，怎么办呀？"

"我们不怕，有避雷针呢。"

"但是……假如雷去了其他的人家，是不是要起火呀！"

"不会的，我们是用砖头建造的屋子。"

"但是……我不喜欢闪电……"

玛丽于是微笑着走到窗子那里，把窗帘拉好了，"这就可以了，闪电进不来了。"

"妈妈，这样说，雷声其实并不是恶魔在说话了。"

"没错，这只是电在起作用，恶魔都是骗人的。"

"雷其实是不会抓小孩的啦？"

"没错，雷是不会抓人的。"

在玛丽的细心解释下，伊莲的情绪渐渐平稳了下来。

"人们总在打雷的时候往屋里跑，这样说并不是因为怕被恶魔抓走了。"

"是这样的，外面打雷时是非常危险的。特别是待在大树下。所以，人们在下雨打雷时都向屋子里跑，因为房屋上有避雷针，打雷就不必害怕了。"

"妈妈，我懂了，我不害怕了。"

玛丽尤其讨厌用一些稀奇古怪的故事来欺骗孩子。假如有人用一些鬼怪故事去恐吓孩子，那玛丽一定对其进行批评。家里所有和鬼怪有关的书籍都被玛丽丢进了火炉。玛丽要自己的孩子一定要勇敢。她要孩子们都能够懂得世界上的任何地方，包括不明亮的地方都不会有鬼怪存在。伊莲和艾芙在玛丽的教育下，变得和其他孩子就是不一样。她们睡觉从来不开灯，独自上楼也不要别人陪伴，不仅如此，即使玛丽外出，两个小家伙也从不害怕。比艾芙稍大些的姐姐伊莲坐火车去很远的亲戚家度假都不用别人陪伴。

不仅仅是孩子的精神健康，还包括她们的身体健康这些都是玛丽所关心的。她把一些单杠、秋千、跳环等设置在院子里，以供孩子们锻炼身体用。为了加强锻炼，她还把伊莲和艾芙送到了体育学校。

每周日的下午是最令孩子们开心的时候。因为这是忙得团团转的玛丽陪她们一起出去玩的日子。

"我已经为脚踏车打好气了，妈妈。"

"那，让我们出发。"

随后，玛丽、伊莲和艾芙各骑一辆脚踏车，驶向郊外。

要强的艾芙看着妈妈和姐姐骑到了前面，加劲儿猛追。

她们汗淋淋的额头和红扑扑的脸颊被凉丝丝的风吹着，显得格外舒服。

在草原上，她们骑着脚踏车，采摘鲜花；在小溪间停留；露餐在阳光明媚的草坪。

母女三人每次都会记得采摘一些野花回来，并把它们插在餐桌的花瓶里。花香刹那间就会传遍整间屋子。对于这一天的趣事见闻等，一家人少不了要在晚饭期间热闹地讨论一番。两个孩子总是争先恐后地把这一天里的故事告诉在家的爷爷。对于两个小孙女的故事，爷爷也总是听得煞是有趣。关键是玛丽和老居里两个人总是被两个孩子的种种演讲逗得不亦乐乎。玛丽在这个时候总是表现得最快乐。

对于心灵创伤最有疗效的方法莫过于运动了，玛丽非常认同这样的看法。这也正是她总爱抽时间陪孩子们郊游的原因。这样可以使她们对于失去父亲的痛苦尽快地忘却。

玛丽还经常利用暑假的时间，带着伊莲和艾芙出去游泳。

两个孩子身心和健康在玛丽的细心照料下都得到了很好的成长。

当玛丽的生活再次归于平静已经是失去培尔的 4 年后，可是噩耗再次传来，这一切似乎是老天注定好的。

培尔的父亲在 1910 年 2 月 25 日由于肺炎离开的玛丽的生活。玛丽虽然在其得病期间也尽心地照料，但是仍旧于事无补。又有一座新坟建在了居里家的墓园里。

对于爷爷的离开，伊莲和艾芙尤其显得悲痛，哭声不断。她们两个的生活在老居里离开后，只能由女管家进行照顾。玛丽总觉得自己对孩子十分亏欠，对孩子照料得太少了，但是她的工作的确很忙。

幸亏，玛丽的生活还一再地得到远在波兰哥哥姐姐的帮助。特别是希拉，一有时间就来看望她们。他由此而深受小艾芙的喜爱，只要有他在，玛丽的实验绝不会受到艾芙的打搅。

玛丽不会因为孩子没有了父亲而对她们过于溺爱。相反，她有着自己独特的教育方式。她对于孩子们的过失从来都不会给予体罚，而是在一到两天的时间里不理睬她们。这样的处罚方式对于孩子们非常奏效，每回都是她们很快地向自己的母亲认错。其实，这样的惩罚最最伤害的人是玛丽自己，每次都会非常地痛苦。

再次地荣获诺贝尔奖

玛丽在培尔去世之后，一直都独自坚持研究实验。没曾想到，一些让人意想不到的援助还会主动找上门来。

玛丽的故事深深感动了美国的钢铁大王安德鲁·卡内基，她由此而获得了几年的科研经费的捐助，这样不仅仅是科研设备得到了改善，研究人员也得到了扩充。

不仅如此，玛丽的研究还得到了一位科学家的大力协助，这个人就是安德烈·杜比恩。在镭被单独提取的实验研究中，他有着不可磨灭的功勋。

成功终于再次的降临。镭被玛丽单独提取了出来。玛丽因此又一次荣获了诺贝尔奖（1911 年诺贝尔化学奖）。

一生之中和诺贝尔奖两次亲密接触，这一历史性的新篇章被玛丽开启了。

玛丽为了这一科研项目付出的东西太多太多了！自己的丈夫培尔离开了她，于是两个孩子得由她独自一人抚养长大。她必须强撑着自己弱小的身躯，独自一人奋战在那间极其简陋的实验室里。实验、报告这些都是一个人。如此劳累的工作曾多次使她昏倒在地。相比较这些身体上的折磨，更令人难以忍受的是法国学士院给予她的诸多不平等待遇，诸如对于她并非法国人，而是以亡国的波兰人，尤其是个女人等的看法。玛丽对于这些苦楚只能一个人默默地忍受。

但是，她依旧成功了。4 年的艰辛实验，终于取得了硕果累累。玛丽当时 43 岁。

玛丽邀请布洛尼亚和伊莲一同参加在斯德哥尔摩的颁奖典礼。

相同的地点，相同的道路，可是三个人却有着不用的心情。

想到母亲即将受到瑞典国王的亲自嘉奖，伊莲内心对母亲的敬仰就油然而生，敬佩母亲的伟大，为此而无比的骄傲和幸福。

布洛尼亚的脑子里则全是些有关玛丽的一连串不幸的遭遇和艰辛。想想自己的妹妹曾经在小阁楼里没日没夜的苦读，因为劳累而昏倒，可现在终于再一次地获得了诺贝尔奖。如果父亲尚在，他一定会为自己的女儿能够取得如此的荣耀而倍感光荣。

在玛丽年仅 10 岁的时候，母亲去世了。转瞬间都已经过了 33 年的时间。伴随着对这些往事的回忆，泪水打湿了布洛尼亚的脸颊。望着身旁的玛丽和伊莲，她赶紧调转身形，擦干了眼泪。

玛丽心中想的自然是 4 年前和培尔一同来瑞典。如今却物是人非，培尔走了，只剩下了她一个人。

玛丽在颁奖之后，依据惯例发表了演讲。在场的每一个人无不被玛丽的真情实感而深深地打动了。

玛丽满含深情地说道："如今能荣获这样的荣誉，我丈夫培尔的功劳不可缺少，这个项目是我们共同研究的。站在这里，请允许我代表我的丈夫培尔·居里先生一同接受这所有的祝贺。"

本就体质较弱的玛丽，在回到巴黎后就病倒了。对于她的病情，医生劝她申请几个月的静养和休息。

她那弱小的身躯被来探望的希拉、布洛尼亚、约瑟夫看到了，令他们十分担忧。

玛丽的朋友提议她和两个孩子一起去英法海峡那里的一栋别墅去休养。

这个提议被玛丽接受了，她同意去那里休养。就在那段时间里，玛丽收到了一封信，这是华沙邮寄来的。

华沙大学希望请她回国指导正拟成立的放射能研究所，他们还说道波兰受俄国的管制已经没有以前那样紧张了。

华沙大学的教授，为表诚意，还特意地从华沙来巴黎登门拜会她。

在玛丽的心中一直都存在着为祖国贡献自己的力量的想法。尤其是法国政府对于她的歧视从来就不曾改变过，哪怕是培尔在世的时候。她如今又一次获得了诺贝尔奖，可是依然受到法国政府的歧视，实验用的设备依旧不予完善。和现在巴黎的条件相比较，回祖国从事科研工作，贡献自己的力量一定是个不错的选择。

玛丽对于走还是不走？感到非常为难。经过对所有条件的比较，玛丽最终委婉地拒绝了祖国的华沙大学的邀请，决定留在巴黎奋斗。可是为了向祖国表示自己的心意，她向华沙推荐了自己两位最得力的助手。

1913 年，华沙大学的放射能馆开馆典礼，玛丽带病回国参加，受到了波兰全国人们的热烈欢迎。她在每一次的演讲中都会强调，波兰最终一定会争取到民族独立，前途光明。

此次回国最令玛丽兴奋的就是遇到了中学时代的校长。

玛丽一看到校长，就非常兴奋地跑了过去，双手紧紧地握着这位满头白发的老人说道："校长，你好呀！"后面竟然激动地说不话来了。在场的所有人都被这一幕感动了，四面响起了响亮的掌声。

同年的秋季，英国伯明翰大学邀请玛丽前去，将该校的荣誉博士学位授予她。

还是在这一年，镭研究所被巴黎大学文理学院校长里奥博士和巴斯特研究所所长卢博士共同出资创办。

镭研究所包括玛丽负责的放射能研究所和克劳鲁格负责的生物研究以及居里疗法两个组成部分。

建筑家雷诺设计的现代化研究所"居里馆"在 1914 年的 7 月建设成功。

就在身体逐渐康复的玛丽，正要回实验室继续进行研究时，爆发了第一次世界大战，所以只能停止实验。

访问美国

一战结束后，和平的环境再次降临。实验所的研究又恢复了正常。人们在经历了战争之后，对于实验研究这项眼前的工作更加珍惜了。从他们的工作状态看来，似乎战争从来就没有发生过。

在和平的年代，居里疗法这一在战争中被玛丽努力得来的成果很快地得到了推广。

可是，岁月催人老，再者玛丽之前吃了很多苦如今又年过半百，身体状况更不如从前，让人们越来越放心不下，她只能在暑假里多多地休息。

英法海峡是玛丽最喜欢的避暑地。那里也是她们学校教授休假的好去处。

数不清的岛屿依次罗列在海岸线上，风景如画，令人陶醉其中。

一座视野非常好的别墅被玛丽定好住了进去。快乐的时光总是短暂的，结束了悠闲的暑假生活，新学期马上开始了。玛丽此时的健康恢复了很多，又一阶段的工作等待她去努力地展开。

玛丽在1921年5月受纽约数家杂志编辑美洛尼夫人的邀请，带着伊莲和艾芙，乘坐奥林匹克号在马赛港起航前往美国访问。

玛丽的事迹令美洛尼夫人非常感动，她由此向全美人民提出了"玛丽·居里镭基金"募捐活动。这项活动最终募集到了10万美元的款项，他们用此款购买了1克镭等待居里夫人到来后，以此赠送给她。他们还邀请总统亲自颁发此奖项给居里夫人。

居里夫人为了表示对美国各界人士的感谢，不远万里带病对美国进行访问。

玛丽本来可以通过专利申请而获得终身享用不尽的钱财，可如今自己竟连1克镭都没有，仅有的1克也是实验室专用。实验研究时为了能够为人类谋求幸福，而不是充当发财的工具，这是玛丽始终坚信的一点，因为没有申请专利而放弃了发财的机会，对于这一点她始终无悔。我们前面已经提到过这一点。镭的制造方法被居里夫妇公布于众后，世界很多生活富裕并且设备充足的地方都开始了镭的制造。美国当时已经制造了50克。

美国方面发起的"玛丽·居里镭基金"募捐活动就是为了表达对这位传奇女性的敬仰和感激。

法国政府本想在玛丽访问美国之前颁发给她一个奖章，但是被玛丽拒绝了。她这次访问美国不想掺杂任何的其他成分。

仅仅一个皮箱就把母女三人的行李都给装了起来，真是一个行装简单的旅行。玛丽刚刚添置的新衣服还是伊莲多次的软磨硬泡的结果。来港口欢迎玛丽的人们早在游轮进港之前就挤满了整个码头。玛丽被眼前看到的一切惊呆了。

这些人们手里都拿着红白蔷薇花，他们之中有新闻记者、摄影人员、女童军社团、女学生社团等。除了这些人群，港口的上空还飘满了美国、波兰、法国三国的国旗。

这位充满传奇色彩的女性到底是怎样的一个人，每个人都想亲自看一眼。玛丽和两个女儿经历了艰难的突围过程才到达了美洛尼夫人的家里。

一盆非常鲜艳的花朵正绽放在美洛尼夫人的桌子上。母女三人刚进屋，美洛尼夫人就赶紧地迎上前去为她们解释："居里夫人，你知道吗，如果没有镭的力量，这盆花是无论如何也无法开放的。"

"是吗？"玛丽听了这话心中有一丝不解。

"没错，这盆蔷薇是一个得了癌症的园艺家栽培的，如果不是居里疗法，他早就离开人世了。这是他在几个月前就精心培育的一盆花，开放的时间正好赶在你到来的时候，这就是为了表达对你的感激之情。"

"原来是这样呀！"玛丽也被美洛尼夫人的话语感动了。

人们期盼已久的居里夫人终于来到了美国，人们都十分热情地为她安排着行程表。玛丽在美国的行程非常满档，具体的开始日期是在5月13日，具体安排包括：接受各大学荣誉博士的授勋仪式，赶赴各大城市的欢迎晚会等。

玛丽首先到的是女子大学主办的欢迎晚会。她逐个接受了学校代表献来的鲜花或纪念品。同时还有学校授予的"纽约的荣誉市民"之钥。

参加此次欢迎晚会的包括，法国、波兰的驻美大使，各个大学的著名教授，尤其还包括波兰的第一任总统在内，这令玛丽非常吃惊。

想当年这位总统曾以一位不甚出名的音乐家身份在巴黎举行音乐会。他当年的音乐会，玛丽和姐姐、姐夫都曾欣赏过。

只不过当时玛丽是一个穷苦的留学生，而这个音乐家也是个流亡人士。未曾想到，30年后的再次重逢，一个成了两次诺贝尔奖的得主，另一个成了波兰总统。波兰总统在5月20日代表美国把募捐款购买的镭赠送给居里夫人。

居里夫人当天领到的用铅盒包装的镭其实只是个模型，真正的镭是用工厂保险箱存放的。

20日的下午4点钟仪式正式开始。美国总统哈定的夫人、法国大使、玛丽、哈定总统本人、玛丽的两个孩子、美洛尼夫人等先后入场。

不同大学派来的代表，各个国家的外交官和海陆空军军官等早早地就来到了仪式现场等候。所有人的目光都集中到了正中央桌子上摆放的铅盒子上。

存放镭的保险箱钥匙被系在了一条金项链上，哈根总统亲自把它戴在了玛丽的脖子上，并在最后的发言中用"为艰苦的工作献身的伟大女性"来形容玛丽的巨大贡献。

这件事情被各大报纸争相报道。可是尚未在这一重大新闻中醒过味来的美国人，又被第二天另一条更大的新闻震撼了。对于人们捐赠来的镭，玛丽又把它转赠给了研究所！媒体对居里夫人原话的转载是："我一定要把自己的所有完全献给人们。"

所有人都被玛丽的话深深地感动了，无言以对，只有深深的敬意。

在玛丽接下来的每一个访问地点，欢迎的人们更加踊跃，更加热烈。"大家如此的踊跃和热烈，几乎要将居里夫人置于死地！"一句幽默的调侃被一家报纸这样登载着。

玛丽的体力也确实被这样的热情折腾得有些支持不住了。她由于整天都要多次和人们握手，所以最后手痛得无法抬起来了，最终被吊上了绷带。她的体力实在无法支持，所以只能把西部的欢迎会统统辞退了。

可是她无论如何也不能推掉最后一个——芝加哥的波兰人专程为欢迎她而举办的晚会。为了能一睹"祖国耀眼新星"的真面目，芝加哥所有的波兰人全部参加了欢迎会。身在他乡异地，可以看到如此世界闻名的同胞，所有人的眼睛都湿润了，他们高声咏唱着波兰的国歌，把玛丽围了个水泄不通。

6月28日玛丽结束了短暂的美国之旅，带着两个孩子再次登上了"奥林匹克"号返回法国。赠别的电报、花束堆满了整个船舱。油轮的保险箱里还有她要转赠给实验室的镭。她们一同在慢慢地向西行驶。

奉献给科学

随着年龄的逐渐增长，玛丽要终生奉献给科学的信念并没有改变，直到她60岁时，她的研究热情依然高涨。

有辆汽车在每天的上午9点15分都会按时停靠在玛丽的公寓楼下，在三声喇叭的鸣音之后，玛丽就会拿上外衣和帽子走下楼来。车子是来接她去实验室的。等到浑身疲惫的玛丽再次被送回家来，已是晚上七八点钟左右，或者更迟到午夜。

对于母亲的身体状况，艾芙非常担心，每当看到加班熬夜的母亲，她总会这样嘱咐母亲："母亲，你都这般年纪了，千万要注意休息。"玛丽则总是强装没事地说："没关系，我每天都能休息40分钟呢！"

这40分钟的休息时间其实是玛丽和伊莲的女儿艾莲玩耍的时间。这是大女儿伊莲和研究所的物理学者杰里结婚后所生的女儿。每日挤出时间到公园去陪自己的外孙女玩耍是当了祖母的玛丽每日必修的功课。这就成了玛丽的40分钟休息时间！来自世界不同地方的纪念品在家里摆放得到处都是，像一些奇异的花瓶、包含情趣的地毯、好看的水彩画等等。玛丽还被告知，自己的照片被一个环球旅行的人挂到了中国某个地方的孔庙里。

玛丽居住的公寓里在1923年12月26日的这一天，欢声笑语不断。原来是玛丽的四个兄弟姐妹都汇聚到了巴黎，对于心中的喜悦玛丽真的无法压抑，她于是大声唱起了歌谣。

有一所大学刚刚召开完"镭被发现 25 周年"纪念大会，兄妹四人对此进行了讨论。哥哥捋着自己花白的胡子，高兴地说道："法国总统居然在今天这样地评价玛丽'法国有这样一位伟大的居里夫人，真的是倍感荣耀。'我当就在想，假如父亲现在还在世，他一定会对这句话进行反驳'你说的不对，玛丽是我的女儿，她是个地地道道的波兰人。'……兄妹四人都笑弯了腰。

以国家的名义对玛丽进行褒奖这在法国是第一次，同时还颁发给她"国家奖"和 4 万法郎的养老金。

玛丽的这一好消息令三兄妹非常高兴，好像是商量好似的，他们都来到了巴黎参加这一盛典。他们当时高兴极了，坐在台下看着玛丽和两个孩子被以贵宾的身份接受法国各界人士的祝贺。

对于年老的兄妹四人来讲，这一天真的是无比幸福的。想当初那个在华沙女子学校宿舍顽皮的小孩子，如今已经是位七八十岁的老人了，可是依然无法遮掩他们心中的欢乐，兄妹四人谈笑间犹如孩子一般。

布洛尼亚忽然对玛丽说道："不要忘记，你还有一件事情没有做。"

玛丽赶紧追问："什么事情？"

"相信你不会忘记 3 年前你回华沙参加过的典礼吧，就是华沙镭研究所动工的那天。这个研究所明年春天就会完工。波兰人为了表达对你的纪念专程修建了这个研究所，你明年可不能缺席落成典礼。"

玛丽高兴地答应说："放心吧姐姐，我不会忘记，到时候一定回去，就是爬也不会放弃回去。规模好像比我设计的还要大。好想马上就回到华沙，这样就可以吃到希拉的拿手小吃波兰饼了。"

希拉终于忍不住哈哈大笑起来，说："就波兰饼呀。没问题，……玛丽如此努力，我一定做……哈哈哈！"

一旁的约瑟夫又抢着说道："不错，这是玛丽最爱吃的了。每次都可以吃很多。"

"玛丽，你一定不会忘记 7 岁那年，自己的头上系了红丝带，一定要妈妈做波兰饼吃，那时的你真的好馋呀！"

布洛尼亚转移了话题，高兴地说道："等明年你回华沙，我们再一起去维斯杜拉河划船，好不好呀？"

"太好了，亏得我们每年都会到海滨去划船，不会比你们的划船技术差，哈哈哈！"当天玛丽的心情格外好，她那爽朗的笑声总是不断。

约瑟夫一句："玛丽你一定要搞明白，船桨和镭是不同的呀！"惹得在场每个人都大笑起来。

第二年春，波兰镭研究所按期完工，玛丽终于再次回到了华沙，没有令大家失望。

这位声闻世界的波兰女儿同样受到了波兰人们热情的欢迎。参加完庆典，兄妹四人真的如约去了维斯杜拉河去划船，同样是非常令人难忘的一天。

这就是玛丽时时都在想念的故乡，可是没有人知道，这竟是玛丽和故乡的最后诀别。

玛丽在 1933 年 12 月病倒了，她被 X 光检查出患上了严重的胆囊结石。

父亲当年就是因为这个病动手术，但是最后还是没有治好，因此玛丽不想做手术，只希望通过静养来调节。结果令她非常满意，时间不长，真的有所好转，玛丽甚至都可以去溜冰、滑雪了。

这样的身体状况给了玛丽很大的信心。人老心不老。她着手进行放射能著述的编写，以及"锕 X"分离研究的艰难过程。

玛丽仍然是早出晚归，和之前没有什么区别。甚至比之前还要努力，她不停地专心地进行着实验研究。

对于周围的人对自己身体的劝告，她根本听不进去。即便是在严寒冬季，她为了实验数据的准确性，实验室里都不生火取暖。

可能是她对自己的身体有着非常清楚的认识，知道自己来日不多，因此更加地卖力工作。在经过了一段艰苦的岁月，"锕 X"的分离工作终于被她完成了。

布洛尼亚居然在 1934 年 4 月复活节时，不请自来探望玛丽。兴头上的姐妹两人商定一同去法国南部旅行。那里的所有名胜古迹被姐妹两人看了个遍。

"你了解吗？姐姐。来法国南部旅游看这里的名胜古迹曾经是我和培尔的一个约定。这个愿望这辈子看来是不会实现了。但是我和你这次来到了这里，法国的名胜古迹几乎被我们看遍了。此刻的我真的是死而无憾了。"

"不要说这样的话，不吉利，玛丽你看我们不是都好好的吗？ 70 岁才是人生的刚刚开始呀！"

"镭研究的进展非常快，我们的祖国也独立了，伊莲和艾芙也都长大了，我的身体逐渐支撑不住了，身体越来越觉得空寂。"

"以后再也不要说这样的丧气话，用心享受生活的美好，风景的秀丽。你的研究可是一直都在被全世界的人们关注着，要坚强呀。一向都是你来鼓励我的，怎么这次调换位置了。"

"这也不是我想要的，我还想对镭的新作用进行研究呢……但是我的身体真的支撑不住了……"

"你可能是太累了，好好休息一下，经过一段时间的静养可能就会好了。听姐姐的话，好好地保重自己的身体。"

就在这样悲凉的气氛中结束了这次旅行。等到了别墅，玛丽像是感冒了一样，忽然打一下寒战。布洛尼亚马上生起了火。玛丽再次地一抖，就依靠在了布洛尼亚的身上。接到玛丽的布洛尼亚害怕极了。玛丽更是犹如孩子一般，哭个不停。

"好妹妹，不哭，不就是个感冒吗，我们不怕。"

止住哭泣的玛丽缓缓地对布洛尼亚说："这里现在就我们两个人吗？姐姐。"

"没错，要坚强玛丽。"

"姐姐我想并非感冒，我近来时常如此，可能是镭辐射的结果，别人都不知道这件事情。"

"好了玛丽，不许胡说了。你最近是怎么了……就是感冒，只要休息四五天就好了，等你好了我们再回巴黎！"

对于这个问题两个人都无法真正地面对，假如真的是镭辐射伤害，在医学界真的是问题很严重。

休息了几天后，气温升高了很多，玛丽的身体也有了很大的好转，两个人于是商定先回巴黎，然后对身体进行检查。

为了给妹妹诊断，布洛尼亚请了一位颇具权威性的医生。这位医生说是感冒。对于这样的诊断结果姐姐有些不相信，但是她又不想相信自己内心所担忧的。在看到月台上送别的玛丽气色很好时，坐在返回波兰火车里的布洛尼亚才稍稍安心。可是别墅的一幕仍然使她无法遗忘。

"答应姐姐，玛丽，多多注意身体。"

"我会的，姐姐，你也一样。"

两个人满眼含泪的相互吻别。没曾想到这竟是两个人最后的见面。

玛丽在 6 月底再次病倒了。她被医生用 X 光检查出，早年的肺结核部位出现了发炎现象。

人们都劝她去疗养院静养，再没有比静养更好的办法了。

轻揉着母亲的肩膀，艾芙缓缓地说："母亲，你真的需要静养，还是让女儿陪你去吧，去疗养院不错，姐姐也会在 8 月过来陪你，我把阿姨也接到这里来。"

对于艾芙的安排，玛丽并没有像以前一样地严词拒绝，答应得非常爽快。

玛丽满脸慈祥地对艾芙说道："听女儿的安排好了，你一定要叮嘱研究所那边把锕保存好。我回来后还要继续实验。"

对于这样的结果艾芙有些怀疑，她宁愿是医生诊断错误。随后她又请了四位权威的法国医生会诊，他们共同认定是早年的肺结核再次地复发了。艾芙对于这样的结果也没有什么办法，收拾好行装，和母亲一起去疗养院静养了。

玛丽在到达圣杰尔巴车站时突然晕倒在了女儿和护士的怀里。

整个世界都被居里夫人的病危震动了。

疗养院在瑞士日内瓦请来了世界上最好的医生洛克博士。他经过一番检查后发现，玛丽患上了"恶性贫血症"，她的红血球和白血球都没有达到正常人的水平。

可是艾芙对这样的结果无法接受，她不敢和亲朋好友说，她担心太多的人来探望会使母亲绝望。

玛丽的体温终于在 7 月 3 日上午降了下来，她感觉到身体好了很多，没曾想到这竟是回光返照。

"我的精神好了，不是因为吃药，而是呼吸了这高山上纯净的空气。好想回巴黎再看看我的放射能原稿。"玛丽在身体转好后这样说道。

出书这件事是她一直放心不下的。可是，就在 7 月 4 日，疗养院的四周再次被阳光染成蔷薇色的时候，玛丽·居里竟再也没有和人们一同醒来，她永远地离开了我们。她还没有来得及和自己的兄姐见上一面。由于她的红白细胞长期受到镭辐射的破坏，最终转化为恶性贫血症，夺走了她的生命。

玛丽下葬的那天是 1934 年 7 月 6 日，地点就是居里家的墓地，她在那里曾为自己预留出的地方，紧挨着自己的丈夫培尔，那一天的阳光很好，万里晴空。

她的哥哥和姐姐分别拿了一捧祖国的泥土撒到了她的墓穴之上，并告诉他，这是她最喜爱的祖国的泥土……

CHEMICAL MYSTERY

九、诺贝尔和炸药的故事

发明狂之父

对于阿尔弗雷德·诺贝尔这个名字，我们初听起来像是个英国人的名字。所以对阿尔弗雷德·诺贝尔比较陌生的人来说，会认为他的祖先可能是从瑞典迁徙到英国的移民。可是实际上，阿尔弗雷德·诺贝尔是个地地道道的瑞典人。诺贝尔利物斯是这个家族世代的姓氏。诺贝尔的简化称呼始自他的祖父时期，没有人知道这是为什么。

阿尔弗雷德·诺贝尔，炸药的发明者，本故事的主人公，诺贝尔奖的设立者。

追究阿尔弗雷德·诺贝尔之所以成就如此历史伟大成就的根源，这和他的家族历史是密不可分的。他的父亲伊马尼尔·诺贝尔一生之中就曾有过很多的发明，是个地道的发明狂人。这股发明狂劲被阿尔弗雷德·诺贝尔一点不差地继承过来了。先天和后天的优越环境，都为他成为世界上最伟大的发明家奠定了坚实的基础。

他的父亲伊马尼尔出生在贫苦的家庭，吃不饱穿不暖，上学读书根本没有钱。在伊马尼尔很小的时候，就被送往一艘货船上打杂以此挣得生活费用。

可是伊马尼尔坚强的信念并没有被生活的艰难困苦压倒。他对于自己的才能从不有所怀疑。他坚持利用业余时间进行自修，从未间断过。可以成为一名优秀的建筑师一直是他的梦想。皇天不负有心人，伊马尼尔终于在自己 18 岁那年考入了斯德哥尔摩的一所工业学校进行学习。

由于成绩突出，伊马尼尔获得了学校的奖学金。他的学业之所以可以完成，并最终成为一名建筑师正是得益于这笔奖学金的帮助。

伊马尼尔有着非同常人的独特个性，尤其是在发明创造方面。他对发明创造非常地迷恋，时常因为研究新的机械而忘记了休息的时间。他有几项专利是关于机械改良的，但是并没有获得推广。他把自己的大量精力都投入在了发明创造上，并没有对建筑业细心地钻研，所以他在建筑行业的工作进展缓慢，收入始终无法提高，生活的贫苦状况并没有得到改善。

虽然伊马尼尔的生活如此贫苦，但是仍然俘获了安莉艾特·亚尔茜尔小姐的芳心。夫妻两人携手同进，共同创造新的生活。两个人结婚后共生育了三个孩子，他们分别是：罗伯特、路德伊希和阿尔弗雷德。

伊马尼尔虽说非常穷苦，但是作为设计师，他无论如何也要为自己的妻子和孩子建一栋小房子。不仅如此，他还为了自己狂热的发明愿望设计了一间实验室。

他钟情于发明创造，全身心地投入其中。所以，他的内心非常充实。但是这些都无法使他发明的东西受到人们的欢迎。他的生活也因为他无法全身心地投入到工作当中去而显得非常拮据。

追究其发明不受欢迎的根源是伊马尼尔的发明创造只是凭借自己的想象而不讲究实用性。就像是在突然的一天，他拿了一个非常大的橡皮带出现在妻子和三个孩子的面前。高兴地说道："瞧，这是什么？"

"好像是帐篷。""你说的不对，这是登山袋。"

孩子们抢着说出自己的想法。

"哈哈哈，我的儿子就是聪明，但是都没有全部答对。它既可以当作帐篷也可以当作是登山袋。不可思议的是它还可以用来遮挡风雨。"

孩子们高兴地嚷着："哇塞，爸爸太棒了！"

"还不止这些，人们渡河都可以用它的帮助来实现。"

"不错的主意。探险用它可真是个好工具。"

"停停停，探险可不能有这个，这是行军用的，我专门为军队设计的。"

可是没有任何国家的军队对他的发明感兴趣。他的发明没有得到各国军队的认可。像这样在他自己看来非常伟大的发明，在别人来看，都没有什么使用价值。所以诺贝尔的一家在生活上非常贫苦。

祸不单行。就在 1833 年，也就是阿尔弗雷德出生的那一年，一场大火席卷了伊马尼尔家，把这个原本就十分贫苦的家庭彻底推向了困境。

眼看着家中遭此大难，伊马尼尔工作比以前努力了很多。可是老天偏偏不作美，当时的那段时期，总是遇事不顺。他被生活的重担压得喘不过气来。家里拮据得都要断粮了。伊马尼尔在这样艰难的情况下只好在1837年离开了家乡，孤身到波兰去挣钱谋生。

在波兰他也并不如意，于是又辗转去了俄国。

在圣彼得堡，终于有一份非常合适的工作，而这也正奠定了他日后成功的基础。

他发明上的成功不仅仅是对家庭的经济状况有所改善，更重要的是对阿尔弗雷德的启示非常大，这为阿尔弗雷德日后成为"火药王"奠定了坚实基础。

阿尔弗雷德·诺贝尔是在1833年10月22日出生的。

当时家里的生活正是极其贫苦的时候。经济上的拮据对孩子的身体健康状况造成了直接影响。父母为阿尔弗雷德的身体操碎了心，他时常地感冒、发烧。可身体上的不佳并没有影响到他智力的发育，年龄幼小的阿尔弗雷德表现出别具一格的天分，远高于两位哥哥。所以，父母对他非常疼爱。

在阿尔弗雷德7岁的时候，父亲去了俄国，之后他被母亲一人带领着长大。

到了第二年，他被母亲送去了镇上的一所小学读书。身体上的虚弱多病，使得他时常请病假在家休养。可是天资聪慧的他，学习成绩仍然遥遥领跑在其他同学的前面。

在一次阿尔弗雷德生病时，母亲曾这样地对老师说道："这孩子时常请病假，真怕耽搁他的学习。"

老师却安慰道："这一点大可放心吧，这孩子虽说时常请假，但是他非常聪明，学习一向都很好，特别是作文。他父亲虽说是学建筑的，可是我猜测，将来他所走的路或许会和他的父亲相反。他或许会成为一个难得的文学工作者。"

长期在外的父亲没有办法回家，只留下母亲一人苦苦地支撑着这个家。阿尔弗雷德就在这样的家庭状况下日益长大。

他由于身体虚弱，时常感冒发烧，所以很少和其他小朋友们出去玩，也正因为这些，他的玩伴非常少。很多的时候，他都是一个人在玩，所以性格上没有其他小朋友们外向。

阿尔弗雷德在童年总爱一个人看童话故事，在大草原上散步，和青草、虫儿亲密接触，再或者和路边同样孤零零的小石头玩耍，他独乐其中。他独自做这些事情时也依然感觉其乐融融。

　　阿尔弗雷德深受外婆的疼爱。他很喜欢听外婆讲的瑞典和丹麦的童话故事，同时这又是他最爱做的事情之一。每到这个时候，他都会静静地聆听，他的思绪会跟随外婆的故事情节四处飞散。

　　不知是不是受外婆故事的影响，总是有些稀奇古怪的想法从阿尔弗雷德的脑子里蹦出来，他有时候都想到父亲所在的俄国去。

　　年幼的他总是充满了各种各样的幻想，这可能就是他发明创造的萌芽。

　　他在学校里也总是喜欢一个人静静地呆着，不喜欢有同学的打扰，独自一人坐在树荫之下看天空中形态多变的云彩，或者非常细心地对地面上的昆虫的动态进行观察。他的老师对他的这些独特之处非常了解，并以此推断诗人或者文学家是他将来就要走的路。

　　老师并非没有任何根据地胡乱猜想。阿尔弗雷德在当时对文学已经表现出了非常浓厚的兴趣，他甚至都有了对诗歌和小说的创作欲望。

　　他文学创作的灵感来自于一个人静静的思考和对大自然细心的观察，这同时也练就了他发明创造所需要的细心和能力。这些都是对日后发明创造的预演。

　　在俄国打工的父亲一去就是三年。转眼阿尔弗雷德也到了 9 岁。就在这一年秋季，远在俄国的父亲寄来了家信。父亲在信中对自己以前没有很好地为家里创造出优越的生活条件而深感难过。另外，父亲还说现在一切都变好了，全家人可以一起到俄国去开创新的生活了，这是一件能够令所有人都高兴的事情。这消息太令人兴奋了！全家人一直以来的期盼和愿望莫过如此。全家人终于可以团圆在一起了，他们总算可以和父亲见面了。

　　伊马尼尔当时在彼得堡已经创建了制造军用机械的工厂。身为瑞典国籍的他很受俄国方面的重视，对他更是非常照顾。

　　孩子们在听到这个消息的时候都非常高兴，"真是个不错的消息！""很快就可以见到爸爸了。""不知彼得堡是个怎样的城市。"

　　对于即将远赴俄国的美好憧憬，大家相互议论着。

　　在那个时候，罗伯特身为老大已经 13 岁了，路德伊希作为老二是 11 岁，最小的阿尔弗雷德是 9 岁。一家人高兴地开始收拾着东西，每个人心里都满载着对美好未来的期盼。这一家人坐着轮船离开瑞典奔赴彼得堡是在 1843 年 10 月 22 日，当时正是阿尔弗雷德的 10 岁生日。

爱玩烟火的孩子

和瑞典的城市风格不同，彼得堡有非常独特的一面。一座高耸的寺庙宝塔矗立在彼得堡的市中心，屋顶是圆形的，上面还有直立的尖柱，连接在建筑物之间的是石砌的大道。

总算到了彼得堡！石砌的马路上，母子三人坐着马车正在奔跑，咔啦咔啦的声响就是在为这即将重逢的一家人喝彩。

历经多年的分离，一家人终于重新团圆在了一起。团聚的一家人脸上都洋溢着微笑，内心的喜悦之情挂满了脸上。这座异国的大都市到处都吸引了孩子们的目光。他们对这里的每一个事物都感到惊奇。

伊马尼尔之前一直在俄国打拼，如今总算又再次见到了自己都已长大的孩子们，他尤其感到高兴的是看到阿尔弗雷德健康、活泼的样子。

"嗯，孩子们都长大了。我听说阿尔弗雷德的成绩一直都名列前茅！"

"还是爸爸最棒了，相比之前更加强健了！"

"是吗，刚刚有些熬出头，工作走上了正轨，生活按部就班，心宽自然体胖。我们先回家，之后再去工厂进行参观，怎么样？"

"太棒了！爸爸，工厂是生产什么东西的？"

"火药"

"好极了"

听了爸爸的介绍，孩子们都高兴极了，蹦跳不停。

"爸爸，我们生产的火药是用来制作大炮的吗？"

"是的，不只是大炮，就是枪和水雷里面都是用的这个。"

"水雷是什么东西。"

"是一种被埋在水下用的鱼雷。当有不明情况的船只靠近它时，就会发生爆炸，船只就会被摧毁。"

阿尔弗雷德坐在颠簸的马车里，对父亲和哥哥们的对话听得很用心，但对于路两边别致的风景也没有放过。

一家人很快到了家里。

"你们兄弟三人今后一定要相互勉励，发奋学习，只有这样才能做出更好事业来。"父亲在还没有收拾停当的时候就开始了对三个孩子的谆谆教诲。

随后父亲又接着问道："罗伯特，你以后有什么想法没有？"

"我的理想是成为一名伟大的技师。"

"路德伊希，我的孩子，你的是什么？"

"在我们家还很穷的时候，我想做一个大企业家，这样就可以赚很多很多的钱。"

阿尔弗雷德按捺不住，抢先站起来回答说："爸爸，我长大后要做一个发明家。"

母亲在一旁收拾着东西，嘴角还挂着微笑，听完孩子们的回答后，佯装生气，说道："都打住吧，无论以后做什么事情，当务之急是要好好地学习，努力用功读书。彼得堡有什么好的学校吗？"

"有倒是有，可是你们首先要学会俄语。我们首先要请一位俄语老师才是尤为紧要的，得赶快把语言关突破过去才好。"

夫妻两人，在对待孩子的教育问题时，意见非常一致，没过两天，父亲就把一位俄语老师请到了家里来。还好，孩子们都非常聪明，特别是年龄最小的阿尔弗雷德，他的进步程度甚至超过了两位哥哥。

"在这样短的时间里，就把俄语学好了，阿尔弗雷德真的很有语言天赋呀！"

阿尔弗雷德则是无邪地回答说："我很喜欢学习外语，觉得有意思。"

老师非常地高兴，"好孩子，等俄语学好了，我再把英语和德语教会你。"

"真的吗，老师一定要说话算数呀！"

于是，阿尔弗雷德很快就学会了俄语，并能够熟练地运用。对于之前的承诺，老师也真的兑现了，他又继续教阿尔弗雷德英语、德语……很多的外语都被阿尔弗雷德掌握了。

哥哥们年龄较大，在做完作业后，还要去爸爸的工厂里实习工作，包括对各种机械的实际操作和办公事务的处理等。

父亲对此非常地骄傲，"真不愧是我的儿子，我为你们感到骄傲。"

"只要我们坚持不懈，合力工作，我们的工厂发展壮大指日可待了。"

伊马尼尔真的是非常满意于孩子们的表现，深感欣慰。

"阿尔弗雷德非常喜欢语言对吗？你应当拿各国的著作来读，发明家需要有深厚的知识功底。这是非常有必要的。"

阿尔弗雷德趁着入学前的这段空余时间，阅读了很多书籍，积累了丰富的知识，特别是有关科学研究的基本理论。所以，他和一般的孩子相比较，知识功底相当扎实。

阿尔弗雷德的阅读面很宽。除了机械、物理、化学，还包括文学，他有时还会作诗自娱。

他也偶尔和哥哥们同去爸爸的工厂里。他经常被工厂里那些转动的机械吸引。可是最最吸引他的要属制作水雷用的火药。

在那个时候，不论枪用的火药，还是水雷用的火药，它们全部是黑色的。

这神奇的火药深深吸引着阿尔弗雷德，令他不得不悄悄地带回家。他害怕因此而被爸爸训斥，所以只好把火药装入纸袋然后再带回家。

他自己在家用这偷来的火药做烟火。火药被他装入纸筒，竖立在地面之上，再被点火后就会嗖的一声飞上天去，并把一串美丽的火花留在夜幕中。

他还对父亲的发明进行模仿，比如试着做地雷来玩。纸团包裹的火药外连接上用较韧不易断的纸揉成的长条导火线。在导火线被点燃之后，他迅速离开，在远处看到的竟是纸团着火，火药随后发出烟火喷了出来。

"没劲，毫无趣处，怎么就不像是炸弹呢？或许应当拿个空铁罐试试看，那也许会很像爸爸制作的水雷。"阿尔弗雷德一边自言自语，一边找了空铁罐，继续装满火药，密封好盖子，在点燃导火线。

"哄"铁罐子被炸开了，巨大的声响发出来，盖子被炸飞，人们也都被惊动了，都出来进行观望。

阿尔弗雷德的壮举终于被父亲发现了，真的是太危险了！父亲非常严厉地喝止他不准再玩火药。

父亲为确保火药不再被阿尔弗雷德偷到，所以吩咐工人一定要看好到工厂里来玩的阿尔弗雷德。这样，再去工厂的阿尔弗雷德就被工人严格地看管起来，所以他无法接近火药了。

"不可以，不可以！" "如此危险的东西是不可以玩耍的。"他的要求总是被工人们拒绝，甚至被工人赶出工厂去。

"哼！不可以就不可以，不就是火药吗？我自己想办法制造。"

阿尔弗雷德说完转身回家去了，找出化学课本，非常细致地对火药制造的章节研究了起来。

好多心中原本不解的疑惑，通过阅读都渐渐明了，火药之所以是黑色的，是因为它是由硝石、木炭和硫黄混合而成的。

"寻找木炭不是很困难，引火木条上就可以刮到硫黄，但是在什么地方可以找到硝石呢？"阿尔弗雷德一门心思地要把火药制造出来。

阿尔弗雷德独自在一旁想了一小会儿，灵光一现，他乐呵呵地向工厂跑了过去。一个装有硝酸钾的瓶子被他从药品室翻了出来，他把里面的白色粉末悄悄地倒入小口袋中，回家去了。一回到家中，他马上紧闭房门，着手进行试验。

硝酸钾粉末就是硝石，在把事先预备好的碳粉和硫黄和它混合在一起就可以配制成火药。阿尔弗雷德用一个小盘子盛出了微量的混合好的粉末，之后用火点燃。

一股白烟嗖的一声冒了出来。

阿尔弗雷德沮丧极了，"这东西真的是没有任何的威力可言。"

他试探着对混合比例进行调整，想以此来增强火药的威力。实验终于取得了成功，"哈哈，我终于成功了！"

于是他又有烟火可以玩了。

对于一个孩子来说，这真的是一个非常危险的游戏。

他的这个小秘密最终还是被父亲发现了，并被喝止以后不准再玩了。可是火药的爆炸威力和火药被包扎的松紧程度两者间的正比关系，已经被阿尔弗雷德在玩耍试验中认识到了。

伊马尼尔的工厂在一家人团圆后更加忙碌了，很多人都开始瞩目这个大工厂。

由于兄弟三人的语言问题，他们并没有被送往学校。可是他们三人天资聪慧，认真好学，在家里凭借自学和家庭教师的指导，在知识和修养方面一点也没有落下。罗伯特和路德伊希在结束了家庭补习后，就进入到了父亲的工厂进行实习。

和业务有关的工作由罗伯特担任，和工厂技术方面有关的工作由路德伊希负责。直至此时，这个工厂已经成为诺贝尔家族的事业。

兄弟三人的表现都十分出色，这是父亲早已预料到的。

阿尔弗雷德这个时候也已经是17岁的少年了，参加工作是没有任何问题了。

"有什么事情可以由他去完成呢？"

"文学虽说是他比较爱好的方面，可是我觉得技术方面的工作可能会更好锻炼他的意志。"

"嗯，我也觉得技师是个不错的选择，假如是个研究发明方面的技师就更加完美了。"妻子对自己的看法直言不讳。

对于妻子的问题，父亲并没有直接给予回答，而是对自己的假想场景进行了一番描述："工厂的经营可以交由罗伯特，至于生产制造方面的事宜有路德伊希。假如再有对新产品进行实验和研发有阿尔弗雷德，这样工厂就非常了不起了。"

妻子马上插嘴说道："这可是个非常具有挑战性的工作呀！"

父亲于是缓缓说道："正是因为这个原因，我想把阿尔弗雷德送往美国继续研究深造。"

"什么？美国？"妻子忍不住吃惊，立刻叫了起来。

父亲仍旧缓缓说道："不错，发明家艾利克逊是从瑞典移民去美国的。"

"噢，就是他发明了螺旋桨式汽船。"

"是的，汽船就是被他发明的，我想让他来对阿尔弗雷德的研究发明进行指导。"

妻子一脸忧虑地说："这真的是个不错的主意，可是要把阿尔弗雷德一个人送到遥远的美国去，我还是有些担心。"

"不必担心，阿尔弗雷德已经不是小孩子了，他已经长大了。只有让孩子们都出去闯荡一番，增长见识，才是正确的疼爱方式。艾利克逊前段时间来信说他正在研究热空气引擎。这正是阿尔弗雷德的爱好所在，就让他去美国锻炼一下吧。"

妻子依旧不高兴，"热空气引擎是什么东西？"

父亲于是耐心地解释道："就是一种发动机，可是引擎不是蒸汽的，而是高温空气，未来一定有很好的发展空间。"

父亲终于说动了妻子，考虑到儿子的未来，家族的未来，终于不再反对把儿子送去美国学习。

阿尔弗雷德于是在父母的安排下，远离家乡去了美国留学深造。

美国进修

阿尔弗雷德去美国坐的是两边都装有水车的汽船。在辽阔无际的大西洋上，汽船一直向西航行。虽然阿尔弗雷德未来的老师——美国发明家艾利克逊（1803～1889年），在当时已经发明了螺旋桨驱动的汽船，但是这项技术并没有被广泛的推广。他此刻乘坐的船只就是典型的老式客船，在海洋波浪之中航行得非常缓慢。

阿尔弗雷德背靠着甲板，面对着海洋中层出不穷的海浪，静静地想着：美国离我越来越近了，它到底是什么样子的呀？一个突飞猛进的广阔天地，一片广阔的城市或者牧场，一个石油和钢铁都蕴藏丰富的国家，到底会有什么样的经历会在那里等着我……

为了能够在将要到达的目的地站稳脚跟，阿尔弗雷德不顾长时间旅途的劳累，始终坚持对英语的复习，以便加强自己的英语听说能力。

阿尔弗雷德的语言天分极高，当初在俄国的时候就练就了很好的英语听说能力。但是为了更加熟练地运用，他依旧把一些英文类的科学书籍和诗歌类读物等随身带上了。

只身坐在甲板上，面对大海欣赏着文学作品，这是阿尔弗雷德在长长旅途中特别喜爱的一件事情。也正是在这个时期，他对雪莱的诗和周围事物的看法产生了非常大的兴趣。

英国人雪莱(1972～1822)，人们总能在他的诗歌中感受到博爱、和平的理想。雪莱合理正确并且深刻地看待事物的方法深得阿尔弗雷德的赞同。

正值青年并且情感细腻的阿尔弗雷德深深地陶醉在雪莱的诗歌里，他被里面渗透的思想震撼着，也不断吸收着雪莱的思想并转化为自己的思想。

雪莱的思想直接影响了阿尔弗雷德，使得他之后的科学观点更具合理性，把发明事业推动得更加广泛；同时使得他的为人处事都以和平和博爱为基础。也正是基于对雪莱思想的升华，决定在自己去世后将自己的遗产捐献出来设立了诺贝尔奖，以此来鼓励热衷于科学事业的人们。

阿尔弗雷德到了美国后，首先就是拿了父亲的介绍信去拜会了艾利克逊。

对于他的到来，艾利克逊非常高兴。阿尔弗雷德向艾利克逊学习了很多技术尤其是和机械有关的。父亲没有说错，艾利克逊的研究课题是蒸汽发动机的替代品——火和高温产生的膨胀空气。这其实就是我们现在使用的燃气轮机，不过在那个时候并没有得到人们的认同。

阿尔弗雷德在这项研究中学会了很多的东西。有关空气会在物体燃烧的热量驱使下膨胀以及其他的一些新知识，他都是在这里懂得的。

但是阿尔弗雷德在美国学习的过程中心情非常复杂。一个人独自漂泊在外，难免会感到寂寞，他的内心深处感情错杂，可以抚平这一切的只有文学。所以在那段时期，相对于机械研究，他更喜欢文学。

雪莱的诗歌很好地帮助阿尔弗雷德扫除了寂寞。阿尔弗雷德也会不时地自己写诗，以此来排解寂寞。

时间飞逝，转眼结束了这陌生和熟悉的一年。终于到了回家的时候。阿尔弗雷德和艾利克逊告别返回了俄国。在途径巴黎时，他又突然决定暂时留在那里，以学习更多的知识。物理和化学是他的主要学习目标。另外就是借助巴黎的美好风光，陶冶自己在诗歌方面的情操。

阿尔弗雷德凭借自己极好的语言天赋，早在彼得堡时就已经有了很好的法语基础，他到了法国又进了一个法语补习班，以便更加熟练地掌握法语。他在法国第一次体会到了爱情的滋味，他和一位漂亮的少女步入了爱河。两人相爱的速度很快，曾经更是海誓山盟，私自订婚。

阿尔弗雷德法语学习得非常快，时间不长已经和法国当地人没有什么区别了。他很快地和巴黎当地人融洽地生活在了一起，并且投入到物理和化学的学习当中。不仅仅是物理和化学知识还有他作诗的灵感都得到了提高。但是看似美好的一切，却突然发生了不幸：他的女朋友突然病逝了！

如此巨大的打击，阿尔弗雷德无法承受，对于这美好的巴黎，他没有了任何可以留恋的地方，他下定决心一定要离开这个令人心碎的地方，为了忘却这撕心裂肺的痛楚，他要把所有精力都投入自己的理想和事业。

他返回了父母的身边，自己的第二故乡彼得堡。

时间已经到了 1852 年，他此时已经是个 19 岁的年轻小伙子了。

研制火药

父母两人看着学成归来的阿尔弗雷德，得知他已经在痛失爱人的境地中走了出来，心中说不出的高兴。

父亲先是问道："真的都已经过去了，对吗？阿尔弗雷德。"

他于是坚定地回答说："没错，爸爸，儿子已经不再是个小孩子了。我已经可以独当一面，统筹全面了。凭借我的学识，我一定会在今后的发明中有所建树。"

父亲脸上挂满了笑容，又问道："既然如此，你倒是想研究些什么东西呢？"

他想都没想地回答说："威力巨大的火药将是我的研究重点。"

父亲不禁有些犹豫："儿子，是这样的，战争可能马上就要降临，一个非常大的水雷订单已经下发到工厂，我们有些忙不过来了！"

他于是反问道："嗯，在战争中，水雷有多大的用处。"

"用处很大，俄国的陆军虽说非常强悍，可是在海军方面远远比不上英法。因此俄国要把大量的水雷布置在各大军事港口和敌人有可能登陆的海岸线，以此来阻击敌军强大的海军攻击。"

听完父亲的论述，阿尔弗雷德缓缓地说："我们现在用于制作水雷的黑色火药，只能阻止木质的舰船，可是却动摇不了钢铁制成的舰船，是吗，爸爸？"

父亲听了儿子的说法很不高兴地说道："不会的，这都是我经过精心试验过的。"

但是阿尔弗雷德还是很执著于自己的想法："既然这样，就没有什么了，那真的是太好了。但是我还是想发明更具威力的火药。"

俄国与英、法、土耳其之间的克里米亚战争在 1854 年 3 月爆发了。

诺贝尔的兵工厂由于克里米亚战争而获得了大批订单。水雷的需求量更是大幅增长。

"如此看来，我们以后有得忙了。"需求量的大幅攀升，工厂的产量根本无法满足需求，父亲看着雪片般订单显得非常高兴。

可是，面对英法联军的强大攻势，虚弱的俄军根本无法阻挡。

面对强悍的敌军，俄军仍然是不减防卫。为了增强防御力量，阻止英法两军的攻击，他们在彼得堡西面的要塞克隆斯塔的芬兰湾和克里米亚半岛西南部等重要的海港布置了大量的水雷。

虽说对于诺贝尔工厂生产的水雷是否具有防御能力无法进行验证，可是俄国由于战争所迫不得不把无数诺贝尔工厂生产的水雷布置在克隆斯塔港的入口处。

英法联军真的是打算占领克隆斯塔港并直接登陆彼得堡，这和俄军想象的一样。只是在他们的舰船到达芬兰湾后，有一艘俄国的汽船误入水雷区域，并且触动了水雷沉没了，这真的是俄国人的不幸。英法联军被这样的情形吓住了，他们于是改变了攻占克隆斯塔港的计划。

伊马尼尔的水雷足具威力，在这一细微的情节中表现非常完美。

英法联军改变了作战计划，继续合力攻打克里米亚半岛。

如此一来，防御不是非常全面的俄国就吃了败仗。

伊马尼尔生产的水雷功效在战争中得到了印证，于是在俄国非常有名的两位化学家希宁博士和特拉普博士闻讯赶来参观。

他们非常平静地说出了自己的参观目的："我们有一个非常机密的事情要和诺贝尔先生商量一下。"

"嗯，不知有什么可以效劳的地方。"

"是有关威力巨大的火药应用问题。"

"有关这方面的研究，我的儿子阿尔弗雷德正在试验，或许你们应当和他谈谈。"

"这本来是非常机密的事情，阿尔弗雷德既是你的儿子，我们就不必忌讳了。"

于是两位博士见了阿尔弗雷德。

其中的一个开口说道："我就不再转弯抹角了，这次战争让俄国饱受煎熬，为了尽早地结束这场战争，使俄国脱离苦海，我们想和你们的工厂一同对威力巨大的火药进行研究。"

　　阿尔弗雷德正有意研究这个项目，所以急忙答应了他们的请求："没问题。"可是转念之后又继续说道："这件事情有些仓促。我们都要考虑周密才好，不能像个无头的苍蝇一般。"

　　希尔博士于是拿出一个瓶子说道："这一点是我们早已考虑到的，这是威力巨大的液体爆炸物，只是我们无法对它的威力进行确定，也不知是否具有使用价值。"

　　"这液体是……"

　　阿尔弗雷德没等希宁博士说完就抢口说道："啊！这就是书中提到的被意大利的科研工作者索布雷罗在 1847 年发明的硝化甘油。我还是第一次见到这种液体的真实面目。"

　　"不错，我们就是想利用它来研究。"希宁博士接着说道。

　　"用这种液体来增强水雷的威力，我之前也曾想过。"

　　"既然如此，看来我们是不谋而合了，不过这是个非常复杂的工作。一种威力巨大的爆炸物虽说被索布雷罗利用甘油、硝酸和硫酸混合制造成功了，可是功效不是很稳定，有时就会发生只会燃烧不爆炸的情况。"希宁博士忧心地说道。

　　希宁博士说着话，把瓶中的液体向铁板上滴了一滴，用火引燃后，只是产生一股火焰，而没有爆炸产生。

　　等到第二滴，他改用铁锤敲打，这次硝化甘油发出了爆炸声。

　　"我们可以从索布雷罗被试管中的硝化甘油爆炸炸伤一事中，看到它所具有的威力。不过，这种威力很难把控，人们无法理清其中的规律性。"

　　经过片刻的思索，阿尔弗雷德说道："是不是因为它处在液体的关系呢？"

　　"不是很清楚，自从索布雷罗在实验室被硝化甘油炸伤后，研究工作就停止了。"

　　一旁的父亲思索半天缓缓地说道："真的令人不可思议。"

　　"西宁博士，我们一定可以办好这件事情。"阿尔弗雷德洋溢着自信和期望，自豪地说道。

　　"祝你好运，慢慢实验，你一定可以做得很好。"

　　"我一定会竭尽全力做这件事情的。"

　　"我们就把这瓶硝化甘油留在这里吧，你一定要多加小心，注意安全。"

　　"放心吧，谢谢。"

当时的阿尔弗雷德根本不会想到，自己会因为这件事情而受到全世界的关注，并且因为此而走出了无比辉煌的人生。

于是，父子两人一同投入了对这个项目的研究。这种液体炸药的制作和使用方法成了他们研究的突破口。

其实，硝化甘油这种化合物的性质极不稳定，再者由于它本身的液体状态，稍有不慎就会发生可怕的爆炸。

更可怕的是，它的性质让人无法预测。在实验过程中，经过点火有时只是发生燃烧，可有时就会发生爆炸。意外的爆炸也不时在制作过程中发生。

这些就是发明者索布雷罗终止此项研究的根本所在。虽说这是项危险的研究，可是由于它对于心脏病有着很好的疗效，所以仍然被医学界继续研究着。

在研究工作的开始，阿尔弗雷德就感到这真的不是件简单的事情。

再者因为有许多机械等待诺贝尔工厂进行生产，父子两人根本没有多余的时间来进行这项研究工作。

父亲有些沮丧："真的是顾不过来了，想抽时间来研究硝化甘油，但根本没有。"

"没关系，爸爸，这项研究可以等到战争结束了再开始进行。"

"说得不错，到时候工厂没有了这样多的水雷生产任务，这个研究就可以提上日程了。"

于是他们就暂且放弃了对硝化甘油的研究工作。

在那段时期里，克里米亚的战事越来越激烈。

克里米亚的塞佛斯托波耳要塞被英法数十万的军队包围着。由于俄军的强烈阻击，他们仍然无法前进一步。

英法的联军由于不适应俄国的极寒天气，加之有热病流行，很多人在战争的一开始就败下阵来，英国就水土不服这一项受伤的就有 15000 人之多。

南丁格尔自英国远渡而来，投身于战场之上。她放弃了敌我之见，全身心地照料每一位受伤的士兵。人们由此授予她"克里米尔天使"的称号。可是俄军在战争进入第二个年头的时候出现了败绩现象。沙皇尼古拉一世在那个时候突然去世更增加了俄国的不幸。

英法联军在 1855 年占领了塞瓦斯托波尔军港，这在俄国人的心目中根本就是不可能发生的事情。亚历山大二世在即位后不久就向英法联军提交了投降书。

投降后的俄国，在政治体制上进行了改革。诺贝尔工厂从此失去了俄国方面的武器订单。他们由于战争而不断增添的工厂设备成了一堆没有任何用处的废铁。

一家人面对如此的变故，十分苦恼。他们都聚到一起商讨应对的办法。

老大罗伯特愤愤地说到："没有什么好的办法，失去了大量的订单，我们只能先对部分的工厂进行关闭。"

历经了这样大的变故，原本一片繁华的工厂不得不停产关门。

伊马尼尔在俄国的二十多年对俄国机械工业的发展做出了巨大的贡献。没有办法，面对如此的情况，他只有带领家人返回了瑞典。

伊马尼尔和几个儿子商量说道："这也是没有办法的事情，在这样的情况下只能返回家乡了，你们还有什么别的想法吗？"

"我们想留在俄国等待其他的机会，从长计议。"兄弟三人均这样表示。

留下来继续硝化甘油的研究是阿尔弗雷德的想法。

最后经过商议，伊马尼尔和妻子带了最小的儿子一同返回了瑞典。紧挨着原来居住的斯德哥尔摩租了一间房子住。

阿尔弗雷德此时已经是 26 岁了，诺贝尔的一家在 1859 年遭受了第一次变故。

雷管的发明

兄弟三人继续留在彼得堡努力打拼。

弟兄三人努力地在原来的工厂里工作。只是身份由原来的老板变为了员工。新任老板对于企业的经营和企划不太懂行，所以厂长一职委托老二路德伊希代理。

老大罗伯特主抓各类机械的设计工作，阿尔弗雷德一边做机械操作一边对硝化甘油进行实验工作。

经过了这次生活变故，条件虽说比之前艰苦了很多，可是阿尔弗雷德的发明却从这个时候开始有了重大起色，他在那段时期对晴雨计、水量计等的改良都取得了专利。

真的是好事多磨。就在阿尔弗雷德事业蒸蒸日上的时候，在十月的一天，伴随着气候发生变化，他的身体愈见虚弱。直至吃喝不下，虚弱到一定的程度，可是一心想着研究的阿尔弗雷德仍然不愿意停止上班。他就这样一直带着病体坚持工作。

为了节约时间，他坚持工作，这样身体状况更加恶化。他心中只剩下了研究，以至于连吃饭睡觉都忘记了。同事们在吃饭的时候从来没有发现过他的身影。对于他比较了解的人会马上到实验室去找他，他真的是在实验室拿着试管，累得在桌子上睡着了。

哥哥罗伯特在一次看到弟弟的样子不禁心疼地说道："弟弟，一定要多加注意自己的身体呀！"

可是一切都来不及了，虚弱的身体再也坚持不住了。阿尔弗雷德卧病在床起不来了，实验工作更不必说了。

罗伯特在一天晚归走过院子时，发现弟弟住的屋子里没有了灯光。

"太不正常了。"

他的脑子里掠过了一丝不祥。

推开屋门，发现没有一丝光亮。

哥哥在门外叫了两声："弟弟，弟弟！"可是没有回应。

罗伯特慢慢挪动进了屋里。在壁炉前，他隐隐地看到自己的弟弟正躺在地上。他马上跑到弟弟的身边，轻触弟弟的额头，非常烫，"坚持住，弟弟！"

阿尔弗雷德的高烧一连几天都没有退去。

医生对他做了一个全面的检查，最后断定阿尔弗雷德是由于劳累过度，引发了急性肋膜炎，另外复发了旧疾且并发了心脏病。

阿尔弗雷德经过抢救渐渐恢复了意识，可是身体仍旧继续虚弱，他依旧需要哥哥的细心照料。可是罗伯特非常懊恼，自从经历了家庭变故之后，他们的经济就非常拮据，而此刻竟然连为弟弟送疗养院或是请看护人员的钱都没有。在他们住的房子里，空间有限，他们的行动都不是非常自如，这样弟弟就要有一些痛苦必须自己忍受。

阿尔弗雷德静静地躺在床上，思绪飘荡到了茫茫的窗外："好想看到春天马上来到呀！"

可是似乎在这个国家的一切，包括裸露在外的屋顶、树木等，被大雪覆盖的一切，都要学会忍耐，这漫长的冬季对于俄罗斯真的是太常见了。

屋外小孩子们的欢笑声偶尔会传进这屋子里。又快圣诞节了吧？可是屋子里竟没有一丝的圣诞气息，阿尔弗雷德环视着屋内的一切这样默默地想着。

春天在阿尔弗雷德强烈期盼中似乎显得更加遥远了，这北国的严冬带来的冷气越来越沉。这阴冷似乎要将所有一切都冻结似的。很多时候，阿尔弗雷德在迷蒙中都可以听到屋外的雪橇滑动声。

时间似乎是个老人拖拉着病态的身躯徐徐前行。不过，最终还是迎来了春天。2月的到来挤走了1月。

"哥哥，我就没事了。"

"是呀，不发高烧了，气色也好转了。"

"哥哥，我好多了，一个人在家就可以了。"

"好吧，我这就上班去。"

这也是罗伯特必须面对的事实，总是这样不上班，只是照顾生病的弟弟也是不可能的。之前忙碌的生活又再次回来了，去工厂上班又成了他每天的必修课。

阿尔弗雷德每天早晨都会以一种特殊的方式送哥哥去上班，那就是侧身依靠在枕头上用心聆听哥哥渐渐远去的脚步声。

在天气转暖之后，阿尔弗雷德只要很好地睡一觉，就会发觉自己胸部的疼痛减轻很多。

经过医生的复查后，他得知自己的病情已经开始好转。

"漫长而阴冷的冬天总算要结束了，春天马上要来到了。"一旁开着窗子的罗伯特慢慢地说着。

屋顶上融化的雪水淅淅沥沥地滴个不停。冰雪覆盖的大地也正渐渐地苏醒。春天就要到来的信息就这样被使者们相互传递着。

床上的阿尔弗雷德伸了个懒腰，说道："嗯，真的好极了。"

春天的到来也把卧床半年多的阿尔弗雷德推起了床。

远在家乡的父亲好像预料到了阿尔弗雷德的身体痊愈似的，他寄来了一封家信。在信中父亲说正在对希宁博士提出的硝化甘油进行研究，他还提到这个研究不是很容易，并问到阿尔弗雷德的研究进度怎么样了。最后表明了自己一定要研究成功的决心。

阿尔弗雷德在读完父亲的来信后，思索着自己应该继续进行研究了，不然就会落在爸爸后面了。

想到此处，于是他马上着手进行钻研。随着身体渐渐地恢复，阿尔弗雷德又开始了对硝化甘油性质和制作相关的资料进行收集和分析整理等工作。

硝化甘油的发明者索布雷罗出生于 1812 年，他从事这项研究的开始是在意大利的色林大学药品室。

索布雷罗 28 岁时到法国留学，他研究硝酸和其他物品混合发生化学作用这一现象是在贝鲁斯教授指导下进行的。

很多的物质在和硝酸混合后都会具备爆炸性。可是当把硫酸、甘油和硝酸混合在一起时爆炸性更加强烈，这种具有极强爆炸性的混合物就被命名为硝化甘油。

为了寻找实验依据，对于索而雷罗之前发表的实验报告，阿尔弗雷德逐一进行了拜读。

"依照一定的比例将纯净的甘油、浓硝酸、浓硫酸混合在一起，之后再将此混合后的液体一滴滴地缓缓滴落……"

按照实验报告的说法，阿尔弗雷德将甘油、硫酸和硝酸的混合物置于烧杯中。

"这样的混合物在高温时会发生爆炸，所以最好是在 0℃时混合。"

混合好的液体被倒入水中，就会有一层厚厚的油状沉淀物被留在烧杯的底部，它就是硝化甘油。

阿尔弗雷德经过一系列的研究实验，已经可以把硝酸甘油单独制作出来了。性质和前面说的一致，很不稳定极易爆炸。

制作硝化甘油只是第一步，接下来该做些什么呢？拿起索布雷罗的实验报告，阿尔弗雷德又继续研究起来……

"在白金板上滴一滴硝化甘油，然后给它加温，硝化甘油就会发生燃烧现象，有时还会发生爆炸。还记得有一次我的手和脸都被它的爆炸炸成了重伤。"

阿尔弗雷德在读完这一段后，心中不禁一惊。

"在弧形的玻璃盘上滴上一滴，然后再把白金线烧红去接触它，同样会发生爆炸。"

对于硝化甘油发生爆炸的原因，阿尔弗雷德朦胧中似乎知道了一些。

"希宁博士也做了同样的实验，那就是用铁锤去敲打硝化甘油也会发生爆炸。"

具有如此强烈的爆炸力，硝化甘油的应用应当非常广泛才对，除了水雷，像是开辟隧道，修马路，以及岩石破碎等都可以用到它。

看来首先要突破的研究问题是怎样使它引爆。用铁锤砸，不安全！用火点燃，不切实际。

经过再三的思索，似乎上天有灵感送给他一样，"这真是个很简单的问题，只需用一根包含黑色火药的线做导火线就把所有难题都解决了。这样在很远的地方引燃硝化甘油就可以了。"

想到了就开始进行试验。他在盛放硝化甘油的容器里放入用磷制作的导火线的一端，然后在很远的地方将另一端点燃。

　　并没有想象的爆炸发生，真的是令人捉摸不透。硝化甘油只是被导火线引燃了，迸发出了一些火星，并没有发生爆炸。

　　他另外想了办法，把硝化甘油放在盘子里然后被吊在高处的重铁块砸，还是没有得到自己想要的结果。

　　太多的问题出现在阿尔弗雷德脑海里，他不得不再次拿出实验报告细心地研究起来。

　　"为放在盘子里的硝化甘油加温，可能发生爆炸。"

　　"希宁博士当初是用铁锤砸一滴硝化甘油……明白了，要使硝化甘油发生爆炸，就要使得它们同时受到加温或者铁锤敲击才可以！"他总算想明白了其中的道理。

　　欣喜之后，他再次地陷入沉思：同时地加热或者敲击少量的硝化甘油不是件难事，可是要同时加热或者敲击岩洞中的硝化甘油可是有些困难呀！

　　阿尔弗雷德对实验终于遇到的台阶百思不得其解。于是他给父亲写信，并向其求助解决的办法，随之邮寄的还有他的实验报告。他是这样说的："父亲，得知你在研究硝化甘油方面已经卓有成效，我正在努力追赶，只是在引爆方面遇到了难题。今特地写信救助是否有新的发现和更深层次的见解。"

　　父亲回信告诉阿尔弗雷德，他想到的最为稳妥的引爆方法是把硝化甘油渗透到黑色火药中。

　　对于父亲的说法，阿尔弗雷德表示赞同。

　　"如此，硝化甘油就会被黑色火药爆炸产生的热量同时加热。"

　　阿尔弗雷德满怀希望，再次进行了实验，可是结果依然不是想要的。

　　"怎么就不爆炸呢？太不正常了。"

　　阿尔弗雷德真是想不明白，突然小时候玩火药的情景浮现在眼前：他那时是用一个铁罐密封住了黑色火药，之后引燃发生了强烈的爆炸。如此，硝化甘油和黑色火药应当有同样的原理。

　　于是，他拿了一个小玻璃管里面装上硝化甘油，之后再放进铁罐里，然后用黑色的火药填满四周的空隙。等一切都准备妥当，他点燃了导火线，只听得轰的一声巨响，实验成功了。

　　"太好了，有了这样的方法，硝化甘油就可以被广泛地应用了。"阿尔弗雷德情不自禁地为自己鼓起掌来，为自己的成功喝彩！这真的是件令人高兴的事情。

　　"是不是应当和哥哥开个小玩笑，好让他们吃惊一下，吓一吓他们。"他的

心中这样盘算着。

和上面的装配方法相同，他只做了一个弹丸状的硝化甘油，这是为了便于投掷。

"哥哥，陪我到河边去一次吧，我想把一个很有意思的东西介绍给你。"

哥哥被他弄得有些摸不着头脑，"你要耍什么花招？"

阿尔弗雷德不禁乐了起来，"好东西，保证你喜欢，它一定可以带给你惊奇，走吧！"

见弟弟如此激动，两位哥哥便跟着阿尔弗雷德来到了河边。

于是，三个人一起来到了小河边。阿尔弗雷德拿出用铁罐装着的硝化甘油，点燃上面的导火线，随即投掷向了远方的河面。导火线拖着长长的烟雾落入小河里，一声巨响随后迸发了出来，一个壮丽的水柱升起在水面之上。两位哥哥被震慑住了，静静地站在那里一句话也说不出来。

"真的让人不敢相信，这鬼东西是用什么制作的。"

"硝化甘油。"

"这是真的吗？硝化甘油的稳定性被你掌握了吗？实验成功了？祝贺你。"

"瞧，捕鱼时都可以用这样的炸药，这不，鱼儿都飘上来了！"

"嗯，真的很有意思"

两位哥哥都对阿尔弗雷德的成功表示祝贺。

好像硝化甘油的性质真的被阿尔弗雷德掌握了。

可是，用这样的方法使硝化甘油爆炸并不实用，因此阿尔弗雷德还要想更加便捷、更加实用的引爆方法。

在装有硝化甘油的容器里插入被黑色火药填满的小管，最后以导火线引爆这一方法并不能使硝化甘油完全引爆。

如果要使硝化甘油完全被引爆或许可以借助管子的爆炸，阿尔弗雷德按着这样的想法又进行了多次试验，最终栓紧密封的黑色火药管被他研制成功。

在硝化甘油中放入这样的火药管，不论硝化甘油的量有多大，都会有很好的爆炸效果。这种小管被我们称之为雷管，是阿尔弗雷德发明的代表作品。

诺贝尔发明的最重要的一个东西就是雷管。除了硝化甘油，其他的爆炸性物质也可以用这样的方法完全引爆。

虽说硝化甘油的爆炸可以用雷管来完全掌控，可是这还不是阿尔弗雷德想要的完美状态。

"把引爆物由黑火药换成是其他的东西，是否会有更加强烈的爆炸呢？"

阿尔弗雷德又对各种化合物的性质做了比较详细的分析，最终得出只需极少量的雷汞——一种水银化合物，就可以引发硝化甘油的完全爆炸。

硝化甘油的威力被诺贝尔的雷管尽美地表现了出来。我们现在的开矿业和公路建设等都在广泛地应用硝化甘油。其实，不仅仅是硝化甘油，还有像是棉火药、三硝基苯醇（又名苦味酸）化学式是（$C_6H_2NO_2$)$_3$OH，以及一些其他具有爆炸性的化合物都可以用作雷管的火药。

如果说黑色火药是火药史上一项伟大的发明，那么雷管就可以当作是另一个里程碑式的发明。

弟弟的去世

矿山和隧道的爆破等工程，在阿尔弗雷德发明了雷管后开始大量地使用硝化甘油。阿尔弗雷德还把自己的发明带回了自己的故乡斯德哥尔摩，在父亲面前，他亲自做了演示。

他总是为自己的发明笑个不停，"父亲，一个巨大的浪潮将被我们掀起。"

"不错，真的要祝贺你。我的实验尚处在黑火药和硝化甘油的混合摸索阶段，没曾想到你的研究进展如此迅速。"父亲高兴地说道。

"父亲，我们共同组建一个硝化甘油公司，一起进行研究怎么样呀？"

经历了诸多生活波折的父亲有些忧虑地说道："这是个很好的想法，只是资金从哪来呢？"

"我来解决这个问题。"

阿尔弗雷德只在故乡停留了很短的时间，就再次前往法国。故地重来，可是没有心思游玩，他为了得到启动公司所需的资金，到处游说巴黎的各大银行。为了把硝化甘油伟大的应用前景展现在他们面前，阿尔弗雷德费尽了口舌。

可是无论怎样地跑，如何地说，最终没有任何的银行愿意贷款给他。

但是他依然坚持，终于幸运之神还是降临在他的头上。对于诺贝尔发明出威力巨大的火药这个消息，法国国王拿破仑三世非常感兴趣，他认为硝化甘油一定可以在军事上获得很好的应用。他支持银行贷款给阿尔弗雷德成立公司。

阿尔弗雷德因此获得了拿破仑三世的首肯，从而得到了 10 万法郎的贷款。和父亲建立公司的资金筹措到了，他终于可以高兴地回故乡去了。

父亲选在斯德哥尔摩郊外实验室的附近作为加工厂的地址。这个人们都不十分注意的小工厂就是诺贝尔火药工业公司的前身。

诺贝尔工厂正式营业，并开始制造硝化甘油是在 1863 年，当时诺贝尔已经是 30 岁了。

区区五六个员工的工厂规模很小。这些工人在伊马尼尔和阿尔弗雷德领导下紧张地从事着硝化甘油的生产。

肥皂工业在那个时候已经非常发达了，所以作为生产硝化甘油的原材料，甘油这种肥皂工业的副产品供应非常充足。因此甘油的产量非常巨大，并且价格低廉，这就使得工厂的收购成本非常低。

"一定要全身心地投入到制作硝化甘油的工作中去。"

"要安全行事，必须要确保硝酸降温冷却才行。"

"要保证在混合的过程中硝化甘油是被一滴一滴地滴落下来。"

父子两人不断重复地嘱咐工人操作时一定要小心。终于，在极其谨慎的操作流程下，生产出了硝化甘油的产成品。

硝化甘油的威力要比黑色火药强许多倍，它足以使得岩石粉碎，这一消息在被矿业开采和土木业中都流传开了。

人们利用诺贝尔发明的雷管爆破岩洞，效果明显比之前的方法要强很多。它的用途被很好地展现在人们面前。人们将硝化甘油放入事先用铁锤和凿子打好的洞里，最后用雷管将其引爆。岩石就会被炸得粉碎，这正是人们想要的。

正是因为这个原因，越来越多的人们开始订购硝化甘油，这个不起眼的小工厂伴随着日渐增长的订单不断地扩大经营面积。

"父亲，我的业绩真的是非常好。"

"是的，你的发明要记一大功。"

"这即将到来的一定是硝化甘油的时代，我一点也不会怀疑。"

可是，随后一件不幸的事情把这成功的喜悦冲淡了很多。阿尔弗雷德和父亲在以前的试验中曾经用导火线引爆硝化甘油没有成功，因此他们就以为硝化甘油和黑火药同样稳定可靠。

索布雷罗之前被炸伤的教训被他们忘得一干二净。许多小的细微的地方开始被他们忽视，在如此疏忽大意下，不幸发生了。当时正读大学的艾米尔·诺贝尔，父亲最小的儿子，于 1864 年夏天放暑假回家。

由于艾米尔的年龄关系，他深受阿尔弗雷德喜爱，他们之间的关系超出了兄弟情谊，形同父子。而艾米尔对哥哥阿尔弗雷德也非常尊重。

艾米尔和阿尔弗雷德一样都非常喜爱硝化甘油。他想借此机会进工厂帮忙，顺便做几个研究。他的想法被家人同意了。

"哥哥，我们目前生产硝化甘油的方式太费事，成本过高，我想研究一种更为简单和方便的方式，以此提高效率。"他这样对哥哥说着。

"有这样的方法固然是很好，可是你要当心，这项工作非常危险！"

少不知事的弟弟笑着回答说："不必担心，我会小心的，一定严控温度升高。"

就这样，工厂的实验室中每天都会出现艾米尔的身影，他用心地钻研简化生产硝化甘油的方式。

艾米尔的刻苦精神深得父亲的赞赏，"好孩子，看你也是个心思细腻的人，和你哥哥一样，长大后做个发明家。"没有人意识到渐渐靠近的危险。一个始料未及的爆炸在 9 月 3 日发生在了诺贝尔的工厂。伴随着一声巨响，整座工厂转瞬间被火海笼罩。

父亲和阿尔弗雷德赶到现场时已经为时已晚。他们所能做的只是眼睁睁地看着自己辛辛苦苦创办的工厂化为乌有。

最后，5 具尸体被消防人员从灰烬中找了出来。自己的小弟弟艾米尔也身在其中，这令阿尔弗雷德悲痛欲绝。

父亲和阿尔弗雷德都要被艾米尔的死击垮了。和硝化甘油爆炸时产生的冲击力相比，他们此刻心中的震撼程度无法用语言来形容。对痛苦无法抑制的母亲更是整日里泪流满面。

经历了这次打击，父亲失去了原本的幽默坚韧，变得呆滞异常。甚至在一次被警察局询问时，他的回答毫无章法。

"你们为何擅自生产如此危险的物品？"

"硝化甘油极难引火，居然会自燃爆炸，这是我做梦都想不到的事情。"

"哪为什么会发生爆炸呢？"

"硝化甘油发生自然爆炸的条件必须是室内温度超过了华氏 180 摄氏度，这是我们之前实验得出的结论。艾米尔可能是忘记了查看温度计……"

"是不是距离火源太近了。"

"怎么会？就是直接拿到火上烧，硝化甘油都不会发生爆炸。"

"你们的生产过程是怎样的？"

"在较低的温度下，把硝酸和甘油混合，这是很安全的。"

"生产前你们为什么没有上报？"

"目前只是出于实验阶段，产量很小。"

警察局最后对此次爆炸事件给予了原谅。可是伊马尼尔在警察局回来后，由于悲痛脑出血病倒了。

其实，对于硝化甘油的危险性，人们在那个时候还没有完全认识清楚。温度升高只是发生此次爆炸的很多原因中的一个罢了。

经历了悲痛洗礼的阿尔弗雷德再次站了起来。他发誓："我一定要研究出最安全，最合理，产量最大的硝化甘油制作方式。"他想到了用浓硫酸和低温的浓硝酸混合最后再混合甘油的方法。

可是诺贝尔火药工厂被禁止再次开业，并且在斯德哥尔摩五公里范围内禁止从事这样的事业，当局害怕悲剧重演，事故频发。

阿尔弗雷德依然坚持。他为了寻找工厂用地到了乡下。可是人们同样害怕火药这样危险的工厂，为了确保当地人们的安全，没有人愿意租地给他使用。

迫不得已，阿尔弗雷德最终放弃了。

他最终还是没有死心。他在一个非常大的湖上，购买了一艘大船用作水上工厂。

为了固定船的位置，他抛下船锚将大船固定在湖面上，他终于有了自己的工作场所。其他的船只为了自己安全的考虑，特别是对之前的爆炸仍然心有余悸，因此很害怕这个移动的工厂。于是，这个工厂受到很多人的反对和指责。这艘大船被迫不断地改变停泊的位置，以求远离人们的指责。这真的是个绝佳的移动工厂。

工厂的位置解决后，阿尔弗雷德开始专心致志地对硝化甘油进行研究，他每天都干劲十足。

寻找工厂位置只是解决了诸多问题中的一个，其他有待解决的问题还有许多。最为突出的是硝化甘油的销路问题。人们仍然在上次爆炸的恐惧当中无法释怀。大家都对硝化甘油的稳定性提出了质疑，很少有人愿意购买。

"真是糟透了，如果人们都害怕，我岂不是白白地浪费时间和精力研究这些吗？得出个主意才好。"阿尔弗雷德暗暗想着。

"有了，可以借助于宣传工具。"

他马上付出行动，把请帖发给学者、技术人员、建筑业者还包括军人等，邀请这些人来对自己的表演示范进行观摩。请帖的内容是：

作为具有巨大威力的炸药硝化甘油，它的安全性是极高的。可是有很多的

人不理解它的安全性。我准备做一次有关硝化甘油的安全测试实验，敬请光临

指导。

阿尔弗雷德·诺贝尔敬上

这些人们虽说应邀而来，可是都不是发自真心，显得有些不十分自然。可是在他们面前，做实验的阿尔弗雷德仍然十分地认真细心。

瓶中的硝化甘油被他取出来之后又被转入盘中，随后又被木棒引燃，可是盘中的硝化甘油并没有因此而发生爆炸，只是燃烧而已。把火熄灭后，阿尔弗雷德说道："这样只会使硝化甘油燃烧，不会发生爆炸。"

他随后又在硝化甘油中插入了一根烧红的铁棒，爆炸依然没有发生。

"在硝化甘油中插入这烧红的铁棒依然不会发生爆炸，它的安全性足以被证实。要使它成为威力巨大的爆炸物就要通过雷管的引爆才可以。

阿尔弗雷德又接着为大家做实验证实。硝化甘油被雷管引爆的过程。被邀请来的人们经过了几个实验之后慢慢了解了硝化甘油的性质，于是，他们再次接受了硝化甘油。许多的订单从四面八方飞来。

上面的实验其实是存在很大危险性的，稍有不慎，阿尔弗雷德自己就会丢掉性命。

就像是第一个木棒引火的试验中，如果不是阿尔弗雷德的手法灵敏，并且及时熄灭了火焰，控制了火势蔓延，将会有极其危险的后果。

再有在硝化甘油中插入烧红的铁棒，没有发生爆炸真的是阿尔弗雷德的幸运。假如不测，只要蹦起的铁棒就可以把他置于死地。

可是硝化甘油向前发展的道路还是被阿尔弗雷德的机智和勇敢铺平了。硝化甘油这种炸药的使用价值在阿尔弗雷德讲解实验下被人们很好地了解了。在他的坚持和努力下，他和成功的距离再次拉近了一步。

工厂的订单在阿尔弗雷德的四处实验讲解和终日不间断前往各个矿区亲自示范下又逐渐地增多了。

阿尔弗雷德对这一切的好转非常高兴："看来，是该再次寻找工厂位置了。"于是，他又开始了寻找工厂土地的过程，可是依然没有人租地给他。

他在多处都得到了这样的回答，"也许硝化甘油没有危险，可是为防万一，谨慎行事。"

　　阿尔弗雷德在多日的四处奔走后没有得到任何的收获。没有人愿意租地给他，似乎所有心血都要白费了。可是，灵光一闪，他又想到了去国外发展。

　　有了想法，他马上行动，在1865年春，他又到了德国进行硝化甘油的宣传。在汉堡，他和一位名叫威因克拉的企业家以及一位名叫潘德曼的富豪相识了，他们组成了合伙人。

　　"我毫不怀疑地说，将来一定是硝化甘油的天下。"

　　"智者所见略同！我也跟你们合伙，资金就包在我的身上了。"

　　就这样，在德国的汉堡成了首家颇具规模的硝化甘油公司。

　　工厂最终设立在北河上游，距离汉堡10公里的克鲁伯，并于1865年11月8日投产。它的四周由高3米厚4米的围墙环绕。

　　之后整个的火药界都被这个看似不起眼的小工厂支配了。这在当时成了头等的新闻，世界上的每一个角落都得到了这个消息。人们的看法各有不同，其中当然有人认为这是不安全的举动。所以进行硝化甘油的安全宣传仍是头等的大事。

　　于是，各国相继出现了阿尔弗雷德和威因克拉大肆宣传解说的身影。人们渐渐又建立起了对硝化甘油的信任。

　　在那个时候，德国只是在铁路建设和矿业开采上使用到硝化甘油。

　　"它的爆炸威力是黑色火药的好多倍，真的是很吓人！"

　　"不错，在岩石的孔里放入黑色的火药只是有一股火焰喷出来，可是换成硝化甘油，岩石就会被炸得粉碎。"

　　"在德国硝化甘油的使用还是比较安全的，可是它仍然具有危险性。"

　　人们又越来越信任硝化甘油和阿尔弗雷德了。但这仍然改变不了它本身所具有的危险性。其中温度较低是它相对安全的必要条件。这都要归功于德国的气温一直很低。

　　为了安全起见，工人在对硝化甘油进行搬运时，总是先放入小铁罐，之后再装入木箱，最后还要用硅藻土隔在中间的缝隙上，以防撞击碰撞。这种包装固然牢固，假如木箱被倒放同样会发生危险。

　　造物主的安排总是有道理的，之后的炸药发明就是由此而来。

　　虽然人们都非常小心，可是对于原本就具有危险性的硝化甘油在进行搬运的过程中，不时地产生疏漏，总有事故会发生。

　　人们如果不太了解硝化甘油，就会错误地把它看成其他东西。有些人就会把这种黏稠状并具有高度危险的液体看成是润滑油。

就在那个时候，远在俄国的罗伯特也想弄清楚自己从事的石油事业能否用到硝化甘油，于是他返回了瑞典。他回到了瑞典的基督城用自己带来的硝化甘油做实验。当再次见到阿尔弗雷德，被问及："实验成功吗？哥哥。"

"结果很好，可是路上有些损失。"

"怎么回事？"

"我在去基督城的路上换乘马车时，把盛放硝化甘油的瓶子放在马车的行李架上了。"

阿尔弗雷德被吓坏了，"太冒险了！"

"我都把这件事情给忘记了，当时只晓得和旁边坐着的妇人谈天了，等到了目的地，我才发现其中的一瓶被震碎了。"

"后来呢？"

"破瓶中的硝化甘油顺着马车壁流到车轮上去了。"

"哥哥！你都把我吓死了，假如失火将会不堪设想。"

"不要害怕，后面还有呢。这样我做实验用的硝化甘油就只剩下一瓶了。但是等我打算用它来做示范的时候，发现仅有的一瓶也少了很多，我被吓坏了，赶忙找来旅馆的服务员问明白是怎么回事？他告诉我，把硝化甘油当成是光亮剂擦皮鞋了。"

"真的是太危险了！"

"我只有拿最后的一点硝化甘油做示范。弄来大理石，让工人打好洞，再把硝化甘油装入其中，之后引爆它。"

"结果如何？"

"很难想象，非常成功。打洞的工人刚开始都嘲笑我，如此巨大的石头怎么会被这黏乎乎的东西炸碎。可是它的威力实在是太大了。它不仅把石头炸得粉碎，就连工人也震得飞到了空中。"

"没有发生什么危险吧？"

"没事，有些像马戏团的小丑，在空中翻了几个筋斗，又落回了地面之上，他们还哈哈大笑。"

"哈哈……说真的！他的动作真的好极了。"

可是人们还是没有完全认识清楚硝化甘油本身具有的危险性。这从阿尔弗雷德的哥哥如此毫不在意的情形中就可以看出来。结果，不幸的事件接连发生，对于硝化甘油责备的声音再次布满了舆论界。

纽约一家旅馆的爆炸就是整个事件的导火索。

旅馆住进了一位德国客人。这位客人外出时在前台寄放了一个装有硝化甘油的小盒子。可是服务人员根本不知道，对于它巨大的危险性更不必说了。小盒子被服务生随手放在了座椅下面。

第二天早上，小盒子里居然有浓浓的黄色烟雾冒出来。服务人员被吓坏了，不知如何是好，赶紧把它丢到了马路上，就这样一个威力巨大的爆炸发生了。周围居民的住房玻璃都被炸碎了，在小盒子落地的位置更是炸出了一个深 1 米左右的大坑。

所有媒体的新闻头条都纷纷以突出的篇幅和标题对此事进行了报道，硝化甘油再一次成为人们指责的对象。

这样的爆炸事件在 1866 年 4 月 3 日，巴拿马地区同样发生了一次。

一艘装有硝化甘油的"欧洲号"轮船在亚司宾尔港出发时，船上的硝化甘油引发了爆炸，致使 17 人死亡，并且严重地炸伤了船身。

德国极其寒冷的气候是硝化甘油得以安全生产的原因。可是把它拿到巴拿马这种酷热的地区，就会十分危险。

诺贝尔对于这样的问题担心得很。

"又有爆炸发生了，诺贝尔先生。"

"真是糟糕，在什么地方？"

"是一家轮船公司的仓库，在旧金山，14 人被炸死。"

"不好，这样的事情发生在旧金山，真是不容小觑。"

"反对的标语张贴得到处都是，对于硝化甘油的使用，人们正在游行示威呼吁禁止……"

时间不长，在澳大利亚悉尼的一间仓库和周围的建筑物又被两盒硝化甘油炸毁。

"如此发展下去，不加以制止，是走不下去了！"

接二连三的不幸在发生着。在 1866 年的 5 月，克鲁伯的工厂也发生了爆炸事件。

硝化甘油前进的道路，终于在发生了诸多意外事件后再次被堵死了，各国对于有关硝化甘油的研制和存放都严令禁止。

对这些消息最为震惊的当属硝化甘油的发明者索布雷罗。

他对于自己的发明懊悔不已，"如此毒害生灵的物品我居然都制作得出来？一个个鲜活的生命就这样被我夺走了，真令人悔恨呀！"

法国和比利时首先对硝化甘油的生产和使用进行了禁止，随后是瑞典。英国虽说没有明文禁止，但是其严厉的措施和禁止无异。另外还有许多国家相继颁布法令勒令禁止运输和销售，世界各国几乎同时对硝化甘油产生畏惧。

承受责备的不单单是硝化甘油，还包括诺贝尔。

可是诺贝尔依然没有放弃，他坚信一定可以找到最安全有效的方法来运用硝化甘油。

"总结分析所有这些爆炸事件，大多发生在硝化甘油的运输途中，还没有一起爆炸是发生在使用过程里。我坚信只要运输方法得当，它就一定不会发生爆炸。

诺贝尔开始想象各种运输办法，他开始对硝化甘油的运输和存放着手进行研究。

甘油炸药

人们的信心，被一次次的爆炸事件打击得所剩无几，硝化甘油安全的说法任何人不会再相信了。对于它的运输和存放各地相继禁止。

诺贝尔的工厂又一次停产。

合伙人威因克拉满怀失望地说："我们的事业就这样走到头了吗，诺贝尔先生？"

诺贝尔鼓励他说："没有，我们才刚刚开始，没有任何的物品可以替代硝化甘油的巨大威力。"

"说得很对，可是也得有人敢用才是呀！"

"我们要抓紧做的就是变换它的外形，眼前的情形是，人们已经无法再接受它的外形。"

"我们该做些什么呢？"

"威因克拉先生，我坚信我们的事业才刚刚起步，我们一定可以取得成功。我正在对硝化甘油的安全形态进行研究。"

"你的乐观精神真让人佩服，诺贝尔先生，你一定要成功。"

诺比尔集中全部精力对硝化甘油的安全进行研究。首先要攻克的就是运输环节。他首先用甲醇把硝化甘油溶解之后进行运输，蒸发掉甲醇就可以直接使用。

"这样费事的东西不会有人乐意使用。太费周章了。以液态出现的炸药使用起来真的不是很方便！"

"用冰把它冷冻。"

"但是，这个方法在炎热的地方就不可实行了。"

"不错，解冻后依然是液体，可是在冰冻的状态是安全的。"

"和黑色火药混合怎摸样？"

"这个方法，我父亲之前试验过，硝化甘油很难被黑火药吸收，不太保险。"

"但是，假如它单独存在就只能是液体状态呀！"

"没错，我为什么就没有想到呀！和其他物质混合试试看。"

经过研究得出硝化甘油和木屑混合后仍会发生爆炸。

"总算可以了，真让人高兴。"

可是也不尽完美，硝化甘油也不易被木屑吸收，混合后威力会减弱很多。他又拿来土、陶器粉等和它混合，总之试验了无数次。

"有了，液态的硝化甘油可以大量被木炭粉吸收。"

诺贝尔一边对安全的使用方法进行研究，一边在曾经留学的美国对爆炸事件进行调查。

他集中了很大的精力对爆炸事件进行调查。他和自己的哥哥商讨了自己的想法。

在美国调查的结果超出了诺贝尔的想象。他借此想到了自己的弟弟艾米尔，心中非常难过。

"再也不能有无辜的生命被炸死了。对硝化甘油的使用，我一定要研制出一种特别安全的方法。"

诺贝尔在回到德国后，时刻思索着如何安全使用硝化甘油。此时，哥哥罗伯特的书信又来到了。

"硝化甘油和木炭粉混合的方式是没有错误的，这样可以非常便捷地对硝化甘油进行储存和运输，不仅如此，它的爆炸威力一点也没有削弱。你想要的东西可能就要诞生了。"

"原来哥哥早已做了实验！可是还有没有更好的材料代替木炭粉？"

诺贝尔细心地回想了以前对硝化甘油的搬运工作，他想到了曾把硅藻土填补在箱体空隙的做法。

"没错，在一次硝化甘油泄漏后，硅藻土凝结成了硬块。也许可以用硅藻土试试看。"

硅藻土是一种细腻而质轻的土壤，由硅藻的微生物外壳集结而成，它的特性可以吸收各种物质。

不仅如此，它的成本非常低廉，想要多少就有多少。

他立刻找来了硅藻土和硝化甘油进行混合实验。

真是想不到，它的吸收能力大大超出了自己的现象。它可以吸收自己体重 3 倍的硝化甘油，之后转变为像黏土一样不软不硬的块状物体。

"硝化甘油这下可以被大量地吸收了。"

随后，他用这种混合后的棒状物，非常便捷地插入了石洞中，爆炸的威力不减。

他终于找到了比木炭粉和木屑爆炸威力更大的混合物。

"虽然这种混合物威力不及液态时的硝化甘油大，可是它也有自己的优点，那就是爆炸飞溅物比较集中不会太过细碎。"

这种混合物的实用性已经表现无遗，可是安全性也不能忽视。既要实用又要安全。安全问题再度被提上日程。他继续想办法进行实验。

他把这种块状的混合物在高处投下来，爆炸没有发生。之后做成颗粒，在铁板上大力敲击，爆炸依然没有发生。

他非常满意于自己的实验结果，"太棒了！这应当是令人满意的成绩了。"

诺贝尔依然担忧，他又找来了雷管做实验，以确保自己得出的结果没有错误。激动异常的他找了雷管引爆这种混合物，伴随着一声细小的声音，爆裂了。

他的心里盘算着：它不会在高处投掷和敲打下发生爆炸，可是被雷管引爆威力巨大。这种炸药才是我盼望已久的。

他的脸上洋溢着微笑，心中的喜悦很难用语言来形容。

他想和父亲、哥哥、以及威因克拉共同分享这一成功的时刻，所以，他马上拿了纸笔，把这一大好消息写信告诉他们。

固态的硝化甘油由此走进了人们的视野。在运输便利方面，以及安全性方面，这种固态的硝化甘油都有着十足的优势，无辜的伤亡从此就会被杜绝了。

诺贝尔激动地赶紧申请了专利。

他并没有被眼前的成功迷惑住，依旧继续对硝化甘油和硅藻土的混合比例进

行试验。接下来要做的就是，选取出各地硅藻土中品质最为优越的以便使用。

75∶25 是这种混合炸药中，硝化甘油和硅藻土的比例。依照这样的混合比例，炸药的威力剧增，并且软硬适当。现在的人们依然沿用着这样的混合比例，他们依旧认为这是最为完美的混合。

"应当怎样称呼这种新型的炸药呢？"

"起个好听的名字……固体硝化甘油？硝酸硅藻土？不好听！还是不好听！怎么就没有好听的呢？"

他想要一个可以把所有优点都包括进来的名字。

"甘油炸药，Dynamite 由自精悍的、充满活力的 Dynamic 单词而来。含义准确，就是它了！"

诺贝尔高兴的反复念叨："甘油炸药！甘油炸药！"新的炸药终于有了自己的名字，他特别细心谨慎，再不敢出现任何疏忽漏洞了。

硝化甘油极易和其他的液体或者气体混合在一起，因为它的周围布满了各种小孔，是个多孔的物体。混合物的爆炸威力巨大，并且非常的安全。他取得专利权是在 1864 年，可是这种产品问世是在两年后的 1866 年。

甘油炸药之所以没有及时的公布，是因为诺贝尔想要等到万无一失。所以他不断的实验，不断的推敲，以做到没有疏忽。我们由此可以看出，诺贝尔是总算对硝化甘油这样危险品有了清醒的认识，他在以往的事故中吸取到了教训。

他对实验结果一再的求证，最后得出的结果总是一样的。这样就能够使人们非常安心的使用了。

对外公布了新炸药后，有关它的生产和销售同时开始了。

在 1866 年的 10 月，克鲁伯地方政府组织了一个安全委员会，对甘油炸药的生产和使用过程中的安全性和威力进行了审查。

最后得出的结论是：这是个非常成功的产品，并且在使用和运输上具有极高的安全性。

历经多年的艰苦努力，总算有了收获。诺贝尔的生活从此发生了翻天覆地的变化，生活里从此充满了欢乐和喜悦。工厂的订单像雪片一样飞来，忙碌极了。德国的矿业人士在 1867 年在他的工厂订购了大量的甘油炸药。那个时候矿业开采业非常重视甘油炸药，他们称之为诺贝尔安全炸药。

矿山业主们都因为新炸药有着极高的安全性，争相采用，这极大地推动了矿坑的挖掘效率，提高了企业竞争力。他们见到这样结果都非常高兴。原来对诺贝尔备加指责的人此刻也都改变了自己的态度。

甘油炸药在 1867 年 5 月时，应用范围更加广阔了。除了德国国内，英国的订单也随之而来。诺贝尔的祖国瑞典也在 9 月时发出了采购订单。

"终于可以为祖国的发展做些事情了。"拿着瑞典方面的订单，诺贝尔不禁有些感慨。虽说身处在德国，可是祖国瑞典对自己的培养之恩一直都在他的心里。为祖国效力尽忠是他心中一直都具有的信念。来自瑞典方面的订单让他心中备感欣慰。

他收到了好多的祝贺信件，其中包括父亲的、哥哥的、朋友的等等。

曾经一再被认为具有高度危险性的物品，如今却成了人们渐渐离不开的有功之臣。像一些铁路开发、隧道工程、运河开辟、山路开发、变荒丘为良田等等，都可以用到甘油炸药。

甘油炸药的运用极大地推动了采矿业发展的变革，除了日渐提高的铁矿开采，还有其他的金属陆续被开采出来，世界工业的发展由此而被极大地推动着。

诺贝尔的克鲁伯火药工厂不断地扩大规模。甘油炸药的产量也在逐年增长。甘油炸药的产量在 1867 年时 11 吨，在 1868 年扩至 78 吨，随后有扩至 185 吨，在 1869 年更是达到了 424 吨，后来是 785 吨。产量每年都在增长。直到 1874 年甘油炸药的产量已经达到 3120 吨，这已经是非常高的产量了。

伴随着不断攀升的炸药产量，世界各地的人们也都开始认识了诺贝尔这个响亮的名字。

全世界对甘油炸药的认可，直接推动了世界文明的发展，可是要普及到全球，还有一段曲折的路要走。

德国是第一个对克鲁伯火药工厂生产的甘油炸药认可和使用的国家。可是诺贝尔还要去别的国家进行游说，对甘油炸药的使用价值进行宣传。

英国在 1867 年 5 月就颁布了甘油炸药的专利权，可是对于它的使用久久不予解禁。

诺贝尔十分想不明白："为什么授予了专利权，还不让使用，搞不明白！"

诺贝尔对于英国的做法很是不懂。他在暗中对英国进行了走访。最后得知是阿培尔教授从中阻挠，他如此反对使用甘油炸药是怕影响到自己发明的棉火药。

诺贝尔把阿培尔教授的错误观念写信告诉了英国政府。英国政府看到书信后明白了甘油炸药的使用价值，并对它的安全性进行确认，最后准许英国工厂生产

和使用。

英国于 1871 年在格拉斯哥创办了英国甘油炸药公司，把工厂设在了苏格兰的阿鲁尼亚。世界最大的火药制造厂就包括这一个。

诺贝尔非常怀念自己曾经留学的法国。他希望可以把火药工厂设立在令他魂牵梦绕的法国。

他来到巴黎已经是 1869 年春。巴黎方面对于诺贝尔的名字早已知晓，特别是有位叫做帕鲁·巴布的年轻企业家，他非常敬佩诺贝尔的过人智慧和坚强的性格。

诺贝尔来巴黎的消息一经传入他的耳朵，他就马上过来拜访诺贝尔。

"诺贝尔先生，我对你的研究工作非常钦佩！我特别感兴趣于你之前发明的雷管和现在发明的甘油炸药。"

"深感荣幸，非常谢谢你！"

"我一直盼望着能够在法国设立甘油炸药的工厂。"

"太好了，看来我们可以一同来做这项事业了。"

两个人一见如故，马上把建设火药工厂的申请递交到了法国，可是非常遗憾，这个申请没有得到法国政府的批准。

原因是，火药在那个时候属于法国的公卖事业，负责火药公卖的政府机关目光短浅，不愿意把利益分割给外人，所以对甘油炸药在法国生产横加指责。

诺贝尔对此表示遗憾："对于甘油炸药的威力和安全性我非常地了解。法国政府不允许生产，损失的肯定是他们自己。"

巴布身为法国人非常担心："甘油炸药在德国已经被大量生产使用，两国假如开战，在军事上，法军一定会败于德军。"

"不错，眼下可能就要爆发战争了。"

两个人都十分地担心。

法德战争真的在不久后爆发了。

这就是历史上有名的普法战争，这是因为德国在当时的名字是普鲁士。得力于甘油炸药的帮助，法军的许多军事基地被普军攻克了。在火药的威力上，法军远远落后于普军。普军接连地胜利，而法军则是屡战屡败。最后普军攻进了法国境内。

参谋长向司令官说："我军根本无法抵挡住普军威力巨大的炸药进攻。"

"有什么其他办法？"

"我们的炸药威力远不及对方。首要的任务是找到威力巨大的炸药。"

"棉火药不可以吗？"

"我们目前使用的就是这种炸药，但它连城墙都无法炸毁，它的威力太小了。"

"普军使用的是什么样的火药？"

"甘油炸药。"

"好像在什么地方听说过。"

"一个叫做诺贝尔的瑞典人发明的，它是以硝化甘油作为原材料制成的。"

"诺贝尔，为什么法国没有生产？"

"我国政府对于诺贝尔和巴布提出的设厂申请没有批准。"

"简直胡闹！快去请巴布过来，我要和他谈谈，或许还有转机。"

参谋长领命走了。

"他在那里？"

"巴布原本住在巴黎近郊，经营着一家制铁工厂。可是目前已经参军了，我正对所有的部队进行调查，希望能够找到他。"

"那就快去！"

不一会儿，参谋长又来找司令官。

"报告，巴布的所在部队找到了。"

"什么地方？"

"都尔要塞。"

"哪里？都尔？"

"没错。"

"这下完了！没救了。"

在如此境况下，哪怕是勇猛的法国士兵如何地坚持抵抗，也抵挡不住新炸药巨大的威力。

普鲁士最终战胜了法国。这场战争以法国的失败而告终。

巴布在都尔沦陷后被普军俘虏，战后返回法国。

"诺贝尔先生，对于甘油炸药的威力，我真的是领教了，真的是太吓人了！"

"没事就好。"

"整个战场上躺满了士兵的尸体，要塞的防御工事瞬间被甘油炸药瓦解了。"

"这是一定的。"

"看着一个个躺在地上的士兵，真的叫人伤心极了。"

诺贝尔心底的哀伤被巴布的诉说牵动了。自己年少的弟弟艾米尔浮现在了他的眼前。

诺贝尔内心涌动着无数的思绪：他非常地自责，自己发明的甘油炸药竟然把这样多的苦难和不幸带给了人类。

"你想得太多了，带给人类苦难和不幸的是战争，而不是甘油炸药。你应当这样想，人们利用甘油炸药进行矿山开采、土木建设等，其实是在为人类造福呢！"

在巴布的安慰下，诺贝尔内心稍安了一些。

一个崭新的共和国在拿破仑三世战败后重新建立起来。新政府大力地发展工业，以使法国快速地强盛起来。这些都极大地推动了矿山开采业和土木工程建设等事业的发展。

针对当前法国新政府的发展策略，诺贝尔和巴布分析再次申请成功的几率一定很大。他们马上将建设火药工厂的申请提交了上去。正如所料，新共和政府立即批复他们将炸药工厂设立在法国的南部柏立。

柏立的炸药工厂规模，在法国高速发展的铁路工程和矿山开采影响下，不断地扩大，直至出口瑞士。

诺贝尔和巴布见此情景，又到瑞士建设了一家炸药工厂。

各国政府都开始重视甘油炸药的威力和作用，就连开始意大利发明硝化甘油的索布雷罗，也着手进行这方面的事业。

他的炸药工厂设在意大利的托斯卡诺，于1873年投产。他生产的火药同样是以硝化甘油和硅藻土两者混合，可是出售时的名称叫做"黑色素"。

当时各国的工业发展大多依靠甘油炸药这一绝佳的助推器。发达国家的更进一步发展和发展中国家的起步阶段都离不开它的作用。

可塑炸药

对于甘油炸药的巨大威力，再没有任何国家表示反对了。它在矿业开采、土木建设、铁路铺设等方面的作用，以及对军事的强大推动等，人们都是有目共睹的。

可是，人们的好奇心是无法满足的，总是期盼有新的产品问世。一些贪心的矿业主们不断地请求诺贝尔能够继续研制出更好的炸药。他们期望能够有一种威力更大的炸药来替代甘油炸药。

顺应人们的强烈要求，诺贝尔又开始研究其他的炸药。

他不断地思索：甘油的威力已经在和硅藻土的混合中发挥到了极致，可是毕竟硅藻土只是一种土而已，假如可以在这上面做些文章，会产生什么样的结果呢？硅藻土不会燃烧更不会爆炸，不会对爆炸起到任何的作用，可是假如可以发生爆炸，那就另当别论了。

于是，他反复地思考：硅藻土可以被什么样的东西代替，并且这种东西还具有爆炸力。

黑火药是不必考虑了，它的吸收力太差，之前已经试过了。

他试着拿硝化甘油和硝酸铵、木屑粉等混合使用，结果都不是很理想，它们的燃烧非常完全，可是爆炸的威力远远赶不上甘油炸药。

一天，诺贝尔接待了一位来访的矿业主，听他说出了这样的要求："诺贝尔先生，你看是否可以改良一下加工方法，因为经常有甘油炸药在包装纸中渗透出来。"

诺贝尔对这一事实进行调查，发现这是正确的。这是一种缺陷。这更加速了诺贝尔对替代硅藻土物品的寻找，一定要比它更具吸收力。

在忙忙碌碌中，过了一天又一天。诺贝尔依然没有思索出自己想要的答案。

薛庞是瑞士巴塞大学的一名教授，他一直在对硝酸和其他的物质的混合作用进行研究。他曾经在1845年的某天，在硝酸和硫酸的混合液体中浸泡了一团棉花。当第二天这团棉花被取出来清洗时，居然没有发现被溶解的迹象。棉花被晾干后，居然比以前硬了许多。拿来酒精灯，薛庞教授在上面烧这团棉花，它居然轰的一声发生了爆炸。更奇怪的是，没有任何的烟雾和残留物在爆炸中产生。

薛庞教授非常吃惊，棉花竟然可以被制成无烟火药。就这样无烟的火药棉产生了。

火药棉很快被火药生产厂家和政府当局注意到了。没有烟雾产生这一特性，是所有人共同注意的焦点。大炮和各类枪支如果用上了这种炸药，就会起到隐身的作用。

当时应用的机关枪，就是用黑色火药做的子弹，开枪产生的烟雾不仅仅是把自己的位置暴露给敌人，同时还会对自己的视线造成模糊，不利于瞄准目标。因此，机关枪当时并没有引起人们的足够重视。

无烟火药是各国军队和兵工厂期盼已久的，所以不计其数的火药工厂引进技术开始生产火药棉，并制造无烟火药。可是其中发生了很多的爆炸事件。刚刚建成的工厂一投产就被炸为平地是常有的事情。

针对火药棉如此巨大的威力，各个工厂相继关闭，纷纷停业。

在那个时候，一件奇怪的事情，被美国医科大学学生美纳尔发现了。类似于火药棉的药剂可以通过棉花和硝酸的轻微反应生成。并且酒精和乙醚能将这种药剂很好溶解。

把融化有这种药剂的溶液涂抹在物体的表面，酒精和乙醚很快就会被挥发掉，最后只剩下一层薄薄的膜，这就是硝酸纤维素胶片。

美纳尔的发现依然属于医学方面。医学的治疗领域马上对这项科研结果进行了应用。那就是众所周知的创可贴前身。

在伤口上涂这种硝酸纤维素，也称作是棉胶，可以起到创可贴的作用。这种水溶液被美纳尔拿来出售，销路竟然非常好。人们一直把它当成是水质创可贴。它有时还被当做糨糊用。

诺贝尔新炸药的灵感就来自于这种棉胶。

有一天，诺贝尔的手指不小心被弄破了。他拿了棉胶涂抹在伤口上，接着做自己的实验。可是，未曾想到，到了晚上诺贝尔又被手指的疼痛弄醒了。

"伤口这是怎么了？太不正常了。"

这是因为有其他药物渗透进了伤口而引发的疼痛。

"伤口上的棉胶还在，难道是化脓了？"

棉胶被他扯了下来，他又把伤口冲洗了一番，不那么疼了。再次地涂上新的棉胶，也不如之前那样疼了。

诺贝尔回到床上再次躺好，可是心中却无法平静了：为什么会这样呢？之前都做了什么呢？是什么东西透过棉胶浸入了伤口呢？是了！硝酸，如此看来硝酸对棉胶具有渗透功能了。

诺贝尔忽然想到了什么，如获至宝，连衣服也没有换，穿着睡衣就跑去了实验室。

他心中这样想着：为什么不把硝化甘油和硝酸纤维素混合试试看。硝酸纤维素虽说是固体，可毕竟它们都是爆炸性物质，假如它们可以融合在一起，产生的炸药的威力将会更加强大！想到马上就做。

他不断调整两种物质的混合比例，终于，在一种情况下，他配制出了一种像果冻似的软硬适中的胶状混合物。

诺贝尔高兴极了："就是它了。"

在很短的时间里，实验进行得很顺利，更具威力的炸药被他制作成功了。诺贝尔双眼紧盯着盘中的果冻炸药，手指上的伤痛早被他忘记得一干二净了，一瞬间，他洋溢着喜悦的脸上布满了阳光。

混合出来的是无烟火药，具有很高的可塑性，我们就称之为"可塑炸药"。

用本身具有爆炸力的硝酸纤维素，替代了原来的合成成分硅藻土，所以可塑炸药的威力巨大无比。

两种混合物相比较，硅藻土只能对甘油进行吸收作用，而硝酸纤维素和硝化甘油是相互地结合在一起，变化为果冻似的胶状物。在运输安全性方面两者基本持平，但是无论我们如何挤压可塑炸药，都不会有硝化甘油被分离出来。

他的助手理德·贝克提议应当马上投放市场，人们对于这样的发明一定非常地期待。

"做任何事情都要一步一步地进行，我们没有找到最为合适的混合比例，研究还要继续进行才是。"诺贝尔并不急于将它展示给人们。

诺贝尔对硝酸纤维素的浓度不断地进行调整，使棉花和硝酸产生不同的作用。他不断对棉花的硝化程度进行调整，制作出不同种类的硝酸纤维素，之后再和硝化甘油进行不同比例的混合。最后有 250 种混合物被他制作出来，对这些混合物性质的好坏和作用的大小他又逐一做实验进行验证。

他的助手理德·贝克是个非常有心的人，非常爱好研究炸药。除了对诺贝尔的实验进行协助工作，他负责的工作还包括对制造炸药的机械进行设计。

新的火药由于自身极好的可塑性，适用于很多的场合用途。它被制作成了诸如特级炸药、凝胶炸药，以及和果冻相似的可塑炸药等不同的形态，被应用在不同的地方。

其中最具安全性并且威力巨大的当属果冻状的可塑炸药，和硝化甘油混合的硝酸纤维素浓度是 7%。

相比以前的纯硝化甘油，这种混合后的可塑炸药威力更加强大。

他的助理非常不解地问，"诺贝尔先生，为什么威力极强的炸药，被放到铁板上锤击，却不会发生爆炸呢？"

诺贝尔更是满心欢喜，回答说："没错，这才是我们想要的可称作成功的炸药。"

"不仅成功，根本就是成功中的成功呀！"

"何以见得呀？"

"它在潮湿的环境中同样可以使用，这样就可以被放入水中了。"

"不错！捕鱼就可以用这样的炸药了。"

"嗯，我们可以通过渔业来对炸药进行宣传。"

"和捕鱼相比，可能用于建设港口，在水底进行岩石爆破更为合适。"

"是的，我们的矿山开采、隧道建设、铁路施工等事业的发展已经被甘油炸药推动的一大步。现在该是水底施工，建设港口等工程被推动的时刻了。真是太美妙了！"

就这样在 1878 年，诺贝尔在发明了甘油炸药后，又一次发明了硝化甘油系列的无烟炸药，人类事业的进步又被他推动了一大步。

可以便捷地用纸对新的炸药进行包装，这是其最大的优点，并且它可以非常简便地被塞入岩石的缝隙里。威力比甘油炸药大，比较实用，包装省事。在运输以及施工现场无烟炸药的作业非常便捷，这一点深受矿业开采、土木施工者的欢迎。

虽说它的价格稍高，可是它的销售依然很好，它很快遍布了世界各地。

世界各地的人们一致认为最好的炸药当属果冻状的硝化甘油系炸药。

对于一件成功的发明并不满足，而是不断地在此基础之上发展创新，再造辉煌。这就是诺贝尔能够成为伟大发明家的根本所在。

一心想着和平

甘油炸药和硝化甘油系的可塑炸药等威力巨大产品的出现把火药事业推上了一个新的台阶，不只是欧洲还包括全世界。

成功后的诺贝尔迎来的不仅仅是喜悦，同时也伴随着不安、焦虑和痛苦的自责。他不断地向自己提问："这样做到底应不应该？"

弟弟艾米尔的悲惨遭遇时常浮现在他的眼前，每到此时，他的心中更是充满了痛楚。他告诉自己："绝不可以再继续研究更具威力的火药了，到此为止，更具威力的火药只会让人类更快地走向灭亡。

作为一个享誉世界的发明家和企业家，诺贝尔的心中非常纠结。他一面为自己发明炸药对人类造成伤害表示道歉，一面又劝慰自己要坚强，科技的进步不会停止，每一种事业都是长江后浪推前浪，火药的发展也是如此，少了我一个，它依旧会拓步向前，迈上更高的台阶。

可是一会儿，前面的思想又翻滚而来淹没后面的想法。

"有好多无辜的人因为硝化甘油、甘油炸药的出现而丧失了生命。翻阅历史，普法战争中的伤亡是以往任何战争都无法比拟的。"

"这一切的一切都是我造成的，都是我发明的罪过！"

"不是的，即便不是我发明了炸药，也会有别人去发明。"

"我只盼不要成为罪魁祸首，令所有人唾弃，辱骂，不要带给人们的总是灾难。"

这些思绪在诺贝尔的心中不断翻滚着。

"所有一切痛苦都是战争带来的，与火药根本无关吗？与自己无关吗？只要消灭这可恶的战争就可以了。"

如此期盼和平并为和平而不懈努力的人，任何时代都不缺少。诺贝尔也是这样的一个人，他在年轻时曾参加过和平运动。

他明白战争不可能仅靠和平运动去消除。这经验是他通过和许多人的沟通，并且向专家学者请教，还有通过自身实践而得出来的。

"我非常敬佩你们爱好和平的理想，可是不赞同这样只凭贴标语和喊口号的方式来消灭战争，这是行不通的！"

"相信自己，诺贝尔先生，人们都是讨厌战争的，只要我们把和平的美好传递给人们，他们就会共同抵制战争。"

"对于战争造成灾害，每个人都痛恨至极，上面的说法只能存在于伦理的层面，因为世界是复杂多变的。"

"事实和理论当然略有差别，可是我们一定要坚持，我相信总会起好的作用。"

"可能吧！这总要好过整天呆着无所事事，但是战争该来的还是要来。"

诺贝尔逐渐认清了事实，对于没有任何意义的和平运动，他放弃了。可是和平的思想一直都在他的心里，他在想尽一切办法来推动和平。

他不断地思索着如何才能使人类世界远离战争的迫害。

在父亲没去世的时候，他就曾经向父亲问过这样的问题："父亲，我们怎样才可以远离战争？"

"我不知该怎样答复你，因为我现在的工作就是制造各种更具威力的武器，以使得战争可以尽早地结束。"

"战争是否会在人类拥有了更高的智慧后就消失了呢？"

"可能不会，因为现在的人类智慧已经达到了惊人的高度。"

"那人类会不会因为武器和火药的发展而在未来战争中灭绝？"

"哈哈！你太忧虑了吧。假如真的拥有了这样巨大威力的武器，人们就不会毫无顾忌地大动干戈了。人类的战争不断，正是因为没有这样巨大威力的武器存在，这也正是我们诺贝尔公司可以长久存在的根源。"

他比较赞同父亲的看法，"假如有了这样威力巨大的炸药……"

"不错，我还要继续钻研，不必再内疚了。真想研制出威力足够大的火药，这样就可以对战争起到遏止的作用。在推动人类文明的进步，改善人类的生活方面，火药还是起到了特别积极的作用。"

因为这样的念头，诺贝尔的思绪平稳了一些。他下定决心：一定研制出更具威力的火药，为世界的和平作出自己应有的贡献。

他还要继续研制威力更加强大的火药，为了促进人类的和平。

诺贝尔研制成功的硝化甘油、雷管、甘油炸药、还有可塑炸药等使得火药事业得到了革命性的进步。也正因为这一点，他对自己研制遏制人类战争的火药更加有把握、信心和毅力了。

我的发明虽说被人们利用做了战争的利器，可是它毕竟对人类的工业事业的发展以及文明的进步作出了突出的贡献呀！功过相抵，大概可以扯平了吧！

且不说在那个时候，他的想法是否正确，但就现在的情况看来，他的想法还是有可取之处的。

自从原子弹、氢弹等颇具毁灭性的武器被人类发明以来，人们都惧怕于它们的威力，虽说仍在进行一些传统的零星的战斗，但不再轻易地发动战争，不然就会自取灭亡，以战止战说的就是这个道理。

诺贝尔为自己的理想不断奋斗着。虽说能够遏制人类战争的火药没有被他制作出来，可是人类文明的进步还是被他的发明向前推动了很多。

事业上的突出成绩，使得大量的财富向他涌了过来。可是在他死后却将这笔数目惊人的财产以和平的名义设置成了奖金，流传后世。

诺贝尔奖的设立，正是他对和平主义无比期盼的主要表现。他一生忙碌投身和平的精神，永远与我们同在，历久不衰。

诺贝尔火药

诺贝尔告诉他的助手："和其他的炸药不同，硝化甘油系的可塑炸药有着自己独特的性质。"

"什么样的独特性质呢？"

"固体的混合物是其他炸药的存在形态。"

"没错。"

"黑色火药是被硝石、木炭和硫磺混合而成的。甘油炸药是硅藻土吸收硝化甘油制成的……"

"是呀，有些还包括木屑的加入。"

"这就对了。"

"但都是些什么东西组成了可塑炸药呢？"

"正如它的名字一样，它的外形可以任意地变换，如同果冻的样子。把微量的硝酸纤维棉添加到硝化甘油中就可以得到这种炸药。"

"所以说，它的里面非常均匀了！"

"不错，它是最均匀的火药。"

"是呀！"

听着诺贝尔的讲解，一旁的助手仍是无法理解，搞不清状况。

"没听明白吗？这种分布均匀，含量相等的炸药燃烧是同步进行的。"

"有什么特别的地方吗？"

"反应太慢了！除了矿山开采、公路建设可以用到火药，其他一些精密的东西也可以用到火药。"

"明白了，大炮上如果用了这样的火药，炮弹发射的速度就会非常的精准。"

"总算开窍了！哈哈。假如用炮弹去攻击远处海面上的一艘军舰，它会显得非常渺小：速度大了炮弹就会飞过头，速度慢了炮弹会飞不到。因此要想准确地命中目标，火药的爆炸速度就显得尤为重要。"

"嗯，我知道使用黑色火药的大炮和枪支，不容易命中目标的原因了，诺贝尔先生。"

"不错，黑色火药只有在短距离内才会有效，它有着非常严格的距离要求。"

"这样说来，你是打算用可塑炸药做大炮的发射火药了，诺贝尔先生？"

"可塑炸药虽然有同速爆炸的性质，可是发射火药还是不能用它，我们必须

进一步研究它的用途。"

"诺贝尔先生，难道是为了武器制造，你才进行火药研究吗？"

"你错了，和平是我心中永远的理想。可是战争不会因为我们高喊的口号而消亡。我们只有制造出足具毁灭威力的炸药，才可能把好战之人吓倒，使他们主动放弃战争。"

"也就是说，你要研制的火药将是更具威力和准确性的了。"

"不错，要以硝化甘油系炸药为基础做进一步的深入研究。"

以硝化甘油系炸药为基础，诺贝尔带领着他的助手们又开始对更加均匀，并且燃烧更加完全的火药进行研究。他们采用不同的比例把硝化甘油和火药棉混合在一起，之后经过凝固做成不同的形状，如、板状、颗粒状、棒子形状等，最后对它们的爆炸性质逐一进行检测。

"实验证实，它们两个的比例是各占 50% 时最为适当。"

"嗯，是的，还有把 10% 的樟脑添加进去。"

"什么？樟脑？好像是赛璐珞的样子吗？"

"不错，赛璐珞的一种而已，它会在硝化甘油加到硝酸纤维素中点火后发出巨大的威力。"

"是的，赛璐珞是非常危险的！"

"玩具和人偶的材料一定不可以用到它。"

这种被硝化甘油和火药棉混合而成的胶状炸药就是塑胶炸药。

历经无数次的实验，发现棒状的火药在被点燃后它的各部燃烧速度是一致的。

"这个实验真的是太成功了，诺贝尔先生。"

"是的，非常成功！除了爆破，这种炸药还会发挥更精良的作用。"

"真实太奇妙了！"

"应当拿大炮来检验一下它的威力。"

一个实验专用的小型大炮被诺贝尔买了回来。

数次的实验证实，新火药可以使大炮的命中率准确无误，不会有任何的差错。

诺贝尔得到了所有助手的敬佩，"如此伟大的变革不仅仅是体现在火药的爆破力上，还体现在发射型火药的精准上。先生的想法太伟大了。"

诺贝尔得意地说："你们一定想不到，这样精巧的机械居然会替代如此庞大的大炮！之后的战争恐怕要变换一种方式了。"

"为什么这样说呢？诺贝尔先生。"

"因为原来只有看得见的物体才可以被炮弹击中。假如没有击中目标，炮口还得重新调整才是。距离近了，向上抬炮，距离远了，向下压炮。经过这样反复地多次移动，才可以击中目标。"

"这种新的火药炮弹……"

"新研制的发射火药，可以简化很多的步骤。只需距离准确无误，在对火药的多少，以及瞄准的方位进行校对和计算，绝对命中目标是有可能的。"

"不仅程序简化了，炮弹也因此节省了很多。"

"只要是火力所及，即便是看不到目标，也可以击中。它有着非常广泛的应用。"

"什么，你是说看不到的目标？"

"不错，例如那些通过山体隐藏的目标或者被地平线遮挡住视线的目标。"

一种惊诧的表情出现在助手的脸上。诺贝尔看了他们半信半疑的表情，接着说："前提是我们要对目标有一个准确无误的地理概念，换句话说就是对于距离和方位特别熟悉。炮弹会根据大炮正确的角度百分百地命中目标。所有看不到的目标都可以被我们击中。"

"太神奇了，可是，所有这些能都实现吗？"

"耐心等待吧，就要实现这一切了。"

诺贝尔的预测是准确的！

没过多久，彼此不见对方的炮击战争开始了。像距离较远的海军舰队，虽说看不见对方，可是相互间的炮弹还是可以互相射击到。

人类实现登陆月球的壮举对半也是被这项技术推动的。火药完全精准正确的燃烧在这一技术下成为可能，星际间来去自如的太空船正是被这样的火药推动行驶的，人们的活动空间因此扩大了许多。人类登月的梦想岂是古人能够想象到的？

正是由于内部火药燃烧产生了强大的气体流，并由此产生了强大的推动力，于是，火箭被推动上了太空。

火箭的准确发射，正是得益于燃烧火药喷发的速度可靠。11200 米／秒是火箭飞向月球时的速度，每秒钟的最大差异必须在 1 米之内，我们可以想象得出其精准程度。

人类文明由此而进入到太空时代，这其中的功劳就有诺贝尔的一份。

"诺贝尔先生，你真是太伟大了，我们该称它什么呢？"

"嗯……"

"诺贝尔炸药怎么样呀？"

"这倒是可以，这是无法和甘油炸药区分开来。"

"这倒也是。"

"既然是和飞行有关的炸药，那就取其意名吧，飞行炮弹怎么样？"

"太好了！"

就这样，硝化甘油和火药棉共同组成了飞行炮弹，当时有的人也称它是诺贝尔炸药。

遭遇迫害

"诺贝尔又推出了新的发明，是吗？"

飞行炮弹的横空出世，立刻受到法国陆军总司令的重视。他马上找来了参谋长商量对策。

"没错，司令！这项发明已经被诺贝尔公布了。它的名字是飞行炮弹，用于炮弹发射的火药。"参谋长回答说。

"威力如何？"

"没有亲眼所见。可是诺贝尔发明的一定不会很差才对。"

"它是由什么东西制成的？"

"听说是火药棉和硝化甘油。"

"就是无烟火药的火药棉吗？"

"不错。"

"和我们之前发明的 B 火药是一致的吗？"

"有些区别。"

"那我们的 B 火药有怎样的效果？"

"效果很好。"

"既然如此，考虑到祖国的威信，我们法军就应当使用我们自制的 B 火药，而不可以使用别人的发明了。"

"不错，司令说的很对。"

诺贝尔的新火药虽然吸引力非常大，可是司令官出于妒忌心理，擅自作主使用自制的 B 火药，而不是买诺贝尔发明的新火药。

"司令阁下，如果我们的 B 火药威力不及诺贝尔的新火药该如何是好，毕竟他是一位了不起的发明家。"

"嗯，不是没有这样的可能，因此在他们的生产工作还没有完全开始之前，我们要对他们进行全面的打压。"

"我们该怎么做，司令？"

"走着瞧吧，一定会有机会的。"

诺贝尔依然加紧对飞行炮弹的宣传工作，对这样的暗算毫无防备。他此时虽然留居在法国，可是对于他的新火药法国政府似乎无动于衷。

法国政府的表现令诺贝尔失望极了，"真的一点记性也没有！难道他们都忘记了普法战争中的严厉教训。"

诺贝尔的新发明深受意大利政府的重视，他们非常希望可以和诺贝尔共同进行商业合作。

"既然法国不重视我的发明，但是还有别的国家重视它，认可它，这令我心安了许多。"

诺贝尔同意意大利的请求，把货卖给了他们。

法国陆军司令部的办公室因此找到了借口。

陆军司令部气势汹汹地说："瞧，在我国居住的诺贝尔，却帮助别的国家，还做起了生意，真是个势利小人。这太不像话了，居然要和别的国家做重要的军事装备生意。"

"必须加以制止，否则利益都被别的国家抢先了！"

"要抢先下手才是！"

诺贝尔把飞行炮弹卖给了意大利政府，可是并没有满足他们的需求，他们想在国内直接生产这种火药。希望诺贝尔将专利权出售给他们，并将制作方法传授给他们，这一要求被诺贝尔答应了，他提出了 50 万里拉的交换条件。

"诺贝尔居然要把制作方法一同卖给意大利，太可恶了，必须尽快制止才好。"

法国的陆军司令发疯似的下令逮捕了诺贝尔。

"司令阁下，逮捕的罪名是什么？"

"他的行为违反了法国的火药公卖法，把他的工厂封了，机械设备没收。"

"好的。"

真令人不敢相信，法国政府竟然如此对待一位为全世界做出过重大贡献的发明家，手段卑劣之极。

警察突然在一天早上闯入了诺贝尔的实验室。

诺贝尔非常地不解，"发生了什么事情？"

警察用不大的声音念了封条上的内容，"由于你严重违反了法国的公卖法，所以要对你的工厂进行查封！"

诺贝尔气急败坏地说："好可笑呀！公卖法是什么样的法律？我从事这一行业已经有好多年了，法国也因此受益匪浅，此刻竟然要对我的工厂进行查封，真是岂有此理！"

"多说无益，我的行动不过是奉上边的命令而已！"

警察不理会诺贝尔的抗议行为，继续执行任务。

"这里不是工厂，是我的私人实验室。你们就不怕违反私闯民宅的法令吗？"

对于诺贝尔的话语，警察不予理睬，他们蜂拥而入把实验器材、药品，还有小型大炮都带走了。

"真是没有道理！没有法纪了！胡乱地编出个罪名就要逮捕我，查封我的工厂，你们不就是有 B 火药吗？遭受损失的是你们自己，这样的国家我也呆够了！"

他决定离开居住很久的法国。

他想回到祖国瑞典去。可是在那个时候意大利的飞行炮弹工厂已经建成。并且那里的气候宜人，非常适合生活。

思索再三，他在 1890 年去了意大利，并在那里定居。

诺贝尔把实验室残留的东西收拾了一下，就动身去了意大利的圣利摩，并在那里设立了新的研究所。

他并没有因为受到法国的迫害就萎靡不振，反倒是他的炮弹炸药被世界各国接受和重视。

瑞典的皇家科学学会和伦敦皇家科学学会在 1884 年授予诺贝尔会员身份，没多久，诺贝尔又被巴黎的技术学会聘为会员。

诺贝尔此后就在意大利定居了。

可是，令人意想不到是，在飞行炮弹上诺贝尔再次地遇到了烦心的事情。

他在一天读英文杂志时，忽然惊愕地发现了一篇有关可鲁特炸药的报道，它里面提到的炸药和自己的飞行炮弹没有什么两样！阿培尔怎么会这样呢？

"阿培尔做了什么？"

"杂志上面说阿培尔对火药棉做出了突出贡献。还说他研制出了一种可塑炸药，成分就是火药棉、硝化甘油外加微量的凡士林。这根本就是我和他说过的我的飞行炮弹的配方吗？"

"杂志里面说这是阿培尔发明的吗？"

"是呀！"

"你们的交往老早就开始了，在火药研究方面你们也时常地交换意见，对于飞行炮弹的成分他当然是非常了解的。这种不顾朋友情谊的偷盗行为可耻极了，道德败坏极了！"

诺贝尔气愤之余马上把阿培尔告上了英国法庭，提出他的可鲁特炸药是对自己飞行炮弹专利的剽窃。

这个案件虽被法院受理了，可是对于这样的事实英国当局概不承认。

可鲁特炸药变成了英国人的发明！

在诺贝尔所受的伤害中，这是最为严重的一次。在法国的无理迫害不过是财物上的一些损失，当时他的名誉还是好的。可对于这次事件，他感到非常难过和痛心。自己通过艰辛努力研究出的成果，此刻却被别人窃取了，荣誉成了别人的，这对于一个发明家来说，是可忍孰不可忍？

诺贝尔痛心极了，他痛苦得有些喘不过气了，不久就被气得病倒了。

他在生病的那段日子，曾写信告诉英国的朋友：

"人应当学会宽容，不能因为别人的微小错误就大惊小怪，这当然也包括我在内，单个的做错事应当被原谅，可是假若一个国家也这样目无道义法纪！真不敢想象他如何在世界上立足？"

"太可笑了！我居然因为这件事败诉了，还要承担两万八千英镑的赔偿，唉，我这个可怜可笑的发明家！"

当时诺贝尔那种心中的激愤、绝望、伤痛在这封信的字里行间表现得淋漓尽致。

可是世界各国包括意大利、德国、奥地利、瑞典、挪威，甚至英国等，还是争相采用他的无烟火药，因为其最佳的性能，各国的陆海军争相为之喝彩。

诺贝尔因为飞行炮弹的发明备受横祸和阻难,可是也获得了数目可观的财富。
……

最后的光辉

忽然有一天,诺贝尔觉得很伤感,"自己在事业上已经非常成功了,可是时间不饶人呀,现在已经老了,寒来暑往自己还能有多少个来回呀?"

此时的他已经 56 岁了,满头白发。

"人生在世只有几十年,死后又将如何呢?"诺贝尔不禁有些怀念往昔,"通过对事业的经营,我获得了用之不尽的财富,如此多的财富在我死后还能做些什么呢?带是带不走的,膝下又没有儿女。我一定要在生前对它们做一番有意义、有价值的安排才好!"

他希望自己的遗产有一个非常合理的分配。

"真的有些理不清了!不过还好,我尚且年轻,合理的计划可以慢慢来做。"

时光流逝,他依然没有想到一个合理的安排。

"一点头绪也没有,我却渐渐地和死神接近了。假如找人,相信一定有很多的人等待捐献!"

斯德哥尔摩的医学专科学校是他第一个想到要捐款的。

"医学是人类幸福生活离不开的,医学发达了人类的病痛就会减少,幸福就会延长。所以,我的财产应有一部分捐献给瑞典卡洛林斯卡研究院,当作科研经费,这是非常有意义的事情。"

斯德哥尔摩医学院的教育科研和医院设备更新的经费是诺贝尔一定要捐助的。

"我只需有所考虑,细小的事情就由其他人去考虑吧?"

诺贝尔在 1893 年拟好了自己的遗嘱:"第一位是医学,再有就是和平。我还应当为世界和平出分力量。"

诺贝尔财产的 17% 被捐献给卡洛林斯卡研究院和瑞典医学界、维也纳和平协会、巴黎瑞典俱乐部等组织的活动经费。

"部分的问题被解决了,之后全人类的幸福将是捐助的前提条件。为祖国瑞典的发展贡献自己一份力量是没错的。可是我的心胸要放宽些,不能只看到自己的国家、民族。我要突破这阻碍人们通向世界大同的绊脚石。"

诺贝尔虽是瑞典国籍，可是欧美各国都留有他的足迹，很多的国家也都对他照顾有加。

"瑞典是我出生的地方，俄国是我成长的地方，美法是启蒙我学习的地方，德国曾经养过我的病，意大利现在成了我养老的地方。我的发明和炸药公司的建立得到了很多国家和人士的支持，他们都使我获得了丰厚的利益。"

对过去的回忆使他感觉到了世界各国都和自己有着密不可分的紧密关系，狭义的爱国情操上升到了广义的世界大爱。

"人类的欲望就是对幸福的追求，权利就是对幸福的享受，要发挥自己财产的最大功用就要用它来消除战争，推动人类文明的进步才对，绝佳的办法并非是单单让瑞典走向幸福。"

他的安排要考虑到全人类的幸福。

诺贝尔终于在 1895 年 11 月 27 日为自己的遗产安排好了造福人类的用途，他的遗嘱是：

我们应当对为世界做出重大贡献的人们进行奖励。

为了推动全世界的整体和平，奖励不以国家和种族为界限。人类战争的根源就是种族歧视，人类虽说有着不同的肤色，可是这并不能作为判定其优劣的凭证。所有种族中都有做大事的人，我们不可以对此无视无知，愚昧自己！

所以，遗嘱规定，诺贝尔奖的得主，没有国家、种族和信仰的限制。

应当奖励哪些突出成就呢？科学是第一位的，在诺贝尔看来，推动人类生活不断改变的最大、最具体的原动力就是科学。可是科学分有很多的门类，应当具体地指明了才好。

属于物理学范围的日常所需，像是机械、电动工具等，应当被重视，所以要设一个物理学奖项。

可是在物理制品的生产过程中，化学又是必不可少的，这同时也是自己的本行，所以设立一个化学奖项。

这样就产生了物理学和化学奖。

他同时认为文学对于人类的启发作用也非常重要，因此文学作者也要奖励。这不单单是因为他自己是文学爱好者，闲暇之余也喜欢搞些文学鉴赏和创作，更重要的是文化对于人类有一种潜移默化的改变力量，人性深层次的东西和社会的真实的层面可以被文学展示出来，从而对人们的思想正道进行引导。

必须是有内涵，可读性好，可以正确地辨别是非，伸张正义的作品才可以参评。

这样，又产生了文学奖。

自己作为一个和平主义爱好者，做得还不够好，对于世界和平做出突出贡献的人也应当受到奖励。

一个人假如可以消除战争，推进和平进程，就应当被列入授奖名单，可是对于这个奖项该怎么称呼呢？嗯，就以和平奖称呼吧！那些在世界的各个角落为人类的和平而努力，和邪恶对抗的人们必须得到人们的尊重。

诺贝尔思索完成，最后写下了遗嘱的所有内容，他把自己的遗产所有利息均分成 5 份，作为 5 种行为的奖金。

在当时，诺贝尔的财产总额是 3128 万克伦，约合 170 万英镑。它被存进了银行，只把利息取出来作为奖金奖励给那些"对人类的幸福做出重大贡献的人们"。

遗嘱规定，5 种奖项的奖金必须是对利息的均分。对于奖项授予人员的确定是，物理学和化学奖由斯德哥尔摩的卡洛琳卡学会决定。

文学奖由斯德哥尔摩学术院审定，评审和平奖的是挪威议会的 5 人委员会。

"为了人类的幸福我已经竭尽了我的全部努力，多年来心中的疙瘩总算解开了，再也没有什么牵挂了！"安排好自己的遗嘱，诺贝尔顿感轻松了很多。

诺贝尔由于年龄的关系，躺卧在床，无法行动，可是每日里总是满面的笑容，他心中满是感恩："我真的是非常幸运了，像我这样能够幸福一生的又有几个呢？"写小说是他每天都要做的高兴事，他有些自嘲："虽说我和其他的奖项已经没有了缘分，可是文学奖我还是蛮有希望的吗！"

晚年的他过得非常平静。

永恒的遗嘱

安排好遗嘱后的诺贝尔每天都过得非常愉快，从事研究和写小说成了他病情好转时的特别嗜好。

"事业上我已经取得了巨大的成功，并且把一大笔的遗产留给了后人，现在我做的都是些不值一提的小事，可是我很乐意做得更好。"

可是他毕竟年事已高，还有心脏病和关节炎折磨，使他倍感憔悴、衰竭。他时常地说自己："我就要离开了！"

诺贝尔虽说安排好了一切，没有了任何留恋，可是也同样伴随着老年的寂寞，当时陪伴他的只有二哥路德伊希的儿子伊马一个人。

对于年老的叔叔，侄儿伊马心中充满了敬佩，并且照顾得很周到。在诺贝尔去世的前两年，那不勒斯的一栋别墅就是他栖身之地，伊马全权负责那里的一切，他想得很周到，一心想着让叔叔好好疗养。

诺贝尔有一天对伊马说："我的关节炎一直如此，或许没有多少时日了！"

"叔叔，不要多想了，你只要安心疗养，静享这份安宁，慢慢就会变好的。"

诺贝尔突然病情加重被送往巴黎接受治疗，这别墅又变得冷清了许多。

关节炎不过是对肉体造成伤痛，可是对于生命尚且危及不到。但是不断加重的心脏病是非常可怕的。

"就没有什么新的药物被发明，用于心脏病的治疗吗？我们就毫无进步吗？"

"是的，现在硝化甘油制品就是最好的药品。"

诺贝尔和自己开着玩笑："硝化甘油假如可以治好我的病，那它真的成了我一生的幸运之神了！"

1896 年 11 月，诺贝尔在病情忽见好转后，就要求回圣利摩。

他其实很清楚自己已经没有多少时日了。

一位圣利摩研究所的技术负责人来看望诺贝尔，同时把一份新的硝化甘油研究报告交给了他。

"真的好极了，你们能够继我之后继续努力更进一步地研究，就是对我的莫大安慰，我死而无憾了！"

"不要瞎说吗。你还要赶快回来知道我们的工作才好。"

看着桑德曼，诺贝尔笑着说："我非常了解自己的身体状况，无需安慰我。"

"您一定要坚持呀，不可以放弃。"

"那是一定的，为了人类的和平与文明，我尽了最大努力！"

"不错，这些是人们都看到的了。"

"我的身后事都已经在遗嘱中安排妥当了。"

"我真的是太敬佩您了诺贝尔先生！"

诺贝尔忽然睁大眼睛说："再拜托你一件事情，那就是我死后要进行火葬。土葬不利于公共卫生。"

"诺贝尔先生，千万不可以。"

"我是真心的，我在遗嘱中也曾有交代。可是考虑到被火烧时的痛苦。因此我的遗体要在死后两天再进火葬场，这样我就不会在火炉中复活了。"

"嗯，你的想法真是很幽默呀！"

"我已经没有多少天了，真心地拜托你。这是个很重要的问题，总会有那么一天要面对。"

诺贝尔有些伤感："真希望能够马上痊愈，和你们并肩进行实验呀！"

"会的，你一定会好起来的！"

可是诺贝尔还是不能逃脱死神的召唤。

诺贝尔在12月7日给桑德曼写信说："报告材料我看过了，非常高兴，在我看来硝化甘油的研究就要迈向更高的层次了。不能再次地和你们并肩战斗是我今生最大的憾事！就写到这里吧，如此简短的信件我已经坚持不住了。"

放下笔，没几个小时，他就复发了心脏病，以至于无法动弹。

又过了三天时间，诺贝尔离开了人世，享年63岁，那是1896年的12月10日。

诺贝尔的一生是伟大的，却一直于孤独相伴，直至病逝，他依然是孤身一人。

他绝非是一个对孤独寂寞和悲伤情有独钟的人。

他的内心感情丰富，坚贞不渝。

在圣利摩的米尼德庄举行了他的追悼会。参加追悼会的有瑞典团体，和特意从巴黎赶来的巴斯特。

不久，他的尸体就被运回了瑞典。在12月29日举行了葬礼，依照他的遗愿，他被葬在家人的身旁。

这位为人类留下了旷古事业的伟人，从此离开了我们。他在外漂泊半生，最后终于再次回到了祖国的怀抱，叶落归根了。

迎接伟人灵柩的是瑞典无际的黑夜和柔弱的白昼。这应当也是全瑞典同胞非常乐意做的事情。

诺贝尔的遗嘱我们已经知道了。他把自己绝大多数的财产都捐献给了为人类文明作出特别贡献的5类人才，以此对那些心中揣有智慧的人们给予鼓励，好让他们永远地造福于人类。

"所有的人都敬佩诺贝尔先生的胸怀坦荡，思维缜密！"

"阿尔弗雷德·诺贝尔的发明和事业并非是为了自己的个人利益，他是为了推动人类文明的进步。

人们都非常惊叹于这位伟人的遗志。

于是，有人提出建议："就以诺贝尔为奖金命名吧！"

"诺贝尔奖？"

"对极了！"人们一致赞同。

诺贝尔奖从此成了世界性的奖项，全世界都以它为最高荣誉。

诺贝尔奖中包含了诺贝尔的伟大精神，它们相互照耀，与世长存。